U0574326

河北大学燕赵文化高等研究院
INSTITUTE FOR ADVANCED STUDY OF YANZHAO CULTURE,HEBEI UNIVERSITY

———— 成 | 果 | 文 | 库 ————

河北省科技人才发展环境研究

杨胜利

王伟荣 著

武汉大学出版社
WUHAN UNIVERSITY PRESS

图书在版编目(CIP)数据

河北省科技人才发展环境研究/杨胜利,王伟荣著. —武汉:武汉大学出版社,2022.4
ISBN 978-7-307-22927-3

Ⅰ.河…　Ⅱ.①杨…　②王…　Ⅲ.技术人才—人才培养—研究—河北　Ⅳ.G316

中国版本图书馆 CIP 数据核字(2022)第 036755 号

责任编辑:罗晓华　　　责任校对:汪欣怡　　　版式设计:韩闻锦

出版发行:**武汉大学出版社**　　(430072　武昌　珞珈山)
　　　　　　(电子邮箱:cbs22@ whu.edu.cn　网址:www.wdp.com.cn)
印刷:武汉邮科印务有限公司
开本:720×1000　1/16　印张:17.75　字数:297 千字　插页:1
版次:2022 年 4 月第 1 版　　2022 年 4 月第 1 次印刷
ISBN 978-7-307-22927-3　　定价:52.00 元

河北省科技厅软科学项目"河北省科技人才发展环境评价与优化路径研究（20557613D）"成果

河北大学高层次人才科研启动项目（521000981030）成果

河北大学燕赵文化高等研究院学科建设经费资助出版

序

科技人才是科技创新的主体,是影响一个国家或地区综合竞争力的关键因素。优化科技人才发展环境,提升科技人才创新能力是经济高质量发展的时代要求、战略需求。习近平总书记指出要"牢固确立人才引领发展的战略地位,全面聚集人才,着力夯实创新发展人才基础""创新之道,唯在得人。得人之要,必广其途以储之。要营造良好创新环境,加快形成有利于人才成长的培养机制、有利于人尽其才的使用机制、有利于竞相成长各展其能的激励机制、有利于各类人才脱颖而出的竞争机制,培植好人才成长的沃土,让人才根系更加发达,一茬接一茬茁壮成长"①。

《河北省科技创新三年行动计划(2018—2020年)》(冀政发〔2018〕6号)的目标明确指出,到2020年,高质量创新发展水平大幅提升,科技创新对现代化经济体系的战略支撑能力大幅提升,创新型省份建设迈出重大步伐。布局先导性产业、发展战略性新兴产业、发展现代服务业、发展现代农业、推动传统产业转型升级。实现这样目标,迫切需要破解创新能力不强、创新主体不多、创新人才不足、创新环境不优等瓶颈问题,而优化科技人才发展环境、提升人才集聚能力、激发科技人才创新活力成为关键和必由之路。

《河北省科技人才发展环境研究》是作者多年研究成果的结晶。依据河北省科技人才发展环境问卷调查与访谈,通过一手资料的数据处理和分析,从经济环境、就业环境、生活环境、教育环境、创新创业环境、人才政策环境、自然区位环境等多个方面对河北省科技人才发展环境的现状、特征、瓶颈、成因等进行了描述、概括和总结。分别详细探讨了河北省科技人才集聚机制、创新创业特征、创新创业环境满意度与存在的问题、河北省科技人才政策实施效果

---

① 习近平在中国科学院第十九次院士大会、中国工程院第十四次院士大会上的讲话. http://jhsjk.people.cn/article/30019426,2018.

和对策。这些专题研究汇集在一起形成了系统的蔚为壮观的景色，对河北省科技人才发展环境形成了非常全面和多维度的实证研究。

同时，科技人才发展环境优化涉及很多方面的内容，还有很多深层次的问题值得进一步探讨。比如京津冀协同发展中河北省科技人才需求结构如何变动，京津冀功能区划背景下河北省如何更好地布局产业，为科技人才集聚创造良好的平台环境；如何通过制度创新，进一步激发科技人才创新活力；如何打造高品质生活城市，吸引人才集聚河北，在河北创新创业；如何提升河北省的创新氛围，在全国树立河北省创新之省形象；如何借助京津冀协同发展共建平台，提升河北省知名度等，这些问题的研究空间还很大，这也是实现河北省"十四五"发展规划迫切需要解决的重要问题。而解决这些问题需要学术界和政府相关部门深入思考，共同为把河北打造成创新蓝海、创业沃土、创客乐园贡献力量。

在本书出版之际，作为作者的导师，很高兴为本书作序，并希望本书的出版能够为河北省科技人才发展发展环境的研究起到抛砖引玉的作用，也希望作者能够持之以恒，不断向社会奉献自己的科研成果，在该领域进一步深入研究，在学术研究和实际工作中取得更大的成绩。

高向东

华东师范大学经管书院院长、教授

2021 年 11 月 2 日

前　言

在依靠创新驱动经济增长的今天，科技人才在经济发展中的地位和作用日益增大，科技人才发展环境及创新创业环境在一个国家或地区引才、留才、用才、聚才的过程当中起到了至关重要的作用。《京津冀协同发展规划纲要》对河北省做出了明确的功能定位——"全国现代商贸物流重要基地、产业转型升级试验区、新型城镇化与城乡统筹示范区、京津冀生态环境支撑区"，并指出2030年的目标是"首都核心功能更加优化，京津冀区域一体化格局基本形成，区域经济结构更加合理，生态环境质量总体良好，公共服务水平趋于均衡，成为具有较强国际竞争力和影响力的重要区域，在引领和支撑全国经济社会发展中发挥更大作用"。这对河北省产业升级、科技创新提出了较高的要求。河北省的发展不能仅仅依靠资本、土地投入，河北省必须转变经济发展方式，这其中科技人才发挥着关键作用。科技创新是一个国家或地区提升综合竞争力的关键因素，而科技人才是科技创新最重要的生产要素。习近平总书记在中国科学院第十九次院士大会、中国工程院第十四次院士大会上讲话时指出"硬实力、软实力，归根到底要靠人才实力""创新驱动实质是人才驱动，强调人才是创新的第一资源""不断改善人才发展环境、激发人才创造活力，大力培养造就一大批具有全球视野和国际水平的战略科技人才、科技领军人才、青年科技人才和高水平创新团队"①。可见，科技人才发展环境对一个国家或地区科技人才发展和科技创新有着至关重要的作用。

本书以河北省科技人才发展环境作为研究对象，通过实地调研，从不同侧面对河北省科技人才的发展环境进行了详细全面的探讨。可以概括为八个层次：第一个层次是河北省科技人才的基本现状与科研活动特征，对规模、结

---

① 习近平在中国科学院第十九次院士大会、中国工程院第十四次院士大会上的讲话. http://jhsjk.people.cn/article/30019426,2018.

1

构、人口学特征、需求和区域分布、科研活动、科研成果现状以及河北省科技人才创新能力提升面临的问题等进行了全面剖析。第二个层次是关于河北省科技人才发展环境的满意度调查分析。基于微观调查数据分析了河北省科技人才对其发展环境的主观评价，剖析了河北省科技人才发展环境存在的问题。第三个层次是关于河北省科技人才发展环境特征的成因分析，分别利用宏观经济数据和调查数据分析了河北省科技人才发展环境特征的成因，探究了地理位置、科技人才个人特征、宏观因素和科技人才社会资本等因素对科技人才发展产生的影响。同时，还对河北省科技人才发展环境主观评价的影响因素进行了实证分析，分析了科技人才行业类型、工作时长、单位性质、性别、年龄和受教育程度等对河北省科技人才发展环境主观评价产生了何种影响。

　　第四个层次是对河北省科技人才集聚机制与影响因素进行分析。探讨了经济发展水平、工资水平和社会保障水平对河北省人才集聚的积极作用；分析了宜居程度尤其是空气质量和交通状况对河北省科技人才集聚的抑制效应。关注空气质量、交通状况、房价水平等因素对科技人才的集聚和流动的影响。第五个层次关于河北省科技人才创业特征与创业需求分析，利用微观数据对其做了描述性统计，并分析了创业政策满意度影响因素及创业环境对创业行为的影响因素。具体分析了科技人才的个人特征、家庭特征、企业特征对河北省科技人才创业政策满意度的影响，关注了创业环境对科技人才创业行为的影响机制。第六个层次是关于河北省科技人才创新创业环境的评价，通过对经济发展水平视角下的河北省科技人才创新创业环境及主观评价分析，发现河北省科技人才创新创业环境存在的问题。第七个层次是河北省科技人才政策与实施效果评价，聚焦深入实施京津冀协同发展战略，分析了河北省聚才、引才、用才和评价、激励、服务等方面的政策机制现状，并基于宏观数据对科技人才政策实施效果进行了评价，发现科技人才政策存在的不足和完善的方向。第八个层次是关于河北省进一步优化科技人才发展环境的对策。通过分析河北省人才发展环境和科技人才创新创业环境，针对上述问题，从产业发展、资源配置、优化人才引进、政策体系、科技人才差异化管理和激励、预测、人才引进反馈等方面提出了河北省进一步优化科技人才发展环境的对策。

　　研究主要发现：(1) 河北省是人口和劳动力大省，但 R&D 人员仅为全国 R&D 人员总量的 2.57%，其中，男性科技人才多于女性科技人才，青年科技人才资源储备充足，科技人才主要集中于河北省中南部城市，高端人才稀缺。(2)河北省科技人才发展环境总体发展势头良好，就业环境、教育、社会文化和自然环境等各方面仍然有待完善。(3)科技人才的个人特征、社会资本等因素均对其对河北省人才发展环境评价具有显著影响。(4)经济发展水平、工资水平和社会保障水平对河北省人才集聚具有显著的提升作用，宜居程度尤其是空气质量和交通状况抑制了河北省科技人才的集聚。(5)河北省男性科技人才更倾向于自主创业，创新创业年龄偏小；科技人才的个人特征、家庭特征、企业特征影响着创业政策需求；创业环境、亲属创业经历、获取服务的难易程度和个人特征对科技人才创业行为起着决定性的作用。(6)"一引定终身"，对科技人才的后期发展、晋升、生活、国际合作交流、继续教育不闻不问或关注少，造成人才留存率低。(7)河北省政府、企业和研发机构对于科技人才的激励重物质轻精神，大规模的省级奖励表彰、年度会议越来越少，这与其他科创氛围活跃的省份相比恰恰相反。河北省不能很好满足科技人才精神世界的需要，不能彰显河北省尊重知识、尊重人才的做法，这不仅降低了对科技人才的激励效果，也不利于活跃科研气氛，吸引人才，更不能满足河北省科创之城建设的要求。(8)河北省没有完全根据自身现实发展情况及时设置科技人才考核和晋升办法，造成本省人才晋升困难，高技术人才短缺。发达地区在经济发展水平较低的年代(与河北省相当的年代)在科技人才晋升方面无不给予大量支持，"开绿灯""开快车"重服务轻管理，使当地高职称人才快速增加，灵活的创业就业服务政策，也增强了当地的人才吸引力。(9)科研人员很难参与到收益分配的过程中，或者在分配中占较小比重。在这种情况下，科技人才为了增加个人收入，往往会选择从事第二职业，非正规就业的现象不断增多，"好钢难以用到刀刃上"，造成了人才的浪费，人才资源配置效率低下，导致河北省科技人才难以实现个人抱负，难以实现向上发展。(10)河北省人才政策在实施过程中存在人才政策不完善、人才发展的体制机制不健全、人才结构不合理和公共服务资源不完善的问题。根据上述结论，提出优化河北省科技人才发展环境和创新创业环境的具体措施。

　　本书在撰写过程中，燕赵文化高等研究院成新轩教授对编写工作给予了悉心指导，作者对此深表谢意。本书写作过程中人口学和劳动经济学专业的研究生王源、邵盼盼、冯丹宁、李坤参加了资料收集，陈欣和冯丹宁参加了书稿校对等工作。撰写过程中还得到了华东师范大学公共管理学院院长高向东教授、河北大学科技处秦新英处长和李晓光老师、武汉大学出版社郭静老师的具体指导和多次审阅，在此一并表示感谢。

　　由于作者水平有限，书中不足之处在所难免，敬请读者批评指正。

作者

2021 年 11 月 10 日

目　　录

图 目 录

表 目 录

1

第一章 绪 论

随着经济发展方式的转变，我国经济进入高质量发展阶段，经济发展质量明显提升，经济增长过程中科技人才发挥的作用越来越大。《中华人民共和国国民经济和社会发展第十四个五年规划和 2035 年远景目标纲要》提出"坚持创新驱动发展，全面塑造发展新优势，必须激发人才创新活力，完善科技创新体制机制"。提高科技人才的科技创新能力，实现人才聚集成为开启全面建设社会主义现代化国家新征程的必然要求。然而，我国科技人才创新创业积极性不高、创新创业环境有待改善，对于全国尤其是河北省而言，亟待优化。

第一节 研究背景与研究意义

一、研究背景

（一）科技人才在经济发展中的地位和作用日益增大

科技人才是指具有一定专业知识和专门技能，在科学技术的创造、传播、应用和发展中作出积极贡献的人。科技人才是人力资源的重要组成部分，是人力资源的核心，在经济发展和科技创新活动中发挥着重大作用。要实现经济的可持续发展，寻找新的经济增长点，必须重视人才创新活力的发挥，提升人才的科技创新能力。内生增长理论认为，不应该简单强调经济增速，而要重视经济发展质量，以技术进步驱动全要素生产率(TFR)提升。亚洲四小龙等实现经济迅速发展的国家，均是通过提升技术水平继而提高生产效率，跨越了"中等收入陷阱"。国家经济可持续发展与国家命运息息相关，在改革开放初期，我国由于资源丰富、劳动力价格低廉成为了"世界工厂"，经济实现了高速增长，其中人口红利发挥了巨大作用。新时代我国面临百年未有之大变局，十九大报告指出，我国经济已由高速增长阶段转向高质量发展阶段，正处于转变发展方式、优化经济结构、转换增长动力的攻关期，建设现代化经济体系不仅是我国跨越关口的迫切要求，也是我国发展的战略目标。深化供给侧结构性改革，加快建设创新型国家是建设现代化经济体系的重要任务。"十四五"规划中也强调激发科技人才创新活力，应该贯彻"尊重劳动、尊重知识、尊重人才、尊重创造"的方针，全方位培养、引进、用好人才，培养更多国际一流的科技领军人才，组建具有国际竞争力的青年科技人才后备军。应该充分肯定科技人才在转变经济发展方式、淘汰落后产能、提供高端产品供给、激发企业内部创新活力以及实现经济双循环中的重要作用。此外，全球竞争日趋激烈，科技人才已成为国际竞争中的重要因素，发挥科技人才的作用、推动新产品研发、增强经济增长的活力对提升我国的综合国力具有积极意义。如何更好地提升科技人才对经济增长的贡献水平成为提升国家综合国力以及河北省人才竞争力的关键问题。

(二) 实现人才集聚的内在要求

发展环境对个人的成长具有重要的作用，发展环境包含了个人成长过程中的各种物质和精神条件，与政治、经济、社会、科技和教育的发展都密切相关。莱温的场论心理学认为，一个人所能创造的绩效不仅与他的能力和素质有关，还与他所处的环境有密切关系。当前，河北省科技人才总量相对不足、结构分布不合理、使用效率不高且人才流失较为严重，这些问题严重制约了河北省科技人才队伍建设及创新能力的提高。现状表明，优化科技人才的发展环境已成为实现河北省人才集聚的内在要求，优化科技人才发展环境对培养、发掘以及吸引科技人才继而实现人才集聚均有重要意义。根据马斯洛的需求层次理论我们可知，人类具有五个层次的需求，分别是生理需求、安全需求、社交需求、尊重需求和自我实现需求。科技人才往往具有专业性、稀缺性、高层次性的特点，薪酬福利、晋升机会和企业发展能力成为影响科技人才流动的重要因素。在人才强国战略背景下，"筑巢引凤"正成为各地推动高质量发展的重要战略。因此，更好地发挥科技人才的潜能、避免人才流失、实现人才集聚离不开对经济、生活、就业、教育、创新创业、人才政策、自然和社会文化环境的优化。河北省乃至全国必须组建强大的科研团队，构筑集聚国内外优秀人才的科研创新高地，以此激发科技人才创新的主动性及积极性，发挥地区拉力作用，从而更好地吸引人才。

(三)激励科技人才创新创业的重要性

创新创业环境是激发科技人才创新创业活力的重要因素。推进产学研深度融合,支持企业牵头组建创新联合体,承担国家重大科技项目,落实大众创业、万众创新是河北省经济发展的动力之源。目前河北省科技人才创新创业行为较少、创新创业意愿不足、创新创业积极性较低。虽然河北省创新创业政策值得肯定,但是在创业服务的落实方面依然存在较大的不足,各种创业服务的可获得性不高,具体创新服务落实不到位。此外,政府对科技人才创新创业支持力度不足,对科技人才创新创业活动的金融支持有待提升,科技园区的数量较少。外部环境对河北省科技人才创新创业影响较大,重视科技人才的培养和引进、扩大科技人才的规模、提升科技人才的质量、推动河北省产业的高端化对河北省科技人才创新创业的激励具有积极意义。因此,必须优化河北省科技人才的创新创业环境,提高科技成果转移转化成效,增强科技人才创新创业积极性,充分发挥科技人才的潜能,激发企业发展的活力及创造力,推动河北省经济的高质量发展。

二、研究意义

(一)理论意义

第一,丰富已有关于科技人才发展环境的研究理论。本书通过对河北省科技人才的发展环境的调研,分别从人才发展环境的三个层面展开讨论:(1)软环境和硬环境。(2)宏观环境、中观环境和微观环境。(3)经济、政治、社会和自然环境等有利于进一步深化科技人才发展理论。

第二,拓展了科技人才创新创业机理的研究。本书对河北省科技人才创新创业环境、人才集聚环境以及人才政策环境进行研究,从而提出优化河北省科技人才创新创业环境的相关建议,有利于丰富科技人才创新创业激励理论的研究。

(二)现实意义

第一,有利于推动经济高质量发展。经济增长为科技创新提供了坚实的物质基础,同时科技人才创新活动可以有效促进我国经济高质量增长,科技创新能力的提高是经济增长的重要动力。首先,优化科技人才的发展环境提高了创新活动发生的可能性,提升了科技人才的科技创新能力,继而为经济增长提供内在动力。内生增长理论认为内生的技术进步是保证经济持续健康增长的决定因素。经济的增长主要取决于两个因素：一是在教育、培训、进修等过程中积累形成的人力资本；二是在研究、开发、创新等过程中因为技术进步形成的物质资本积累。科技创新能力的提高能够在生产过程中节省更多的人力物力，提升劳动效率，充分利用人力资本。其次，科技人才发展环境的优化，有利于提升科技产出能力，而科技产出能力的提高对经济增长具有支持作用。科技产出能力反映出对投入资源的利用效率和创新成果的应用能力，科技创新产出能力的提高可以加速促进产业结构的转型升级。通过知识资本的积累、高新技术的应用、前沿理论的指导和机制体制的改革优化现有的产业链，逐步转变粗放式的经济发展模式，提高产业配置效率，从而推进产业的优化升级以及经济的高质量发展。

第二，有利于减少人才流失，促进人才集聚，增强企业竞争力。人才集聚可以更好地发挥各行业的比较优势，促进劳动力的分工与协作、减少信息成本、降低劳动力获取成本，增强企业的竞争力。优化科技人才发展环境对培养、发掘以及吸引科技人才具有重要意义，能够更好地实现河北省人才集聚，减少青年人才流失，调整人才结构。且人才集聚与地区新旧动能转换具有正向关联性，优化河北省科技人才的发展环境在减少人才流失、实现人才集聚的同时也会推进地区新旧动能的转换，提升资源的配置效率。同时，人才集聚也能够提升企业员工的素质、增强企业内部的凝聚力和创造力。

第三，有利于激发科技人才创新创业活力。对河北省科技人才发展环境进行优化，尤其是对科技人才创新创业环境的优化可以激发科技人才的内在潜能，提升科技人才创新创业的积极性，促使其更好地使用政府提供的创新创业服务，为河北省经济发展增加活力。对于企业来说，科技人才的创新创业活动将提升企业的竞争力，帮助企业提供更高质量、更专业化的产品，满足消费者的需求。同时可以带动创新型中小微企业的发展，加强共性技术平台建设，推动产业链上中下游、大中小企业融通创新。此外，对于河北省科技人才创新创业环境的优化是积极响应"大众创业，万众创新"的政策号召、贯彻落实"十四五"规划"坚持创新驱动发展、全面塑造发展新优势"的要求，有利于营造良好的创新创业氛围，培养科技人才创新创业的意识。

第二节　相关概念界定

一、人才

20 世纪 70 年代，我国关于人才的概念开始出现，至今已形成了科学的人才观。不同的学者根据强调的侧重点不同，对人才概念的界定也不同，主要分为：强调人的创造性与贡献、强调人的才能与贡献、强调人的杰出性、强调人的文凭与职称以及强调人的内在素质几个方面。我国学者叶忠海指出所谓的人才，即是指那些具备一定的专业知识，掌握了相应的技能，通过自身的创造性劳动来认识和改造自然、社会，甚至是能推动人类社会进步的人[①]。人才学专家王通讯则认为，人才是知识信息的活动载体，其能够不断促进知识信息的组合，产生良性的社会效应[②]。或者说，人才是指那些具备专业智能，能够进行创造性劳动并推动社会进步的人。2003 年的全国人才会议阐述了人才的内涵：一是有能力、有知识；二是能够进行创造性劳动；三是能在精神文明、物质文明、政治文明建设中作出贡献。《国家中长期科技人才发展规划纲要（2010—2020）》提出："人才，泛指各行各业中的领军人物，是指具有一定的专业知识或专门技能，能够进行创造性劳动并对社会作出贡献的人，是人力资源中能力和素质较高的劳动者。"2003 年河北省"三三三人才工程"启动，按年龄、专业技术水平卓越程度及对社会贡献度界定人才并将其划分为三个层次。河北省"青年拔尖人才支持计划"将青年拔尖人才定义为年龄在 35 岁以下，具有较高学术造诣和专业水平、具有很高发展潜力的紧缺急需的人。本书对人才的定义为"人才是少数具有优越的内在素质，对创造性的劳动成果作出超常贡献的人"。

二、科技人才

科技人才又称技术人才，科技人才是一个具有浓厚发展色彩的中国特色概念，目前学术界还没有公认的概念界定，与之相关的概念有科技人力资源、科

---

①　叶忠海. 人才学概论［M］. 长沙：湖南人民出版社，1983：8.

②　王通讯. 人才学基本名词注释［J］. 人才研究，1988（6）：40-43.

技活动人员和 R&D(科学研究与试验发展)人员等。随着经济社会的不断变迁，对于科技人才概念的界定也在发生变化，谢奇志、汪群等指出"科技人才是具有一定专业知识和专门技能，在科学技术的创造、传播、应用和发展中作出积极贡献的人"①。《国家中长期科技人才发展规划纲要(2010—2020)》提出"科技人才是指具有一定的专业知识或者专业技能，从事创造性科学技术活动并对科学技术事业及经济社会发展作出贡献的劳动者"。此外，还有些研究学者对科技人才的概念进行了辨析，如杜谦和宋卫国认为，科技人才比科技人力资源的含义更广，但在统计上是可以统一的②。本书对科技人才的定义为"科技人才是指具有一定的专业知识或者专业技能，从事创新创业活动，具有较高的创造力，并对科学技术事业及经济社会发展作出贡献的劳动者"。

三、创新创业

创业作为科学研究的独特领域在 20 世纪 80 年代就受到了学者们的广泛关注，国内外的学者对此展开了相应的研究。广义的创业是指创造新事业的过程，狭义的创业是指创建新企业的过程。根据不同的研究角度，给出的概念也不同，关于创业的内涵一般包括创新说、机会价值说、生涯说等。德鲁克(P. F. Drucker)在《创新与创业精神》一书中提出，创业者通过发现和追求机遇实现创新，这就是创业形成的过程③。宋克勤认为创业是基于共同奋斗理念、共同价值目标的创业团队创造价值的过程④。《辞海》对"创业"的定义是创立基业或者创建功业。创业的概念在外延上十分广泛，本书将创业定义为"个人创办企业和组织，为社会提供有价值的产品与服务的过程"。创业与创新密不可分，创新是创新创业的特质，创业是创新创业的目标。因此，本书将创新创业的概念界定为"能够发现市场中潜在的创业机会，在此基础上创造出某一项具有创新性质的产品和服务，并努力将其转化为商业价值或者社会价值的行为

---

① 谢奇志，汪群，汪应洛. 科技与管理人才需求模型的建立与应用[J]. 系统工程理论与实践，2000(4)：79-82.

② 杜谦，宋卫国. 科技人才定义及相关统计问题[J]. 中国科技论坛，2004(5)：137-141.

③ [美]彼得·德鲁克. 创业与创新精神[M]. 张炜，译. 上海：上海人民出版社，2002：25.

④ 宋克勤，刘国强. 高科技创业企业成长要素与战略选择研究[J]. 技术经济与管理研究，2012(12)：35-40.

过程"。

四、科技人才集聚

学者朱杏珍将人才集聚定义为"在特定时期，大批同类人才集中迁移至某区域或者某领域，由此实现对大量人才的有效储备"[1]。张樨樨认为，人力资本对其他资本的依赖性决定了人力资本不能单独地发挥作用，必须在动态迁移中寻找合适的其他资本进行优化组合，而其他资本会随着发展的深入形成区域集聚，人力资本在优化匹配其他资本过程中便会随之形成一定的集聚，这能够很好地解释科技人才区域集聚现象[2]。王小迪和陆晓芳认为区域科技人才集聚是指一个地区科技人员在生产、生活中逐步形成具有协作能力、凝聚力和创新能力等总体能力的集成效应[3]。本书对科技人才集聚的概念定义为"在特定时期内，大批同类科技人才在某一驱动力作用下，于某一地区或某一行业中集中，并在该地区或者该行业逐步形成具有协作能力、凝聚力和创新能力等总体能力的集成效应"。

五、发展环境

环境是人类赖以生存和发展的必要条件，是指以人类为中心，能够直接或间接影响人类的生产生活的自然和社会总体，主要包括自然环境与社会环境。环境是与人相对的一个系统，二者相互联系、相互影响。发展环境具有丰富的内涵，它是与个人的成长密切相关的各种物质条件和精神条件的综合，是一个涉及经济、社会、科技、文化和体制等多方面因素的综合系统。良好的发展环境能够更好地吸引、培育和创造人才，同时提高科技人才对经济增长的贡献率。现有研究中对科技人才发展环境的划分为主要有以下两种：第一，将科技人才发展环境分为硬环境和软环境，硬环境从物质层面出发，指人才在生活和工作方面的需求，而软环境更多的是体现科技人才丰富精神世界的需要。第

---

① 朱杏珍. 人才聚集过程中的羊群行为分析[J]. 数量经济技术经济研究，2002(7)：53-56.

② 张樨樨. 产业集聚与人才集聚的互动关系评析[J]. 商业时代，2010(18)：119-120.

③ 王小迪，陆晓芳. 高科技企业人力资源管理效能研究[J]. 社会科学战线，2012(4)：261-262.

二，将科技人才发展环境分为宏观环境、中观环境和微观环境。本书中科技人才发展环境主要包括政治环境、经济环境、社会环境、创新创业环境、人才政策环境、自然环境和文化环境七个方面。

第三节　理论基础与文献综述

一、理论基础

(一)人力资本理论

美国经济学家舒尔茨(T. W. Schultz)和贝克尔(G. S. Becker)的人力资本理论认为物质资本指物质产品上的资本，包括厂房、机器、设备、原材料、土地、货币和其他有价证券等；而人力资本则是"非物力资本"，即体现在人身上的资本，是对生产者进行教育、职业培训等支出及其在接受教育时的机会成本等的总和，表现为蕴涵于人身上的各种生产知识、劳动与管理技能以及健康素质的存量总和。而后发展的人力资本管理理论则是建立在人才资源管理的基础之上，综合了"人"的管理与"资本投资回报"两大分析维度，将企业中的人作为资本来进行投资与管理并根据不断变化的人力资本市场情况和投资收益率等信息及时调整管理措施，从而获得长期的价值回报的理论。

舒尔茨认为人力资本积累对于经济增长的贡献是巨大的，劳动者的素质越高，生产率也就越高；教育是促进经济增长的途径，受教育程度越高，知识技能水平越高，劳动生产率也就越高，这就使得个人收入水平趋于平等，从而促进经济增长。贝克尔也对此进行了论证，他认为一个人的受教育水平越高，那么其收入水平就越高，给父母的满足程度也越高，使得父母会追加对孩子的投资①。这就证明需要加强对人才的教育投资，将劳动者技能分为一般技能、专业技能和特殊技能三种进行培训，为人才提供良好的服务环境，以进一步提高人才价值，提高劳动生产率及科技创新率。

(二)人口流迁理论

美国学者李(E. S. Lee)提出的推-拉理论是人口流迁理论当中最重要的理

---

① 〔美〕加里·贝克尔. 人力资本[M]. 陈耿萱，译. 北京：机械工业出版社，2016：95.

论之一，该理论认为劳动力的流动与迁移是迁入地或流入地的拉力与迁出地或流出地的推力共同作用的结果。反过来讲，一个国家的快速发展离不开人才，发展中国家的经济比发达国家落后，而导致这一结果的主要根源就在于人才的流动，这是人才调节的基本形式之一，是调整人才结构、充分发挥人才潜能不可或缺的重要环节。人才流动主要包括人才的流入和流出，从社会角度来讲，是进行了人才流动；从个人角度来讲，是换了一个新的工作环境；从吸纳人才的企业角度看，是增添了企业活力，增添了新人才；从人才原单位来看，则是人才流失。推-拉理论认为，科技创新人才流向新的企业，是由于新的企业能给他提供新的体验、更高的收入和更好的机会等有利条件；而人才原单位则对该人才已经没有足够的吸引力，工资收入较低、发展机会少成为了阻碍科技创新人才发展的绊脚石，将人才推向新企业。我国学者立足于国内实践，进一步发展了人才流动理论，认为对人才流动产生影响的因素除了经济激励，还包括社会体制和文化体制。这些因素对人才培养质量产生了直接的影响，人力资本开发的必然产物就是人才流动。

(三) 激励理论

激励理论即倡导针对人的需要来采取相应的管理措施以激发动机、鼓励行为、形成动力的人力资本理论。这一理论强调，作为一个组织应该选择适当的方法或者建立适当的管理体系来促使员工最大程度地完成工作目标。职工对待工作的态度会影响到工作的效率，前者又会受到自身需要被满足的层次以及组织所采取的激励措施的影响。事实上，运用激励手段的目的还是为了最大限度调动起人的积极性，为工作贡献才能。马斯洛曾指出，人的需要可以划分为生理需求、自我实现需求等不同的层次，正是由于这些层次需要的存在，人们会对所处的组织提出更多的要求。这样对于一个组织的管理者而言，完全可以依照职工的需求层次完善建立激励办法。同时，也有学者进行深入研究，认为工作态度会受到保健和激励因素的共同影响，前者涵盖了管理技术、同事之间的关系、薪金收入等方面因素，如果组织针对这些因素进行进一步完善改进，会在一定程度上降低员工对组织的不满。激励因素则包含了关注员工心理健康并能促进其积极性的部分，同样有利于员工工作态度的改进，能够有效提高工作的成效。

二、文献综述

在国家和区域的科技创新大环境下，人才的发展，尤其是科技人才的发展显得尤为重要。国内的学者在人才发展领域的研究成果相当丰富，主要集中在人才发展环境的重要性、影响因素、评价及优化等方面。

(一)国外研究进展

国外学者们针对科技创新、人才、人才发展环境等论题开展了许多丰富的研究，并取得了一定的成果。经济学家熊彼特(J. A. Schumpeter)首次提出"创新"概念，他认为创新是在生产体系中引入的一种新的组合方式，这种组合方式是通过生产要素和生产条件的重新组合实现的，并将创新分为五种情况①。经济学家刘易斯(W. A. Lewis)提出了拐点理论，他认为经济发展主要是依靠一国的人才和技术，因为自然资源和资本对经济发展的贡献是逐渐降低的，从长期看，经济发展取决于人的智力和技术②。世界经济论坛(WEF)在对国家竞争力评估和人才金字塔模型的研究中都涉及了人才发展环境的部分，他们认为只有充分发展人才发展环境，才能更有效地利用人才价值。欧洲创新环境研究小组(GREMI)认为创新环境会对人才的发展产生影响，好的创新环境更加有利于人才的发展。国外学者对于人才发展环境的研究更多是嵌套对于人才聚集、人才流动的研究。在人才集聚方面，马歇尔(A. Marshall)指出推动人才集聚的拉力主要包括内外部规模经济、地方政府的政策、知识的溢出效应和工资水平等方面③。舒尔茨认为人才成长受许多因素影响，包括人才政策、科学技术的投资、环境因素等④。盖特勒(M. S. Gertler)认为吸引人才集聚的影响因素主要是环境和福利待遇，并且影响因素并不会一直不发生改变⑤。除了福利因素，

---

① 〔美〕约瑟夫·熊彼特. 经济发展理论[M]. 郭武, 译. 北京: 中国华侨出版社, 2020: 82.

② 〔英〕阿瑟·刘易斯. 增长与波动[M]. 梁晓民, 译. 北京: 中国社会科学出版社, 2014: 126.

③ 〔英〕阿尔弗雷德·马歇尔. 产业经济学[M]. 肖卫东, 译. 北京: 商务印书馆, 2019: 58-60.

④ 〔美〕西奥多·舒尔茨. 论人力资本投资[M]. 吴珠华, 等, 译. 北京: 北京经济学院出版社, 1990: 4.

⑤ M. S. Gertier. Local Social Knowledge Management: Community Actors, Institutions and Multilevel Governance in Regional Foresight Exercises[J]. Futures, 2004(36): 45-65.

开姆尼兹(A. Kemnitz)指出地区对科学技术成就的认同度以及人力投入等也会影响人才的发展①。在人才流动方面,卡尔(S. C. Carr)和因克森(K. Inkson)从人才的心理方面入手,将环境细分为政治环境、经济环境、文化环境、家庭环境四方面因素,分别分析了不同环境下人才的心理反映与流动偏好②。克鲁斯(J. Crush)和休斯(C. Hughes)认为,政治、经济、社会等方面的环境因素对人才的区域流动起到了关键作用③。除此之外,卢卡斯(R. Lucas)和戴利(M. Deery)认为人才的软环境对于人才的发展至关重要,想要保留人才的组织需要大力发展人才的软环境④。梅依拉(K. Mellahi)对跨国公司的人才进行了相关研究,他认为跨国公司应该重视人才发展环境对于人才的重要性,并依靠人才环境来扭转当前人才无法利用的局面⑤。

(二)国内研究进展

1. 人才发展环境的重要性及影响因素

国内学者不论是研究企业的人才发展环境还是城市的人才发展环境,都通过量化研究方法来对其进行分析。

一方面是对人才发展环境重要性的研究,查奇芬等通过建立人才指数和人才环境指数,分析得出二者存在显著的正相关关系,即环境的优劣对于科技创新型人才的发展具有重要作用,优良的环境可以为人才创造一个良好的平台,有效地促进人才自身的发展;反之则相反⑥。王海芸、宋镇则侧重研究了企业的人才发展环境对高层次人才吸引力的影响,通过建模实证分析指出产业发展

① A. Kemnitz. Growth and Social Security: The Role of Human Capital [J]. European Journal of Political Economy, 2000(16): 673-683.

② S. C. Carr and K. Inkson. From Global Careers to Talent Flow: Reinterpreting "Brain Drain"[J]. Journal of World Business, 2005(40): 386-398.

③ J. Crush and C. Hughes. Brain Drain [J]. International Encyclopedia of Human Geography, 2009: 342-347.

④ R. Lucas and M. Derry. Significant Developments and Emerging Issues in Human Resource Management[J]. International Journal of Hospitality Management, 2004(23): 459-472.

⑤ K. Mellahi. The Barriers to Effective Global Talent Management: The Example of Corporate Elites in MNEs[J]. Journal of World Business, 2010(45): 143-149.

⑥ 查奇芬, 张珍花, 王瑛. 人才指数和人才环境指数相关性的实证研究——以江苏省为例[J]. 软科学, 2003(5): 49-51.

环境是企业吸引人才的首要因素，企业内部环境则是企业留住人才的重要条件①。李朋林、唐珺侧重于研究"新一线"城市的人才环境水平，提出优良的环境可以提升城市形象。

另一方面是对人才发展环境影响因素的研究。胡艳辉将人才发展环境分为四个部分：经济环境、生活环境、人文环境和政策环境②。李明杰认为在人才创新方面政府推进十分重要，肯定了政府政策环境的重要性③。吴娟频和陈彩站在人才流动视角，认为影响人才发展环境的因素有四方面：经济发展环境、科技教育环境、城市建设环境及创新创业环境，并通过构建评估体系进一步测算了四方面因素的影响权重④。王见敏、康峻珲、王杰研究发现专业技术人才与经营管理人才、人均 GDP 与地区经济总量、基础教育投入规模与在职职工工资水平等因素对人才发展环境影响较大⑤。

2. 人才发展环境评价方法与模型

多数学者对人才发展环境评价都是从多个维度进行展开。王雅荣和易娜通过对比同省份较大城市人才环境的优劣，构建了包含经济环境、生活环境、文化环境及政策环境四个维度的人才环境评价指标体系，进而对呼和浩特、包头、鄂尔多斯三市的人才发展环境进行了评估⑥。司江伟、陈晶晶构建了包括经济环境、政治环境、文化环境、社会环境、生态环境在内的"五位一体"人才发展环境评价指标体系，并以深圳、武汉、青岛、南京四个城市为例验证了指标体系的合理性和可行性⑦。龚志冬和黄健元通过建立投影寻踪模型，从空间域上对我国 15 个"新一线"城市的人才环境进行了量化评价，得出 15 个"新

① 王海芸，宋镇．企业高层次科技人才吸引力影响因素的实证研究[J]．科学学与技术管理，2011(3)：72-75．
② 胡艳辉．河北省人才发展环境浅析[J]．合作经济与科技，2011(6)：4-5．
③ 李明杰．政府发展科技人才对科技创新的重要性[J]．科技经济市场，2014(3)：111-112．
④ 吴娟频，陈彩．京津冀协同发展下河北省人才环境优化研究[J]．湖北函授大学学报，2017(16)：98-100．
⑤ 王见敏，康峻珲，王杰．基于 AHP 模型的人才发展环境评价分析——以贵州省为例[J]．贵州财经大学学报，2019(1)：103-110．
⑥ 王雅荣，易娜．基于综合指数法的呼包鄂三市人才环境比较[J]．西北人口，2015(1)：79-84．
⑦ 司江伟，陈晶晶．"五位一体"人才发展环境评价指标体系研究[J]．科技管理研究，2015(2)：27-30．

一线"城市的人才环境水平总体上偏低，且科研经费、每万人中大学生数量、专利申请受理量、教育支出等软环境已成为新时期影响人才发展主要因素的结论①。刘琳将人才发展环境分为人才结构环境、经济发展环境、人才生活与服务环境三类，认为专业技术类人才与企业经营管理类人才的规模对人才结构环境的改善贡献度更高，且基础教育投入是比在职职工工资水平更重要的人才环境指标②。

3. 人才发展环境优化措施

从措施方面来看，多数学者认为优化科技人才发展环境应该积极转变经济发展方式，促进经济转型，积极建设高质高效的教育环境与长效的就业及居民生活环境。王宝林、柴亚岚认为应该充分利用区域一体化的发展战略机遇，转变经济发展方式，建立良好的经济环境③。崔丽杰认为应该建立促进创新的长效就业环境，加快发展第三产业，增加经济总量，带动当地就业④。王艺洁认为应该建立高质量的教育环境，加大人才投入，提高人才产出。加大教育投入，尤其是高等教育投入，积极利用科研推动产业发展⑤。孙健还认为改善居民生活环境，加大医疗经费支出，加大卫生事业投入和医护人才培养，推进医疗体制改革，建立温馨环保便利的生活居住环境进而改善居民生活是科技人才集聚的重要条件⑥。

4. 河北省人才发展环境的相关研究

在河北省人才发展环境方面，王欣通过对河北、辽宁、北京、天津和上海在人才规模、人才投入、人才产出以及人才环境四方面的灰色关联度分析，发

---

① 龚志冬，黄健元. 长三角城市群城镇化质量测度[J]. 城市问题，2019(1)：23-30.

② 刘琳. 新时代跨境电商人才需求及培养模式研究[J]. 商场现代化，2020(18)：75-77.

③ 王宝林，柴亚岚. 京津冀协同发展背景下河北省人才资源现状及回流对策[J]. 天津电大学报，2016(1)：60-62.

④ 崔丽杰. 山东省科技人才生态环境评价及优化对策研究[D]. 曲阜师范大学，2016：35-37.

⑤ 王艺洁. 基于人才成长的科技人才根植意愿影响因素研究[D]. 中国科学技术大学，2017：34-36.

⑥ 孙健. 高中学校人力资源管理策略分析[J]. 现代营销，2019(4)：127.

现河北省人才竞争力较弱，且主要原因是人才投入支出较少，人才产出率较低①。唐潇、穆晓龙研究了河北省城市人才竞争力的现状，认为河北省人才数量少、质量低，人才结构需要优化②。王志玲深入研究了高技能人才流动的动因，认为只要高技能人才向着自己的目标努力，且政府助力企业满足高技能人才的需求，两方良性互动，就可以解决河北省技能人才的供需矛盾③。党嘉颖认为薪酬福利、晋升机会和企业发展能力这三大因素是河北省高技能人才流动的主要影响因素，并且指出河北省青年人才和高学历的人才流失概率较大④。

在河北省人才发展环境存在的问题及对策研究方面，岳建芳、陈伟、何米娜认为当前河北省人才现状是人才短缺、产业结构和人才结构偏离且人才流失严重⑤。孙琪认为人才的生长必然受到所处环境的制约。就河北省而言，经济实力相对薄弱、政策机制相对滞后、公共服务水平相对低下、文化传统相对保守这四方面的环境因素均制约着河北省人才发展⑥。高田娟、马涛从河北省人才硬环境和软环境两方面分别和京津对比，认为人才环境可以造就人才、吸纳人才、充分发挥人才的作用⑦。赵雷从政府职能视角出发，认为建立良好的人才发展环境需要更新人才理念、完善人才流动的市场机制、强化人才管理的法律化并且将人才工作纳入法制化的规范轨道⑧。

5. 区域之间协同发展对人才发展环境的影响

在提高京津冀人才发展环境一体化过程中，赵普光认为京津冀协调发展可

① 王欣. 河北省人才竞争力评价——基于灰色关联度分析[J]. 今日中国论坛，2013（13）：74-77.

② 唐潇，穆晓龙. 河北省城市人才竞争力现状及其提升路径研究[J]. 全球流通经济，2019(22)：101-102.

③ 王志玲. 京津冀协同发展背景下河北高校高层次人才队伍建设研究[D]. 河北科技大学，2018：59-61.

④ 党嘉颖. 河北省高技能人才流动意愿影响因素实证研究[D]. 河北经贸大学，2019：23-26.

⑤ 岳建芳，陈伟，何米娜. 河北省科技创业人才现状分析[J]. 合作经济与科技，2015(16)：109-110.

⑥ 孙琪. 优化河北省人才环境的对策建议[J]. 产业与科技论坛，2014(14)：196-197.

⑦ 高田娟，马涛. 河北省人才环境浅析[J]. 合作经济与科技，2014(8)：101-102.

⑧ 赵雷，金盛华，孙丽，韩春伟. 青年创新人才创造力发展的影响因素——基于对25位"杰青"获得者访谈的质性分析[J]. 中国青年政治学院学报，2011(3)：68-73.

以促进教育资源共享，尤其是高等教育资源的共享，从而优化人才发展环境①。崔宏轶等诸多学者认为京津冀协同发展可以加速河北省人才回流，改善河北省的人才发展环境。另外，京津冀协同发展作为国家的重要战略，应在政策环境和就业环境方面加快三地协同化、一体化，提高河北省整体的人才发展环境②。

在长三角一体化对人才发展环境的影响方面，谢牧人和于斌斌探讨了长三角地区高端人才集聚的问题所在，并且指出了解决该地区人才发展问题的三个重要方法：理念革新，树立人才共享观念；制度变革，破除人才流动的壁垒；结构调整，优化经济结构③。严利、叶鹏飞认为长三角地区创新创业人才发展中的主要问题是人才开发政策上高度重合、高层次人才缺乏和创新创业环境不够完善，对此应建立一体化人才发展体系，统筹实施一体化人才开发政策④。

在珠三角一体化对人才发展环境的影响方面，黄爱民认为人才开发一体化是区域经济一体化最关键一环。相比于长三角、京津冀，人才和技术是珠三角最为短缺的资源⑤。曾建平认为珠三角区域一体化与国际区域一体化要求不同，国内的区域一体化主要是地方政府在社会主义市场机制完善的过程中主动进行的地区间的合作，继而实现生产要素的合理配套以谋求更有效的经济发展。珠三角区域的一体化虽然也是这种规律的体现，但又与之不同⑥。

（三）对已有研究的评价

综上，国外学者对创新与科技人才发展之间关系的研究起步较早，成果也相对较多，国内学者对人才发展环境重要性、影响因素以及评价和优化等领域的研究已经较为成熟，这些研究成果为京津冀协同发展战略中如何实现创新驱

---

①　赵普光. 山东省人才发展环境现状及优化策略[J]. 中国人事科学，2021（3）：49-60.

②　崔宏轶，潘梦启，张超. 基于主成分分析法的深圳科技创新人才发展环境评析[J]. 科技进步与对策，2020（7）：35-42.

③　谢牧人，于斌斌. 长三角地区高端人才集聚的关键与机制[J]. 中国人力资源开发，2012（2）：81-84.

④　严利，叶鹏飞. 长三角城市群发展过程中创新创业人才发展[J]. 哈尔滨工业大学学报，2017（3）：75-80.

⑤　黄爱民. 珠三角人才开发一体化发展战略构想[J]. 中国人才，2004（5）：15-16.

⑥　曾建平. 珠三角一体化背景下的珠海市经济发展战略研究[D]. 吉林大学，2012：11-13.

动、如何提升科技创新能力等问题提供了很好的借鉴，但也存在一定的不足。第一，这些研究中，对区域协同发展中落后地区科技人才发展环境方面的研究还是相对较少。中国幅员辽阔，各省市经济、政治、人文、地理等差异化导致国内各省市人才发展环境的水平参差不齐，这就造成对于区域一体化中落后地区人才发展环境评估的研究甚少。第二，京津冀协同发展战略的实施影响因素较多，这些因素都影响着科技创新和人才战略的实施，需要准确辨析这些影响因素并提出有针对性的意见，已有的研究在这方面还有待完善。本书以人力资本理论、人口流迁理论和激励理论作为基础理论，对京津冀协同发展下河北省科技人才情况、人才发展环境及创新创业情况进行调查分析，并就京津冀科技人才发展环境与优化路径进行研究，探讨促进河北省科技人才集聚的措施。

第四节 研究内容与创新点

一、研究内容

本书以京津冀协同发展背景下河北省人才发展环境与优化路径作为研究对象，构建了从理论研究、实证研究到对策研究的研究脉络。对人才发展环境相关理论进行梳理，建立起人才发展环境综合评价的指标体系框架。采用多目标规划模型，运用人才发展环境综合评价指标体系客观评价河北省的人才发展环境，调查了河北省科技人才对发展环境的满意度和需求，分析了其现状以及存在的问题。

第一章主要是对河北省科技人才发展环境评价与优化路径的研究背景、意义以及相关概念和理论作出解释和说明。分析科技人才对经济发展产生的积极影响，探讨其在实现人才集聚中的贡献。分析激励科技人才创新创业对河北省的经济发展的作用。

第二章对河北省科技人才现状与特征进行细致分析，利用《中国科技统计年鉴》《河北省国民经济和社会发展统计公报》等公开数据和本书调查数据作出量化分析，研究河北省的科技人才规模、创新能力、科技人才结构、高精尖人才等方面存在的问题。从数据分析来论证河北省科技人才空间分布、科研活动、科研成果的变动趋势，以及出现的科技型人才紧缺、产业结构和人才结构偏离、科技人才流失严重等问题。

第三章主要是基于宏观数据，构建综合评价指标体系，对河北省优化科技人才环境进行评价与分析。基于本书调查数据，分析河北省医疗卫生、生态环境以及住房价格对人才发展环境的阻碍作用。探讨河北省的科技人才就业环境以及企业生产环境满意度，特别是科技创新人才的薪酬福利满意度问题。根据调查数据，分析科技人才对河北省人才政策执行效果、创新创业环境满意度情况，探寻河北省人才政策的时效性、人才管理与服务的相关立法缺失、省内经济发展活力、科研经费投入不足等问题。

第四章和第五章则是对河北省科技人才发展环境特征和集聚机制的成因进行分析。从地理位置因素、人口特征因素、宏观经济环境因素等方面研究影响河北省科技人才发展环境的因素。综合比较影响河北科技人才集聚的宏观及微观因素。分析当地经济发展水平、工资水平、城市开放程度等宏观因素以及人力资本、个人价值观和流入地的社会关系网等微观因素对河北省科技人才集聚的影响机制。

第六章分析河北省科技人才创业特征和创业需求，这部分是本书不同于其他研究的一个重要方面。结合科技人才创新创业的调查情况，分析河北省科技人才创业特征和需求，并分析科技人才创业需求和创业行为的影响因素，了解科技人才目前的工作态度及发展需求。

第七章和第八章主要是对河北省科技人才的创新创业环境与政策供给进行分析。基于宏观和微观数据分析了河北省科技人才创新创业环境的优势和短板，并利用数理统计等方法对河北省科技人才政策与实施效果进行评价，探寻河北省科技人才创新创业环境以及政策发展中存在的问题。

第九章针对前面八个部分进行分析与探讨，提出优化河北省科技人才发展环境的对策，以期能加速河北省科技人才集聚，促进河北省经济高质量发展。

二、创新点

第一，本书基于十九届五中全会精神，为提升河北省科技人才创新能力，激发企业科技创新活力，优化科技人才创新创业环境，构建了区域一体化下科技人才发展环境评价指标体系，利用二元 Logistic 模型对制约河北省科技人才发展的因素进行系统分析。

第二，本书利用人力资本理论、人口流迁理论和人才激励理论，结合人口学专业知识，使用与企业合作、校企合作等信息支持(如年龄、社会支持，包括家庭支持等），分析河北省科技人才发展环境、科技人才创新创业需求以及河北省人才集聚机制等，以期提出针对性建议，促进河北省科技人才环境进一步优化。

第三，构建京津冀协同发展平台下河北省人才发展环境的优化路径。本书着力于研究河北省应该如何在京津冀一体化背景下，发挥自身环境优势，提升人才集聚能力。构建区域科技人才发展和优化体系，优化河北省科技人才发展的特殊环境。探讨人才流出为主的地区科技人才发展环境优化和科技人才集聚的方案。

第二章　河北省科技人才现状与特征

随着河北省创新型城市建设的推进，全省科技人才资源总量持续增长，队伍整体素质不断提高，人才结构不断优化，直接推动了全省科技水平的进步和区域创新能力的提升。但不可否认的是，与发达省市的快速发展相比，河北省创新型科技人才总量相对不足、结构分布不合理、使用效率不高的问题仍然存在，这些问题严重制约了全省科技人才队伍建设和创新能力的提高。本章通过描述河北省科技人才的现状与特征来分析河北省科技人才的规模和结构变化趋势。

第一节　河北省科技人才特征

一、科技人才规模特征

根据《中国科技统计年鉴 2020》相关数据显示，截至 2019 年年底，河北省 R&D 人员共有 18.31 万人。其中博士毕业人数 9165 人，硕士毕业人数 31539 人，本科毕业人数 72966 人。折合全时当量为 11.43 万人年。进一步分析，2019 年河北省 R&D 人员占全国 R&D 人员总量的比重为 2.57%，明显低于全省就业人数占全国就业人数的比重（4.71%）和人口数占全国人口数的比重（5.26%）。图 2-1 表明，虽然河北省博士与硕士人数占比较 2010 年有所上升，但 R&D 人员总量占比较 2010 年有所下降，低于 2010 年全省科技活动人员占全国科技活动人员的比重（2.87%）。这表明，虽然河北省是人口、劳动力资源大省，但专业技术人员有限，实际从事科技创新活动的人数明显不足，必然导致创新水平层次低下、创新能力不足。

表 2-1 **2019 年河北省与全国 R&D 人员数、高等学历人员数及占比**

（单位：人）

分类	R&D 人员	全时人员	博士毕业	硕士毕业	本科毕业
河北	183151	114291	9165	31539	72966
全国	7129256	4860169	607210	1038113	2891555
河北占全国比例	2.57%	2.35%	1.51%	3.04%	2.52%

数据来源：《中国科技统计年鉴 2020》。

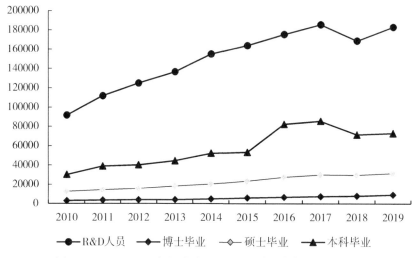

图 2-1 2010—2019 年河北省 R&D 人员数与高等学历人员数

数据来源：《中国科技统计年鉴 2020》。

二、科技人才结构特征

根据 2019 年《河北省人力资源和社会保障事业发展统计年报》的相关数据可知，截至 2019 年年底，河北省已开展 9 批"百人计划"评选，共评选出省级特聘专家 144 人；享受国务院政府特殊津贴专家累计 2481 人；累计选拔省级有突出贡献中青年专家 1631 人，河北省政府特殊津贴专家 696 人；共培养"三三三"人才工程一层次人选 140 人，二层次人选 1297 人，三层次人选 14000 人。累计设立博士后科研流动站 58 所，工作站 105 所，博士后创新实践基地 174 个，共招收近 2000 名博士后人员进站从事科学研究。全省全年参加专业技术人员资格考试 28.60 万人次，其中取得专业技术人员职业资格证书的有 3.86 万人。与 2010 年相比，河北省人才队伍不断扩大，但增幅缓慢，尤其是在企业工作的高层次人才占比仅 15% 左右，远远不能满足企业对创新型科技人才的需求，不利于企业创新水平的提高。

根据《中国科技统计年鉴 2020》统计数据，在顶尖人才方面，北京市的人才数量远远大于天津市和河北省。河北省在高端人才方面，"千人计划"及以上层次的人才仅为 41 人，而北京市"千人计划"及以上层次的人才数量为 1275 人，双方相差了 31 倍。其中，科学院与工程院院士仅各有 1 名，"长江学者"仅有 3 名。可见，河北省在高端人才数量上与京津差距仍十分显著。

三、科技人才的人口学特征

本部分数据来源于课题组的实地问卷调查，调查具体样本情况说明详见附录。通过对收集的 1500 份有效问卷进行分析，可以发现河北省科技人才具有以下的人口学特征：

从性别分布角度，在 1500 份有效问卷中，男性科技人才有 1018 位，占 67.87%，女性科技人才有 482 位，占 32.13%。男性科技从业人员明显多于女性。从年龄分布角度，在参与调查的样本中，30～34 岁年龄组人数最多，有 547 人，占比为 36.47%；35～39 岁年龄组排名第二，有 318 人，占比为 21.18%；24 岁及以下、45～49 岁、50 岁及以上年龄组所占比例较小，分别为 4.71%、2.75%、1.16%。由此可见，河北省科技人才超过半数集中在 30～39 岁年龄段，青年科技人才资源储备不足。

表 2-2　　　　　　　　　　河北省科技人才分年龄组数量与占比

年龄组	24 岁及以下	25～29	30～34	35～39	40～44	45～49	50 岁及以上
人数	71	270	547	318	235	41	18
占比	4.71%	18.04%	36.47%	21.18%	15.69%	2.75%	1.16%

从选择调研样本的人口比例地域分布角度来看，保定市科技人才最多，占比为 13.7%，沧州市次之，占比为 11.8%，其余各市科技人才占比均低于 10%，廊坊市和张家口市科技人才数量最少，占比为 6.3%。由此可见，河北

省科技人才南北分布不均，科技人才主要集中在冀中南部和冀东地区，北部地区科技人才资源相对不足。

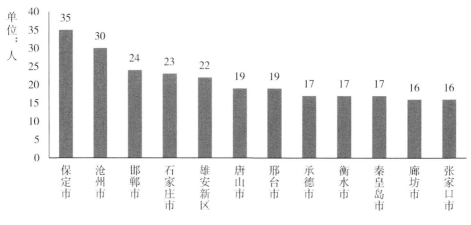

图2-2 河北省科技人才地域分布

从人口迁移角度来看，本书将有非河北省工作经历的人口看作流入人口，1500位参与调查的人员中有842人为流入人口，占比为56.1%。迁入科技人才中，有323人通过公开招聘迁入，147人通过人力中介机构迁入，276人通过政府人才引进迁入，41人通过组织调动迁入，53人通过其他原因迁入。迁入科技人才留存意愿普遍比较强烈，有205人已经在河北省工作10年以上，占比最高，达24.5%，200人已经工作5~6年，占比次之，为23.8%。绝大多数迁入的科技人才都在河北省工作5年以上。公开招聘和政府人才引进政策在河北省引进人才工作中发挥了较大作用。

从学历结构分布角度，河北省科研人员大专及本科学历的有1211人，占比最高，为80.78%，高中（含中专）学历的有18人，占比最少，为1.18%，研究生学历的有270人，占比为18.04%。全部调研样本中仅135人有海外学习经历，123人有海外工作经历，占比分别为9%和8.2%。由此可见，河北省科技人才学历还有待提升，具有研究生学历的科技人才占比不超过20%，科技人才存在结构性短缺现象，尤其是高端人才稀缺，对于国际人才吸引力弱，科技人才国际化水平较低。

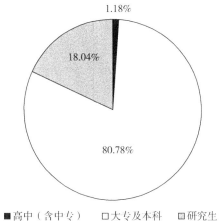

1.18%

18.04%

80.78%

■高中（含中专）　□大专及本科　□研究生

图 2-3 河北省科技人才学历

从行业分布角度，河北省科技人才主要集中在科学研究、技术服务业和地质勘察业，教育业，制造业，分别占比 23.9%、16.9%、12.9%；其余行业科技人才分布相对较少。从职业分布角度，河北省科技人才近半数为专业技术人员，在参与调查的人群中，专业技术人员占比为 46.3%；商业、服务业人员占比为 22.4%；国家机关、党群组织、企业、事业单位负责人占比为 16.9%；教师占比为 9%；生产、运输设备操作人员占比为 4.3%；农林牧渔、水利业生产人员占比为 1.2%。

表 2-3　　　　　　河北省科技人才行业分布人数及占比

行　　业	占　比
科学研究、技术服务业和地质勘查业	23.9%
教育	16.9%
制造业	12.9%
信息传输、计算机服务和软件业	7.8%
批发和零售业	6.3%
金融业	5.1%
租赁和商贸服务业	4.7%
建筑业	3.1%

续表

行　　业	占比
居民服务和其他服务业	2.7%
医药生物化工	2.7%
水利环境和公共设施管理业	2.4%
文化体育娱乐业	2.4%
公共管理和社会组织	2.4%
住宿和餐饮业	2.0%
交通运输、仓储和邮政业	1.2%
卫生社会保障和社会福利	1.2%
电力燃气水的生产和供应业	0.8%
农林牧渔业	0.8%
咨询法律人力	0.7%
合计	100.0%

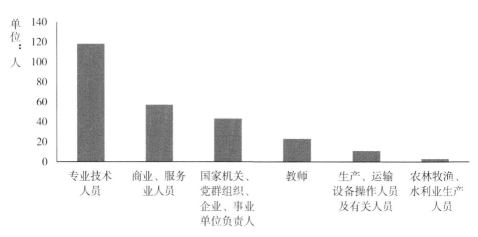

图 2-4　河北省科技人才职业分布

四、河北省对科技人才的需求特征

科技人才主要服务于地区产业发展，由于不同地区产业发展方向不同，对科技人才的需求也各不相同。由河北省经济发展情况可以看出，河北省在"十三五"期间处于工业发展中期，以重化工业发展为主。2020年地区产业结构比为10.1：36.7：50.3，自2003年开始，河北省产业结构以第二产业为主，产业以传统制造业为主，整体水平偏低，承接京津优势产业能力较差，经过产业结构调整与转型，在2020年第三产业产值反超第二产业。根据河北省委《关于制定国民经济和社会发展第十四个五年规划和2035年远景目标的建议》可以发现，河北省在"十四五"期间将举全省之力办好"三件大事"，开创"两翼"发展新局面，坚持以新发展理念为引领，加快发展现代产业体系，推动经济体系优化升级，坚持创新驱动发展，推进创新型河北建设实现新突破和全面塑造的发展新优势。具体来看，河北省第二产业未来发展将以高技术产业为主，着力发展新兴产业，需要增加电子设备制造、生物医药、都市现代农业、智能制造、数字产业、旅游业等产业的高端科技人才。未来生产性服务业以信息传输和科技服务业为主，需要兼具科技知识与产业知识的复合型人才。

五、科技人才区域分布特征

由于地区人力资本基数、引进政策、经济水平等不一致，随着时间的变动，地区间人才集聚程度在不断地发生变动，科技人才作为高端人才之一，自身受流动限制较少，有较多机会接触外界，获取更多信息，从而加快科技人才的区域流动。根据统计局数据，河北省共有13个市，受北京辐射带动，保定地区科技人才集聚水平高于河北省其他地区，石家庄、衡水、沧州、邢台和唐山等地人才集聚区次之。其中，石家庄作为河北省省会，有一定的人才集聚力，唐山市凭借钢铁工业和港口贸易优势，产业基础好，科技人才需求较高，因此人才集聚水平相比邢台、衡水等地更高。2015年后石家庄及唐山科技人才集聚水平与保定保持同一梯度，直至2020年，河北省科技人才集聚度最低的区域为张家口地区，这与当地的发展规划有一定的关系，作为首都水源涵养供给区的张家口，在经济发展上受到了一定的限制，科技基础薄弱，科技人才的迁入积极性不高。

第二节　河北省科技人才科研活动现状

从研究与试验发展（R&D）投入情况、科技产出及成果情况、技术市场情况、省内三种专利申请受理量与授权量四方面对河北省科技人才科研活动现状进行分析描述。根据 2010—2019 年《河北经济年鉴》的相关数据可知，在研究与试验发展的投入情况中，R&D 人员全时当量与经费内部支出都呈现不断增加的趋势，经费增长速度不断提升。在科技产出及成果情况上，专利申请数较之以往有大幅增加，专利授权数也出现了平稳增加。在技术市场情况中，技术合同的成交额在短短几年间有了大幅增加，从 2015 年的 185.25 亿元到 2019 年的 583.58 亿元，翻了 3.15 倍，说明科技市场正在逐渐兴起，发展势头良好。从省内三种专利申请受理量与授权量中可以发现，申请量与授权量呈现增加的趋势且以实用新型技术为主，发明数量在申请量中的增量远超外观设计，但在授权量中较为劣势。

表 2-4　　　　　　　　河北省科研活动基本情况

科研活动分类	2010	2015	2019
研究与试验发展（R&D）投入情况			
R&D 人员全时当量（人年）	62302	107508	111799
R&D 经费内部支出（万元）	1554487.8	3521443.9	5667279
科技产出及成果情况			
专利申请数（件）	5112	15159	101274
专利授权数（件）	877	3456	12117
技术市场情况			
签定各类技术合同（份）	10181	9287	11324
技术合同成交额（亿元）	148.5	185.25	583.58

数据来源：历年《河北经济年鉴》。

表 2-5　　　　　　河北省内三种专利申请受理量与授权量　　　　（单位：件）

专利发明情况	2000	2010	2015	2017	2018	2019
申请量合计	3848	12300	44060	61303	83785	101274
发明	601	3269	11259	13982	18954	20536
实用新型	2429	7095	24646	36150	51171	63798
外观设计	818	1936	8155	11171	13660	16940
授权量合计	2812	10061	30130	35348	51894	57809

续表

专利发明情况	2000	2010	2015	2017	2018	2019
发明	221	954	3840	4927	5126	5130
实用新型	1917	6838	19103	21841	36210	40562
外观设计	674	2269	7187	8580	10558	12117

数据来源：历年《河北经济年鉴》。

第三节　河北省科技人才科研成果现状

2019 年河北省科技人才国内有效专利数共 195377 件，全国共 8812070 件，河北省占全国有效专利数的 2.22%，较 2010 年上升了 0.72%。由图 2-5 可以发现，河北省科技人才的国内有效专利数呈逐年稳定上升的趋势。

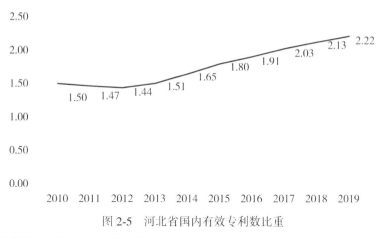

图 2-5　河北省国内有效专利数比重

数据来源：历年《河北经济年鉴》。

由图 2-6 可以发现，2019 年河北省发表科技论文数共有 2532 篇，占全国发表科技论文数的 1.41%，与 2018 年 2454 篇相比，数量有所上升；与 2017 年的 2763 篇相比，数量有所下降。2010 年到 2012 年发表科技论文占比数量轻微下降，2012 年至 2017 年间，河北省发表科技论文数量占比呈平稳增长趋势，总发展趋势有所上升，但整体仍处于较低水平。

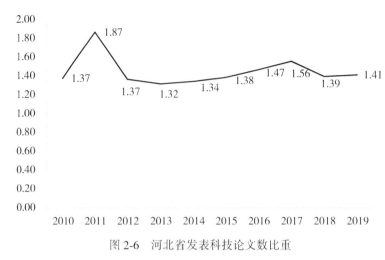

图 2-6 河北省发表科技论文数比重

数据来源：历年《河北经济年鉴》。

由图 2-7 可以发现，河北省出版科技著作变化较大，整体呈上升趋势。2019 年河北省出版科技著作数为 73 种，占全国出版科技著作数量的 1.24%，较 2010 年上升了 0.35%。但是河北省出版科技著作数仍处于较低水平，与其他省份相比处于较为落后的状态。

图 2-7 河北省出版科技著作占全国比重

数据来源：历年《河北经济年鉴》。

第四节　河北省科技人才发展中存在的问题

河北省地处我国中原地区，一直以农业大省为发展路线，虽然河北省医药化工行业以及钢铁等老牌工业企业过去十几年发展迅猛，技术创新卓有成效，出现了一大批创新型人才，但是与其他省份相比河北省科技人才无论是在数量还是在质量上都存在一定差距，这与科技创业人才匮乏不无关系。其主要表现如下：

一、科技型人才短缺

自 2000 年起，河北省大力引进科技人才并不断完善自己的人才培养模式，人才资源总量稳步上升，但科技型人才，尤其是具有创业精神的人才仍旧匮乏。统计资料显示，2019 年河北省人才密度约为每平方公里 0.97 人，而广东省每平方公里约有 6.07 位人才、江苏省每平方公里约有 8.37 位人才，河北省人才密度相对较低。另外，河北省人才资源增长速度缓慢，河北省 R&D 人员占全国 R&D 人员比重在 2010—2013 年上下波动，2014 年时开始较快上升，但 2018 年又跌至 2.57%，随后就一直处于较低水平，反映出河北省科技型人才短缺的严峻状况（见图 2-8）。

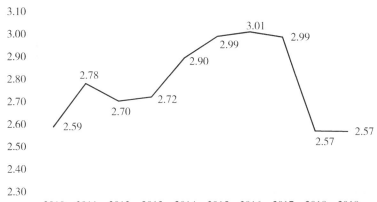

图 2-8　河北省 R&D 人员占全国 R&D 人员比重

数据来源：历年《河北经济年鉴》。

二、产业结构和人才就业结构偏离

由表2-6可知，在河北省的产业构成中第一产业逐步缩减并趋于平稳，第二产业比重呈逐渐缩减的态势，第三产业比重呈逐渐增加的趋势并在2018年占据50%的产业构成，成为三大产业中占比最多的产业。

表2-6		河北省产业结构变化			（单位:%）
产业分类	2005	2010	2015	2017	2018
第一产业	13.9	12.5	10.4	9.2	10.3
第二产业	52.8	52.6	49.1	46.6	39.7
第三产业	33.3	34.9	40.5	44.2	50

数据来源：历年《河北经济年鉴》。

由表2-7可以发现，第一产业就业比重逐渐减少且趋于稳定；第二产业就业比重也呈现出缓慢降低的趋势；第三产业就业比重不断增大，且增速加快。

表2-7		河北省人才就业结构变化			（单位:%）
产业分类	2005	2010	2015	2017	2018
第一产业	43.8	37.9	33	32.5	32.4
第二产业	29.2	32.4	34.1	33.2	32.6
第三产业	26.9	29.8	32.9	34.3	35

数据来源：历年《河北经济年鉴》。

一般认为，就业的产业结构偏离度是指各产业的增加值比重和就业比重之比与1的差，反映出各产业增加值与相应的劳动力比重的差异程度。当某一产业结构偏离度等于0时，意味着产业结构与就业结构实现了契合，是一种理想状态。据《河北经济年鉴》数据可算得河北省2005—2018年间三大产业与就业的结构偏离度一直较大，如图2-9所示。

第一产业的结构偏离度较稳定，从2005—2018年大致在-0.69~-0.63的区间徘徊，均值水平为-0.6652，在相应经济发展阶段对应的情况下与国际标准比较，其偏离幅度仍略微大于国际标准。第二产业各年偏离度系数均为正数，说明第二产业整体吸纳劳动力不足。但第二产业结构偏离度趋0的速度较慢，说明河北省关于第二产业的产业政策及就业政策调整方向总体是合理的，但力度、深度还需进一步加强。第三产业的结构偏离度存在轻微波动，但整体呈上升趋势，在2010年出现过一次下降后稳步上升，在2018年又一次出现了大幅度上升且达到目前最高值。从三次产业的横向对比看，第三产业与第一产业结构偏离度线没有交叉点，与第二产业结构偏离度线有交叉点，且第三产业相较于第一、第二产业更趋近于0，这意味着第三产业偏离度相对较小，整体上优于第一和第二产业。

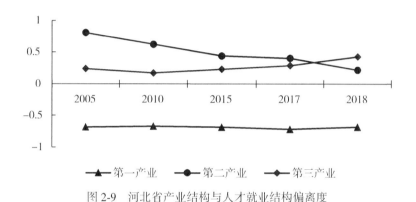

图2-9　河北省产业结构与人才就业结构偏离度

数据来源：历年《河北经济年鉴》。

三、科技人才流失严重

河北省经济发展水平较低，每年中高级人才流失严重，就业单位待遇较其他城市毫无优势；河北省内国家级研究机构和实验室相对较少，缺少吸引科技人才的科研项目；河北省知名企业尤其是外资企业不多，缺少推进科技人才发展的技术交流平台；从地理位置上来看，河北省处在京津两地之间，天津、北京两市对河北省人才的吸纳效应不言而喻。根据流动人口监测数据分析，北京研究人员总量为16.35万人/年，天津研究人员总量为4.80万人/年，河北研究人员总量为5.30万人/年。河北和天津的科研人员与北京相比相差悬殊。天津的科研人数虽略少于河北，但河北地域面积比天津大近16倍，因此在单位面积的地域分布上，河北的科研技术人才密度远不及天津；在就业人员工资待遇方面,河北省与北京、天津都有不小的差距。这样的差距充分显示了京津冀区域协同发展中人才向京津的流失以及河北省人才发展的困难。

四、河北省科技人才特征与全国和其他省市比较

根据 2020 年的《中国统计年鉴》和 2020 年的《中国科技统计年鉴》相关数据,可以综合比较 2019 年中国 31 个省市自治区的科技人才竞争力,并依据科技人才特征全面而系统地分析河北省科技人才竞争力。

首先从科技人才数量方面来看,2019 年河北省研究与试验发展(R&D)人员全时当量为 11.18 万人年,居全国各地区第 14 位,落后于上海、北京、广东、江苏、山东、浙江、湖南、湖北、安徽、福建等 13 个省,与最好的广东地区相差 7 倍之多。虽多于天津、重庆、辽宁、江西等地,但彼此的差距较小。部分偏远地区,如西藏、青海等地,与河北省相比差距较大。

表 2-8　　　　　　　　　　全国 R&D 人员全时当量排名

排名	地区	R&D 人员全时当量/人年	排名	地区	R&D 人员全时当量/人年
1	广东	803208	17	重庆	97602
2	江苏	635279	18	天津	92502
3	浙江	534724	19	云南	57157
4	北京	313986	20	广西	47420
5	山东	278787	21	山西	46853
6	上海	198646	22	黑龙江	44394
7	河南	191570	23	吉林	42323
8	湖北	178330	24	贵州	37757
9	安徽	175318	25	甘肃	25956
10	福建	171452	26	内蒙古	24897
11	四川	170777	27	新疆	13820
12	湖南	157277	28	宁夏	12016
13	陕西	115319	29	海南	8903
14	河北	111799	30	青海	5476
15	江西	105593	31	西藏	1751
16	辽宁	99880			

数据来源:2020 年《中国统计年鉴》。

从 R&D 人员数量上来看，河北省位于全国第 13 位，除北京地区与其他地区差距较大之外，各地因为自身地理位置的优劣在人员数量上有所不同。从总量上来看，各省份在 R&D 人员数量上差距较大。比较各地区科技人才占比可以发现，河北省科技人才数量占河北省从业人员总数的 52.16%，低于全国平均水平 59.29%，居全国第 29 位，较占比最高的宁夏自治区相差 37.69%，处于较低水平。

表 2-9　　　　　　　　　全国 R&D 人员数量排名

排名	地区	R&D 人员/人	排名	地区	R&D 人员/人
1	广东	1091544	17	辽宁	159286
2	江苏	897701	18	天津	143888
3	浙江	713684	19	云南	92992
4	北京	464178	20	广西	82445
5	山东	442233	21	山西	78778
6	河南	296349	22	吉林	75736
7	上海	293346	23	黑龙江	69537
8	湖北	285507	24	贵州	67285
9	四川	270123	25	甘肃	46047
10	安徽	262498	26	内蒙古	39936
11	福建	261612	27	新疆	25628
12	湖南	249107	28	宁夏	20924
13	河北	183151	29	海南	14559
14	陕西	167628	30	青海	9661
15	重庆	160668	31	西藏	2896
16	江西	160329			

数据来源：《中国科技统计年鉴 2020》。

从科技人才结构来看，各地区科技人才的性别比存在一定差异。2019 年河北省女性 R&D 人员数占 27.96%，居全国第 12 位，与占比最高的西藏自治区相较而言，少了近 12 个百分点。全国各地区的 R&D 人员普遍呈现出男性多于女性的状态。

表 2-10　　　　　　　　　　全国 R&D 人员女性占比

排名	地区	R&D 人员女性占比	排名	地区	R&D 人员女性占比
1	西藏	39.92%	17	贵州	27.14%
2	海南	36.51%	18	山西	26.89%
3	吉林	36.19%	19	甘肃	26.86%
4	新疆	35.14%	20	福建	26.61%
5	黑龙江	33.03%	21	陕西	26.61%
6	广西	32.38%	22	重庆	26.56%
7	北京	31.88%	23	湖南	26.10%
8	青海	31.26%	24	四川	25.97%
9	云南	31.03%	25	江西	25.65%
10	内蒙古	30.20%	26	河南	24.97%
11	辽宁	28.89%	27	湖北	24.90%
12	河北	27.96%	28	江苏	24.82%
13	上海	27.72%	29	浙江	24.37%
14	宁夏	27.55%	30	广东	22.23%
15	天津	27.41%	31	安徽	21.06%
16	山东	27.28%			

数据来源：《中国科技统计年鉴 2020》。

比较各地区 R&D 人员的受教育程度可以发现，2019 年河北省本科及以上受教育程度人数占总 R&D 人数的 62.06%，其中，博士学历者占总 R&D 人数的 5.0%，硕士学历者占总 R&D 人数的 17.22%，本科学历人数占总 R&D 人数的 39.84%。与其他地区相比，居全国第 22 位，处于较低水平。说明河北省人才吸引力较弱，科技人才外流较多。

表 2-11 本科及以上人才占 R&D 人员总数比重

排名	地区	本科及以上人才占比	排名	地区	本科及以上人才占比
1	北京	87.26%	17	山西	68.07%
2	西藏	86.67%	18	重庆	65.97%
3	吉林	85.89%	19	云南	65.91%
4	黑龙江	84.75%	20	湖北	65.73%
5	陕西	79.09%	21	贵州	64.21%
6	上海	78.95%	22	河北	62.06%
7	甘肃	77.82%	23	山东	62.01%
8	辽宁	77.26%	24	福建	61.15%
9	新疆	76.17%	25	安徽	60.10%
10	广西	74.99%	26	河南	58.54%
11	天津	74.77%	27	江苏	57.95%
12	内蒙古	72.66%	28	宁夏	57.44%
13	四川	71.08%	29	广东	55.33%
14	青海	70.91%	30	江西	54.76%
15	湖南	69.16%	31	浙江	46.00%
16	海南	68.42%			

数据来源：《中国科技统计年鉴 2020》。

第三章　河北省科技人才发展环境的
评价分析

评价分析是作出决策的前提，对科技人才发展进行综合评价分析是优化就业结构、提高劳动生产率、促进经济发展、制定发展战略的重要基础。科技人才发展环境优化不仅是科技人才总量的投入和供给的保证，还关系到就业结构调整、创新能力提升、产业布局和人才集聚等重大经济问题和民生问题的解决。本章主要通过建立科技人才发展环境指标体系和科技人才发展环境满意度指标体系，采用科学的测度方法对河北省科技人才发展环境进行综合评价，并对全国 31 个省市自治区科技人才发展环境进行排序，为河北省提升科技创新能力、实现人才集聚提供参考。

第一节　宏观层面的客观评价

一、科技人才发展环境指标体系构建

通过对河北省科技人才发展环境现状的分析和比较，可以看出一个地区的科技人才发展环境的好坏是由多种因素决定的，要想作出评价分析需要建立一个多指标体系来衡量。只有对区域科技人才发展环境作出合理评价后才能了解一个地区的科技人才创新能力的大小及其弱势点，为提高创新效率做好准备。

（一）指标体系构建的原则

1. 综合性与系统性原则

科技人才既是社会大家庭中的一员，也是生产要素的关键组成部分，科技人才资源作为人口中的中坚力量，不仅在各行业中的分布变动性大，而且流动性也较大。这就决定了科技人才发展环境综合评价指标体系的建立是一项复杂的系统工程。完整的科技人才发展环境指标体系既要反映科技人才发展环境的

质量，又要反映出科技人才的供给、经济效益和社会效益，还要反映出一个区域对科技人才的重视度和创新支持度。因此必须明确指标的内涵规定性和指标体系的合理性，使得指标体系尽可能精练，但又能够全面反映出科技人才发展的内涵与外延。

2. 简洁性与可发展性原则

评价体系需要能够全面、完整地反映被评价对象的状况，只有这样才能从本质上对被评价对象作出分析。但是由于现实生活中的一些约束条件对研究进行了限制，比如指标数据的可得性等问题，这些都影响到一些指标的使用。为此在构建指标体系中需要采取全面性与简洁性相结合的原则。力争使指标全面、完整，对一些受到现实条件限制的指标，尽可能采用相关指标代替，不能代替的采取简化。总之要使指标数据可查可计量。要使所选指标少而精，应从科技人才合理流动的角度确定全面反映发展环境好坏且具有较强综合性、独立性的若干项指标。

3. 可行性与可比性原则

科技人才发展是一个涉及多方的复杂问题。在进行评价时可能会使用的指标较多，多选择一些指标虽然可以提高评价的精确程度，但容易陷入庞大的复杂计算和统计中，操作难度大，所以只能选择有限的指标来进行评价。这就要求所选指标必须具有科学性，能够从根本上反映出科技人才发展环境状况。同时设计指标必须与国民经济统计口径相一致，每个指标设计要尽可能地考虑到不同区域的差异和不同样本量之间的可比性，故指标体系设计中要遵从可行性与可比性相结合的原则。

（二）指标体系的基本内容

科技人才发展环境由硬环境与软环境、宏观环境与微观环境交织而成，包括了人才发展所依赖的内外部环境，涉及经济、社会等多个方面。科学构建评价体系、合理选择评价指标是人才发展环境有效评价的基础，因此，需要基于自身情况，对人才发展环境的构成维度与评价指标进行梳理与建构。指标体系具体内容如下：

（1）经济发展环境。经济发展环境是社会环境的重要组成部分，也是专业技术人才生存和发展的平台与载体。因此，一个地区的经济发展状况反映了该地区专业人才发展环境的基本状况。本书采用人均 GDP、人均固定资产投资额、第三产业占 GDP 的比率、外商投资额占 GDP 比重、非国有企业就业人员占比 5 个指标来评价人才发展的经济环境。

（2）社会生态环境。社会环境是人才发展的重要支撑，反映了地区的现代化水平，为科技人才发展提供社会保障。生态环境是指与人才的生存和发展息息相关的各种自然力量或作用的总和。良好的生态环境是吸引人才的重要因素。近年来，各地生态环境恶化严重，必须引起人们足够的重视。从社会方面来看：本书选取恩格尔系数、每千人医疗机构床位数、教育财政支出占比、人均住房面积、社会平均工资等指标。从生态方面来看：本书选取人均绿地面积、人均水资源量、全年空气优良天数比例等指标。

（3）人口活力环境。人口活力能够反映出一地区科技人才队伍状况以及来源情况，是一个地区科技人才发展的内生动力，也是提升科技人才质量的重要内容。报告中采用总人口就业率、15~64 岁人口比重、经济活动人口比重、25~34 岁劳动力人口比重、流动人口比重等指标反映人口活力。

（4）文化科创环境。文化环境包括一个地区的信仰、价值观、教育水平、文化传统等方面。它是地区持续发展的精神源泉，是人才聚集的不竭动力，是人才发展的风向标。科创环境指的是开展科技活动投入的人力、物力情况以及开展科技活动后的产出成果。本书选取 R&D 经费投入强度、每万人专利申请数、科技产出占 GDP 比重、每十万人在校大学生数、万人技术市场成交额、人均公共图书馆藏量六个指标作目标层。

（5）规模效益环境。规模效益反映了一个地区的科技人才成长速度，衡量了一个地区科技人才发展环境的地位，代表着一个地区科技人才发展环境的横向比较。本书采用地区 GDP 占全国比重、高学历人口占全国比重、科技产出占全国比重、全要素生产率等指标来反映地区科技人才规模效益。

表 3-1　　　　　　　　　　　　人才发展环境评价指标体系

目标	一级指标	二级指标	指标含义
科技人才发展环境	A 经济发展环境	a1 人均 GDP	反映地区经济发展水平
		a2 外商投资额占 GDP 比重	反映地区对外开放程度
		a3 第三产业占 GDP 的比率	反映地区产业结构层次
		a4 人均固定资产投资额	反映地区就业岗位提供情况
		a5 非国有企业就业人员占比	反映地区市场化程度

续表

目标	一级指标	二级指标	指标含义
科技人才发展环境	B 社会生态环境	b1 恩格尔系数	反映地区生活水平
		b2 教育支出占财政支出比重	反映地区对教育重视程度
		b3 城镇人均住房面积	反映地区居住情况
		b4 地区平均工资水平	反映地区薪酬待遇水平
		b5 人均病床数	反映地区医疗卫生条件
		b6 人均公园绿地面积	反映地区体育健身设施情况
		b7 人均水资源量	反映地区生态资源情况
		b8 全年空气优良天数比例	反映地区空气质量情况
	C 人口活力环境	c1 总人口就业率	反映了地区人才资源开发潜力
		c2 15~64 岁人口比重	反映人才队伍储备情况
		c3 经济活动人口比重	反映劳动参与情况
		c4 从业人口男女性别比	反映人才性别平衡状况
		c5 25~34 岁劳动力人口比重	反映人才队伍年轻化程度
		c6 流动人口比重	反映人才服务能力
	D 文化科创环境	d1 R&D 经费投入强度	反映科技创新投入能力
		d2 每万人专利申请数	反映科技创新发明能力
		d3 科技产出占 GDP 比重	反映科技产业生产能力
		d4 每十万人大学生数	反映科技创新队伍潜力
		d5 万人技术市场成交额	反映科技创新转化能力
		d6 人均公共图书馆藏量	反映科技创新服务能力
	E 规模效益环境	e1 地区 GDP 占全国比重	反映地区经济地位
		e2 地区高学历人口占全国比重	反映地区人才集聚程度
		e3 地区就业人口占全国比重	反映地区劳动力资源集聚程度
		e4 地区科技产出占全国比重	反映地区科技产业集聚程度
		e5 地区全要素生产率	反映地区科技进步情况

(三)指标权重的确定方法

科技人才发展环境评价是一个多指标综合评价的问题,对不同指标进行综合必须科学确定各项指标的权重。确定指标权重的方法颇多，但主要可以分为两大类，即主观赋权法和客观赋权法，本书采用客观赋权法确定指标权重。

1. 变异系数法

变异系数法确定指标权重的依据是：如果某项指标的实际值能够明显区分开各个参评样本，说明该指标在这项评价上的分别信息丰富，那么为了提高评价的区分效度，应该赋予这一指标较大的权重；反之，若各个参评对象在某项指标上的实际数值差异较小，就表明这项指标区分开各参评样本的能力较弱，应该赋予这一指标较小的权重。其计算公式是：

设有 n 个参评样本，每个样本有 m 个指标来描述。x_{ij} 表示第 i 样本在第 j 个指标上的指标值。先求出各个指标的均值和标准差：

$$\bar{x}_j = \frac{1}{n} \sum_{i=1}^{n} x_{ij} \tag{3-1}$$

$$s_j = \sqrt{\frac{1}{n-1} \sum_{i=1}^{n} (x_{ij} - \bar{x}_j)^2} \tag{3-2}$$

则各指标的变异系数为：

$$v_j = \frac{x_j}{\bar{x}_j} \tag{3-3}$$

对 v_j 做归一化处理可以得到各指标权重：

$$w_j = \frac{v_j}{\sum_{j=1}^{m} v_j} \quad j = 1, 2, 3, \cdots, m \tag{3-4}$$

2. 复相关系数法

复相关系数法基于以下考虑：客观现象是极其复杂的，尽管在选择评价指标时，要尽可能使各个评价指标间彼此不能代替，但是反映客观事物不同侧面的各项评价指标之间总是有部分重复信息的。一般说来，某一项评价指标与其他评价指标信息重复越多，说明该指标的变动越能被其他指标的变化解释，因而该指标在综合评价中所起的作用就越小，所以应该赋予较小的权重，反之，其权重应该越大。复相关系数法就是根据指标所重复信息的大小来确定权重。具体公式如下：

计算 m 个指标的复相关系数 ρ_j，ρ_j 越大，就表示第 j 个指标越能被其他 $j-1$ 个指标所决定，因此，它在综合评价中的作用就越小，其权重也应该越小；反之权重就会越大。因此将复相关系数求倒数并做归一化处理，就能得到各指标的权重 w_j。

$$w_j = \frac{|\rho_j|^{-1}}{\sum\limits_{j=1}^{m} |\rho_j|^{-1}} \quad j = 1, 2, 3, \cdots, m \qquad (3\text{-}5)$$

3. 组合赋权法

变异系数法和复相关系数法相互独立地反映了各指标在两个不同方面的相对重要性，而且它们之间的相对补偿作用较小。为了将两个从不同角度对指标重要性的判断结合起来，可采用乘法将两种赋权结构综合起来，这样得出的权重兼有两种赋权法的优点，能较全面地反映原始数据所提供的信息。设指标 x_j 的变异系数法赋权结果为 w_j^1，复相关系数法赋权结果为 w_j^2，将二者做归一化处理即可得到组合权重值 w_j。

$$w_j = \frac{w_j^1 w_j^2}{\sum\limits_{j=1}^{m} w_j^1 w_j^2} \quad j = 1, 2, 3, \cdots, m \qquad (3\text{-}6)$$

本书评价科技人才发展环境时采用了组合赋权法。同时，由于所选指标不仅存在指标间的量纲差异，而且存在正指标和逆指标的差异，人们在进行目标规划的时候总是希望正指标越大越好，逆指标越小越好。于是在相应的各指标横向或纵向数据的基础上，对原始数据进行标准化，以消除指标间的量纲差异和正指标、逆指标差异对总目标分析结果产生的影响。标准化方法如下：

所有正指标标准化公式为：

$$zx_i = \frac{x_i - \min x_i}{\max x_i - \min x_i} \qquad (3\text{-}7)$$

所有逆指标标准化公式为：

$$zx_i = \frac{\max x_i - x_i}{\max x_i - \min x_i} \qquad (3\text{-}8)$$

zx_i 为标准化后的第 i 个指标数据，正、逆指标依次类推，新数据代替原始数据组成新的标准化指标数据。

二、河北省科技人才发展环境评价

(一) 指标权重确定与目标模型

科技人才发展环境指标体系中的大部分指标可以通过相应统计资料获得相关数据，但也有部分指标数据无法从统计资料中获得。这给评价分析带来了难度，所以参照这一指标体系的思路和框架对指标体系进行适当简化，简化的指标体系和各指标对总目标的权重如下：

表 3-2　　　　　　　　河北省人才发展环境评价指标权重

目标	一级指标	权重(%)	二级指标	权重(%)
科技人才发展环境	经济发展环境	18.73	人均 GDP	1.17
			外商投资额占 GDP 比重	1.97
			第三产业占 GDP 的比率	10.01
			人均固定资产投资额	2.27
			非国有企业就业人员占比	3.31
	社会生态环境	14.54	恩格尔系数	4.08
			教育支出占财政支出比重	1.63
			人均住房面积	1.33
			地区平均工资水平	1.13
			人均病床数	1.09
			人均公园绿地面积	1.52
			人均水资源量	1.25
			全年空气优良天数比例	2.51
	人口活力环境	21.07	总人口就业率	6.47
			15~64 岁人口比重	0.94
			经济活动人口比重	4.56
			从业人口男女性别比	0.97
			25~34 岁劳动力人口比重	6.64
			流动人口比重	1.49
	文化科创环境	30.05	R&D 经费投入强度	5.92
			每万人专利申请数	6.56
			科技产出占 GDP 比重	7.36
			每十万人大学生数	3.25
			万人技术市场成交额	5.28
			人均公共图书馆藏量	1.68
	规模效益环境	15.61	地区 GDP 占全国比重	3.98
			地区高学历人口占全国比重	2.44
			地区就业人口占全国比重	1.38
			地区科技产出占全国比重	2.92
			地区全要素生产率	4.89

　　通过科学筛选方法，选取了其中最有代表性和最为重要的标志性指标项组

成一个精简型的指标体系，以此来对不同时期和不同区域的劳动力资源配置水平进行对比。从上述结果可以看出，第三产业占 GDP 的比率对河北省科技人才发展环境的总目标影响权重最大，为 0.1001；其次是科技产出占 GDP 比重，影响权重为 0.0736；25～34 岁劳动力人口比重，影响权重为 0.0664；然后是每万人专利申请数，影响权重为 0.0656，同时，总人口就业率、R&D 经费投入强度、万人技术市场成交额和地区全要素生产率的影响权重也分别达到了 0.0647、0.0592、0.0528 和 0.0489，这八项具体衡量指标对科技人才发展环境总目标的影响权重达到 53.13%。其余指标占 46.87%。

根据变异系数法和复相关系数法确定的组合权重，计算得到各个变量的权重值，建立多目标规划模型。

目标函数：

$$M_i = \sum_{i=1}^{5} p_i x_i = 0.1873A_i + 0.1454B_i + 0.2107C_i + 0.3005D_i + 0.1561E_i$$

其中，经济发展环境目标函数为：

$$A_i = \sum_{j=1}^{5} p_{ij} a_{ij} = 0.0117a_{i1} + 0.0197a_{i2} + 0.1001a_{i3} + 0.0227a_{i4} + 0.0331a_{i5}$$

社会生态环境目标函数为：

$$B_i = \sum_{j=1}^{8} p_{ij} b_{ij} = 0.0408 b_{i1} + 0.0163 b_{i2} + 0.0133 b_{i3} + 0.0113 b_{i4} \\ + 0.0109 b_{i5} + 0.0152 b_{i6} + 0.0125 b_{i7} + 0.0251 b_{i8}$$

人口活力函数目标函数为：

$$C_i = \sum_{j=1}^{6} p_{ij} c_{ij} = 0.0647c_{i1} + 0.0094c_{i2} + 0.0456c_{i3} + 0.0097c_{i4} \\ + 0.0664c_{i5} + 0.0149c_{i6}$$

文化科创环境目标函数为：

$$D_i = \sum_{j=1}^{6} p_{ij} d_{ij} = 0.0592d_{i1} + 0.0656d_{i2} + 0.0736d_{i3} + 0.0325d_{i4} \\ + 0.0528d_{i5} + 0.0168d_{i6}$$

规模效益环境目标函数为：

$$E_i = \sum_{j=1}^{5} p_{ij} e_{ij} = 0.0398e_{i1} + 0.0244e_{i2} + 0.0138e_{i3} + 0.0292e_{i4} + + 0.0489e_{i5}$$

(二)河北省科技人才发展环境评价结果分析

根据上述方法，我们采用 2001 年至 2018 年《中国统计年鉴》和《河北经济年鉴》的相应数据，通过计算和间接换算得到了各指标值，首先对各指标值进行标准化，然后再利用标准化后的数据代入多目标模型进行评价分析。部分指标采用了间接指标代替，如：劳动者的工资待遇水平，为了突出可比性，采用了城镇居民人均可支配收入与城镇居民的平均消费支出之比来代替；科技产出占 GDP 的比重采用了科技产品市场成交额占 GDP 比重来代替，也能够反映出科技发展及其对人才发展环境的影响；企业利润率采用了规模以上工业企业成本费用利润率来代替，其他指标均为直接计算指标。综合评价结果如下：

表 3-3　　　　　　　　河北省科技人才发展环境综合评价结果

年份	经济发展	社会生态	人口活力	文化科创	规模效益	综合水平
2001	0.0113	0.0396	0.0305	0.1062	0.0102	0.2396
2002	0.0147	0.0339	0.0576	0.1209	0.0102	0.2949
2003	0.0271	0.0418	0.0509	0.0689	0.0158	0.2870
2004	0.0396	0.0689	0.0475	0.0915	0.0226	0.3729
2005	0.0497	0.0802	0.0497	0.1107	0.0237	0.4351
2006	0.0655	0.1808	0.0780	0.0994	0.0339	0.6091
2007	0.0746	0.1989	0.0102	0.0961	0.0328	0.6034
2008	0.0667	0.1729	0.1401	0.2362	0.0452	0.8577
2009	0.0576	0.1763	0.1130	0.0622	0.0452	0.6577
2010	0.0599	0.1831	0.0961	0.1096	0.0271	0.6735
2011	0.0542	0.2011	0.0983	0.1119	0.0215	0.6927
2012	0.0571	0.1921	0.0972	0.1107	0.0243	0.6831
2013	0.0557	0.1966	0.0977	0.1113	0.0229	0.6879
2014	0.0333	0.1425	0.0627	0.1000	0.0223	0.4068
2015	0.0418	0.1099	0.0706	0.0997	0.0218	0.4661
2016	0.0489	0.1277	0.0517	0.0921	0.0232	0.4890
2017	0.0533	0.1285	0.0836	0.1373	0.0290	0.5872
2018	0.0571	0.1585	0.0846	0.0959	0.0314	0.5974

数据来源：历年《中国统计年鉴》及《河北经济年鉴》。

自 2001 年以来河北省科技人才发展环境一直呈波动上升的态势，尤其是

2008 年以前处于高速上升时期，年均提高 18.9%，2008 年受金融危机影响，产业结构处于快速调整期，"调结构，促转型"成为京津冀经济发展的重要内容。2009 年河北省科技人才发展环境出现了下降，2010 年开始缓慢回升，但之后又出现了下降，并于 2014 年达到了最低，同年出台了《京津冀协同发展规划纲要》，受京津冀协同发展的影响，2015 年之后河北省科技人才发展环境出现了快速好转。在河北省科技人才发展环境的各项二级指标中，社会生态环境、文化科创环境和人口活力环境指标不仅上升速度快，而且明显高于其他两项二级指标，这说明河北省科技人才发展的人文环境、生态环境较好，但科技人才效率较低。2001 年到 2018 年河北省空气质量和文化科技投入都得到了较大的提升，规模效益环境上升速度最慢，这说明河北省正在从粗放型发展模式向集约型发展模式转变，但在全国的集聚能力较弱，优势不足。2014 年以后，低端加工制造业加快了从北京、天津向河北地区迁移的步伐，"淘汰落后产能""整治环境污染"发展到了新高度，提升了技术进步贡献率，但却减缓了河北省人口活力环境的提升速度，破坏了经济结构环境，制约了规模效益环境的改善。科技人才是经济发展的主要投入要素之一，更是技术进步的关键要素，在今后的发展中不仅要优化结构，更要改善规模效益环境，实现科技人才的持续集聚，提高河北省科技人才的创新效率。

三、河北省科技人才发展环境与其他省份比较分析

单单从河北省科技人才发展环境来看，只能纵向评价该地区科技人才发展环境及科技人才满意度是否得到了提升，却不能横向比较考察一个地区的科技人才发展环境相较于其他地区的水平，故而很难找出其在科技人才发展环境方面的不足，因此要通过河北省与全国其他省市的比较来检验河北省科技人才发展环境的好坏。为了较客观地反映出河北省与其他各省份科技人才发展环境的实际情况，我们在尽可能保留原指标的基础上，采用了个别间接指标，并重新对指标体系进行了梳理，采用 2018 年各省市最新横截面数据进行评价分析。指标数据主要整理自《河北经济年鉴》《中国统计年鉴》《中国科技统计年鉴》中的各项数据。首先对各项指标进行标准化处理以消除正负指标之间的相抵性。部分指标也采用了间接指标代替，其中恩格尔系数直接关系到科技人才生活水平，这里采用了城镇居民恩格尔系数来代替，虽然不能反映城乡再生产差异，但也能说明各地区科技人才生活质量状况。劳动力人口性别比采用了 120 的相

对数作为参考依据来衡量其优劣。其指标权重和层次如表 3-4 所示。

表 3-4　　　　　河北省科技人才发展环境与其他地区比较权重

目标	一级指标	权重(%)	二级指标	权重(%)
科技人才发展环境	经济发展环境	20.95	人均 GDP	8.13
			外商投资额占 GDP 比重	2.09
			第三产业占 GDP 的比率	3.05
			人均固定资产投资额	3.03
			非国有企业就业人员占比	4.65
	社会生态环境	17.79	恩格尔系数	1.18
			教育支出占财政支出比重	1.56
			人均住房面积	1.37
			地区平均工资水平	2.24
			人均病床数	2.59
			人均公园绿地面积	3.27
			人均水资源量	2.51
			全年空气优良天数比例	3.07
	人口活力环境	18.27	总人口就业率	1.95
			15~64 岁人口比重	1.78
			经济活动人口比重	3.23
			从业人口男女性别比	1.22
			25~34 岁劳动力人口比重	5.91
			流动人口比重	4.18
	文化科创环境	23.34	R&D 经费投入强度	2.84
			每万人专利申请数	5.25
			科技产出占 GDP 比重	5.65
			每十万人大学生数	4.52
			万人技术市场成交额	2.41
			人均公共图书馆藏量	2.67
	规模效益环境	19.65	地区 GDP 占全国比重	2.91
			地区高学历人口占全国比重	4.73
			地区就业人口占全国比重	4.76
			地区科技产出占全国比重	3.03
			地区全要素生产率	4.22

　　从表3-4可以看出，通过与全国其他31个省市自治区科技人才发展环境的比较，经济发展环境中人均GDP影响权重最大，达8.13%；社会生态环境中人均公园绿地面积影响权重最大，为3.27%；文化科创环境中科技产出占GDP的比重影响权重最大，为5.65%；人口活力环境中的25~34岁劳动力人口比重的权重最大，为5.91%，要想缩小区域间人口活力环境的差距，就必须积极提高自身对青年人才的吸引力；规模效益环境中的地区就业人口占全国比重的影响最大，为4.76%。整体来看，对一个地区科技人才发展环境影响最大的一级指标是文化科创环境，权重达到了23.34%，文化科创环境反映了一地区科技创新能力和政府服务能力，代表着每个地区新创造的财富的多寡，是衡量科技人才发展环境的重要指标。

表3-5　　　　　　　　河北省科技人才发展环境与其他地区比较

分类	经济发展	社会生态	人口活力	文化科创	规模效益	综合水平
北京	0.1898	0.0322	0.0736	0.0610	0.0713	0.0852
天津	0.1760	0.0483	0.0230	0.0886	0.0299	0.0733
河北	0.0598	0.0437	0.0230	0.0173	0.0621	0.0381
山西	0.0621	0.0472	0.0253	0.0127	0.0265	0.0313
内蒙古	0.1047	0.0426	0.0265	0.0230	0.0219	0.0414
辽宁	0.1093	0.0506	0.0276	0.0380	0.0426	0.0511
吉林	0.1116	0.0426	0.0253	0.0207	0.0196	0.0417
黑龙江	0.0966	0.0449	0.0219	0.0184	0.0230	0.0383
上海	0.2335	0.0573	0.0299	0.1242	0.0805	0.1022
江苏	0.1058	0.0311	0.0380	0.0874	0.0989	0.0726
浙江	0.1196	0.0426	0.0518	0.0679	0.0817	0.0714
安徽	0.0575	0.0414	0.0288	0.0173	0.0518	0.0364
福建	0.1058	0.0552	0.0311	0.0368	0.0414	0.0511
江西	0.0679	0.0368	0.0288	0.0127	0.0299	0.0326
山东	0.0840	0.0483	0.0322	0.0345	0.1035	0.0576
河南	0.0575	0.0460	0.0322	0.0081	0.0828	0.0415
湖北	0.0759	0.0495	0.0219	0.0161	0.0518	0.0396

续表

分类	经济发展	社会生态	人口活力	文化科创	规模效益	综合水平
湖南	0.0702	0.0460	0.0207	0.0092	0.0633	0.0385
广东	0.1852	0.0368	0.0449	0.0736	0.1058	0.0893
广西	0.0644	0.0449	0.0276	0.0092	0.0357	0.0330
海南	0.0897	0.0449	0.0495	0.0184	0.0081	0.0390
重庆	0.0886	0.0288	0.0322	0.0196	0.0322	0.0387
四川	0.0759	0.0380	0.0219	0.0127	0.0610	0.0393
贵州	0.0460	0.0403	0.0276	0.0012	0.0276	0.0251
云南	0.0460	0.0322	0.0230	0.0046	0.0311	0.0248
西藏	0.0219	0.0173	0.0322	0.0069	0.0000	0.0141
陕西	0.0863	0.0391	0.0288	0.0173	0.0322	0.0383
甘肃	0.0564	0.0437	0.0345	0.0069	0.0161	0.0280
青海	0.0483	0.0253	0.0219	0.0104	0.0023	0.0273
宁夏	0.0805	0.0391	0.0161	0.0127	0.0046	0.0283
新疆	0.1081	0.0299	0.0219	0.0230	0.0115	0.0378

数据来源：历年《中国统计年鉴》《河北经济年鉴》。

我们仍采用多目标规划模型对河北省科技人才发展环境与全国其他省市做比较。从上表结果中可以看出，河北省科技人才发展环境综合水平在全国排名第20位，意味着河北省科技人才发展环境在全国处于较低的水平，科技人才集聚能力较弱。具体来看，上海、北京、广东和天津等省市科技人才发展环境最好，浙江、江苏科技人才发展环境也达到了较高的水平，在全国排名居于前列，成为河北省学习和追赶的主要参考标杆。通过对综合水平的聚类分析可以发现，北京、上海、广东、天津、浙江、江苏六个省市明显属于第一类地区，其科技人才发展环境最好；广西、云南、安徽、江西、甘肃、贵州、西藏属于第四类地区，其科技人才发展环境最差；福建、山东、内蒙古和辽宁属于第二类地区，其科技人才发展环境仅次于第一类地区；其余的如陕西、湖南、湖北、河北等省市则属于第三类地区，主要是中西部地区的一些省市。

从一级指标来看，河北省科技人才发展的经济发展环境在全国排名第24

位、社会生态环境排名第 14 位、人口活力环境排名第 23 位，文化科创环境排名第 18 位，规模效益环境排名第 9 位，经济发展环境和人口活力环境差成为河北省科技人才发展环境最大的弱点。

（一）规模效益环境比较分析

河北省科技人才发展的规模效益环境低于上海、广东、山东、江苏、河南、浙江、北京和湖南等省市，排名第 9 位。从聚类分析来看，广东、江苏和山东属于第一类地区，规模效益环境最好，也具有最大的规模效益优势；上海、浙江、河南、河北、四川、湖南、北京属于第二类地区，规模优势也相对较大，仅低于第一类地区；海南、青海、宁夏、西藏和新疆属于第四类地区，科技人才发展的规模效益环境最差，这些地区属于边疆区域，人口密度较低，也是造成其规模效益环境较低的一个重要原因；其余的如重庆、山西、广西、黑龙江等省属于第三类地区。从高学历劳动者集聚水平来看，河北在全国排名第 19 位，与北京、浙江、江苏、广东相比低出 70% 以上。

（二）人口活力环境比较分析

在科技人才发展的人口活力环境上，河北省远低于北京、浙江、江苏等省市，在全国排名第 23 位，科技人才发展环境相对较差，对人口活力的激发潜力还可以进一步提升。从该指标聚类分析上来看，北京属于第一类地区，人口活力环境最好；浙江、广东、海南、江苏属于第二类地区；河北、河南、山西等省市属于第三类地区，河北省在科技人才发展的人口活力环境上还有待进一步提高。在总人口就业率上，河北省在全国处于极低水平，仅相当于北京的 53.5%，与长三角的江苏、浙江相比也相差较远。河北省的非生产性人口较多，劳动参与率不高，削弱了全省的生产能力和创新能力。

（三）文化科创环境比较分析

从科技人才发展的文化科创环境来看，河北省在全国排名第 18 位。从该类指标聚类分析来看，上海、北京、天津属于第一类地区，文化科创环境最好；辽宁、福建、广东、浙江、山西属于第二类地区；贵州、甘肃、河南、四川、云南、广西属于第四类地区；其余的如湖北、吉林、河北等省市属于第三类地区，文化科创环境较差。仅就高学历人口比重来看，河北省低于全国大部分省市，排名第 23 位，只相当于北京水平的 51.09%。河北省的产科研经费投入比重、万人专利申请数略优于高学历人口比重，分别排名第 18 位和第 20 位。

（四）社会生态环境比较分析

从科技人才发展的社会生态环境来看，河北省居于全国较低水平，排名第14位。聚类分析显示，河北省与上海、江苏、北京、重庆、云南属于较差的一类地区。上海、江苏、北京经济发达，社会生态环境却较差，主要是因为这些省市流动人口较多导致人均服务资源较少。这类地区在提升科技人才发展环境的时候需要扩大覆盖面，以常住人口为服务半径来配置社会生态资源能够大大优化科技人才发展环境，进而提高经济效益。河北省科教文卫财政支出比重在全国排名第19位，与北京、江苏、浙江、广东相比还存在一定差距，社会平均工资水平有待提高，公园绿地面积也有待增加，这两项指标分别在全国排名第18位和第19位。上述指标得分值较低，使得单位人口占有的社会生态资源相应较少。

（五）经济发展环境比较分析

从经济发展环境来看，河北省经济发展环境在全国处于较低的水平。贵州、云南、青海、山西、广西、安徽、河南、甘肃、河北等省份属于经济发展环境最差的一类地区，应该加快提升对外开放水平和市场化程度。四川、重庆、安徽、广西、河南、湖北、甘肃等省市的经济发展环境在全国范围内较差，有待提升。河北、山西、安徽、河南、广西、西藏、甘肃等省、自治区在人均固定资产投资、第三产业比重、外商投资比重上处于较低水平，需要将优化人才发展环境作为重点以提升科技人才集聚能力。

第二节　基于微观调查数据的主观评价

习近平总书记强调"环境好，则人才聚"，可见，科技人才发展环境对培养、发掘以及吸引科技人才具有重要意义。对于河北省而言，该地区具有特殊的地理位置优势，经济的提质增效对京津冀协同发展具有重要意义，由此必须重视科技创新的作用，促进新技术的发展，从粗放经济向集约经济转变，打造河北优势。然而，尽管长期以来河北省高度重视对科技人才的培养，但河北省人才发展环境吸引力不足使得人才流失愈发严重。根据马斯洛的需求层次理论可知，人类具有五个层次的需求，分别是生理需求、安全需求、社交需求、尊重需求和自我实现需求。以此为理论基础，本书根据问卷调查所得微观个体数据，对河北省科技人才对发展环境的主观评价进行分析。

一、河北省科技人才对发展环境的需求分析

根据问卷调查所得数据发现，河北省就业环境对科技人才的吸引力最大。认为就业环境对个人选择所在地的影响很大从而选择"影响很大"的样本占总体样本的37.6%，可见实现就业是科技人才的基本需求。其次，创新创业环境和人才政策环境也在很大程度上决定着当地对科技人才的吸引程度，选择"影响很大"的人分别占总体样本的34.1%和32.2%，因此为满足科技人才的需要，河北省政府应当优化创新创业环境，更要完善人才支持政策。此外，科技人才同时关注所在地经济环境、社会文化环境和教育环境是否能够满足自身的需要，在实现基本的生活需求之后，科技人才更重视生活质量的提升。总体来看，全部调研样本中对自然环境需求选择"一般"的样本占比为35.7%，说明更好的自然环境对科技人才的吸引力一般。

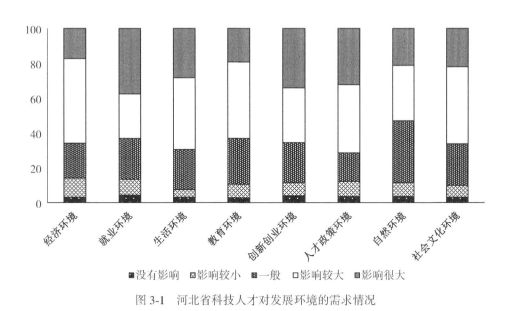

图3-1　河北省科技人才对发展环境的需求情况

二、科技人才发展环境满意度评价分析

(一)生活环境满意度

本书问卷共设计了10个指标用以衡量河北省科技人才对生活环境的满意

程度，对收集的数据进行整理分析可知，河北省科技人才对金融服务和社会保障的满意程度最高，满意者分别占总体的 96% 和 95%；对医疗卫生、交通以及商业文化设施较为满意，满意者分别占总体的 92%、93% 和 94%；对住房价格、科研创新氛围和生态环境的满意程度一般，满意者分别占总体的 80%、86% 和 85%；对住房价格持不满意态度的科技人才数量最多。由此可见，河北省政务服务、金融服务以及社会保障体系提升了河北省科技人才对生活环境的满意度，但是住房价格、基础教育、科研创新氛围和生态环境成为制约科技人才发展环境提升的最大障碍。

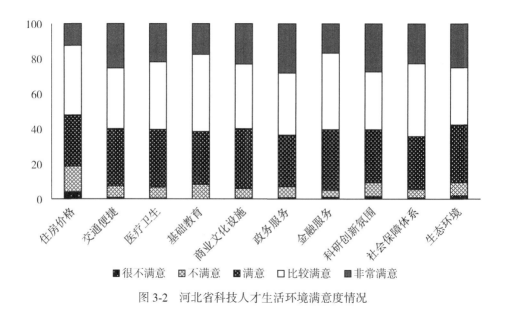

图 3-2 河北省科技人才生活环境满意度情况

(二) 就业环境满意度

就业是民生之本，就业环境的好坏直接影响了河北省对科技人才的吸引力。从收集的问卷数据中可见，河北省科技人才对政府扶持和重视人才氛围非常满意，可以从一定程度上说明河北省政府对科技人才的发展十分重视，营造出了有利于科技人才发展的良好氛围。此外，样本中河北省科技人才对财税优惠比较满意的人数占总体的 47.1%；对知识产权保护比较满意的占总体的42%；而对国际化水平不满意的人占总体的 17.6%，在所有不满意的因素中占比最高。由此分析得出，河北省科技人才财税优惠政策以及知识产权保护政策得到了广泛认可,但是仍有提升的空间。国际化水平不高是制约河北省科技人才发展环境优化的突出问题。

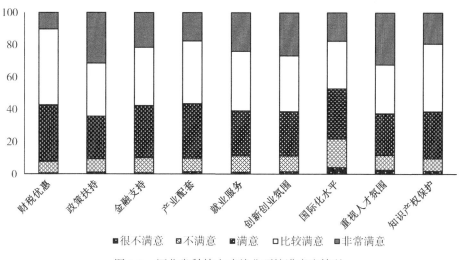

图 3-3 河北省科技人才就业环境满意度情况

(三)企业生产环境满意度

企业生产环境对员工的工作积极性有很大的影响,良好的企业生产环境对企业和员工均具有正面效应。调研科技人才中有 31.8% 对工作稳定性非常满意,在总体样本中认为工作稳定性很强的科技人才占比最高。对管理理念、工作环境、职业发展前景和职业培训比较满意的样本分别占总体的 41.6%、40%、40%、41.2%,职位晋升和薪酬福利在 11 个因素中令科技人才最不满意,不满意者分别占总体的 11.4% 和 3.1%。可以看出,河北省科技人才对职位晋升和薪酬福利提高的需求比较强烈,对其不满程度也较高,企业需要拓宽科技人才的晋升渠道,激发科技人才的潜力,并且要实现多元化的薪酬福利获取方式,增加科技人才获得高薪福利的可能性。

(四)人才政策环境满意度

1. 人才政策执行力度和效果分析

2020 年,河北省人才发展的总体目标是:人才总量稳步增长,人才素质、结构、布局、环境得到明显优化,人才工作体制机制改革取得重点突破,与现代产业体系相适应的人才支撑体系得以建立,支柱产业和一些重点科技领域的

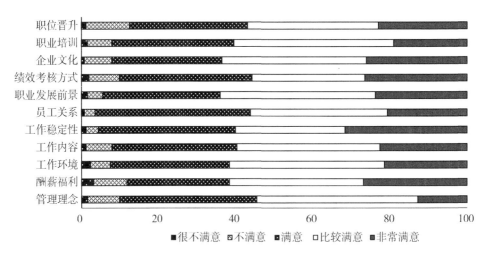

图 3-4　河北省科技人才企业生产环境满意度情况

人才优势基本形成，人才资源开发能力、人才队伍整体实力、竞争力及人才使用效能大幅度提升，使河北进入人才强省之列。为实现该目标，河北省制定了一系列人才政策，包括"三三三"计划、"燕赵学者"、"保定市优秀青年专家计划"等。在本次问卷中涉及对河北省人才政策的执行力度和执行效果的相关调查。调查结果显示，认为政策执行力度较好的科技人才占总体的 43.1%、认为政策执行效果较好的科技人才占总体的 41.2%，认为政策执行力度及效果较差或者很差的科技人才仅占总体的 2%，这说明河北省人才政策能够发挥其应有效能，且科技人才对人才政策的满意程度较高，人才政策环境较好。

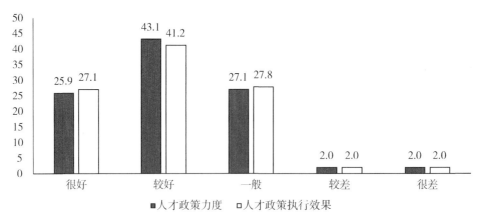

图 3-5　河北省人才政策执行力度及效果自评

2. 人才政策完善程度分析

表3-6对河北省各个方面的人才政策完善程度进行了系统分析,显示人才激励政策和人才保障政策的完善程度最低,调查总体中分别有25.1%及24.7%的科技人才认为人才激励政策和人才保障政策"最需完善"。人才流动政策和人才引进政策也亟待完善,认为人才流动政策"比较需要完善"的科技人才占总体的40.8%,其次是人才引进政策,认为人才引进政策"比较需要完善"的科技人才占总体的39.6%。此外,在调查中也有14.5%的科技人才认为人才保障政策不需要完善,在"不需要完善"的各项政策中占比最高。

因此,河北省最需要对人才激励政策、人才保障政策、人才流动政策以及人才引进政策进行完善以满足科技人才发展环境优化的需要。此外,河北省人才评价政策的完善程度一般,基本能够满足科技人才的需求。由于回收的数据表明科技人才对人才保障政策完善与否存在分歧,故人才保障政策是否需要完善仍需进一步分析。

表3-6　　　　　　　　　河北省人才政策完善程度分析　　　　　　　(单位:%)

评价\项目	最需完善	比较需要完善	一般	不需要完善	最不需要完善
人才引进政策	17.3	39.6	29.4	12.2	1.6
人才流动政策	17.6	40.8	23.1	13.7	4.7
人才使用政策	22.4	33.7	26.3	13.3	4.3
人才评价政策	15.3	37.3	30.6	11.4	5.5
人才激励政策	25.1	34.9	21.6	13.7	4.7
人才保障政策	24.7	33.3	22.0	14.5	5.5
人才培养政策	22.7	36.1	25.1	12.2	3.9
人才服务政策	19.6	38.0	25.9	12.2	4.3

(五)创新创业环境满意度

1. 创新创业环境总体情况分析

本书的调查问卷中针对创新创业环境问题共发放问卷814份,其中有效问卷507份,缺失334份,有效问卷占问卷总数的62.28%。在对创新创业环境的总体评价中，有15.6%的科技人才认为创新创业环境"很好"，有18.5%的科技人才认为创新创业环境"较好"，认为创新环境"较差""很差"或者"不清楚"的科技人才分别占总体的0.8%、0.8%及0.4%。此外，在对创新创业氛围的评价中有16.5%的科技人才认为当地"创新创业氛围很好，感染力强"，有16.5%的科技人才认为当地创新创业氛围"较好"，认为创新创业氛围"一般"及"创新创业氛围较差"的科技人才分别占总体的10.3%及0.8%。综上，科技人才对河北省创新创业环境总体上比较满意，持不满意态度的科技人才只占少数，而且科技人才对河北省创新创业氛围的评价也比较高。

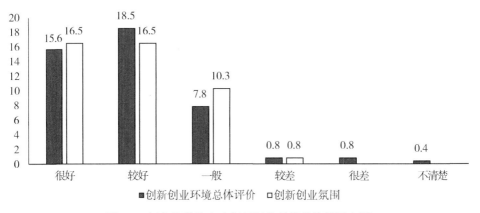

图3-6　河北省科技人才创新创业环境总体情况自评

2. 政策支持对创新创业的影响力分析

在政府政策支持对创新创业影响力大小的评价中，有13.2%及21%的科技人才认为政策支持对创新创业的影响"很大"或"比较大"，有7%的科技人才认为政策支持对创新创业的影响"一般"，认为政策支持对创新创业的影响"较小"或者"很小"的科技人才占总体的1.6%和1.2%。因此可知，科技人才肯定了政府相关政策在其创新创业过程中的支持作用。

3. 创业服务获取的难易程度分析

分析问卷中关于河北省科技人才创业服务获取难易程度的问题可以发现，科技人才中有1.6%的人认为人才引进"非常容易"获得，有5.8%的科技人才认为财政经费支持"比较容易"获得，有15.2%的科技人才认为办公场地租金支持获得的难易程度一般。认为创业指导"不太容易"获得的科技人才占比为

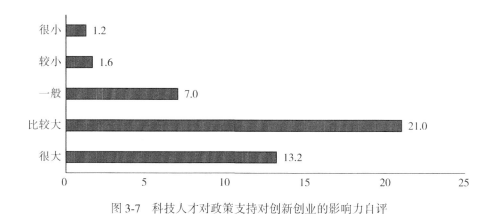

图 3-7 科技人才对政策支持对创新创业的影响力自评

21.8%，认为税收优惠政策"很不容易"获得的科技人才占比为 11.9%。此外，对 9 种创业服务获得评价为"不太容易"的科技人才在难易程度的五种评价中占有绝对优势。因此从局部进行分析，我们可以初步判断各种创业服务中人才引进、财政经费支持以及办公场地租金支持在一定程度上还是比较容易获得的，但是从整体上看，河北省创业服务落实方面存在较大的不足，各种创业服务的可获得性不高，这对科技人才的创业积极性具有较大的阻碍作用。

表 3-7　　　　　河北省科技人才创业服务获得的难易程度分析　　　（单位:%）

评价 项目	非常容易	比较容易	一般	不太容易	很不容易
创业指导	0	3.7	9.5	21.8	9.1
管理咨询服务	0.8	2.5	12.8	18.9	9.1
金融贷款服务	0.8	4.1	14.0	14.4	10.7
财政经费支持	1.2	5.8	12.3	17.7	7.0
税收优惠政策	0.4	3.7	11.9	16.0	11.9
办公场地租金支持	1.6	4.1	15.2	17.7	5.3
科技资源共享和研发服务	1.2	5.3	9.9	18.5	9.1
人才引进	1.6	2.1	13.6	18.1	8.6
积极引进项目开展合作	0.4	4.1	10.3	18.1	11.1

　　综上所述，我们从生活环境、就业环境、企业生产环境、人才政策环境和创新创业环境五个方面对微观个体的评价进行比较分析，从而得出以下几点认知：一是在生活环境方面，河北省科技人才认为政务服务、金融服务以及社会保障体系能够满足自己的生活需要，但是医疗卫生水平不够高、生态环境较差及住房价格偏高是限制河北省科技人才生活满意程度的重要因素。二是就业环境方面，就业环境对河北省科技人才的吸引力最强，河北省科技人才认为政府部门在财税优惠以及知识产权保护方面为就业环境的优化作出了贡献，但河北省人才国际化水平不高又制约着科技人才发展环境的进一步优化。三是企业生产环境方面，科技人才普遍认同当前自身工作的稳定性，然而工作稳定性高又影响着科技人才的职位晋升和薪酬福利提高，因此，河北省科技人才对职位晋升和薪酬福利提高的需求强烈。四是人才政策环境方面，河北省人才政策较好地发挥了其应有效能，且科技人才对人才政策的满意程度较高，人才政策环境较好。此外，政府部门需要对人才激励政策、人才保障政策、人才流动政策及人才吸引政策进行完善。五是创新创业环境方面，大部分科技人才肯定河北省的创新创业氛围，认为政府政策支持对创新创业环境优化具有促进作用，但与此同时科技人才普遍认为创业服务的获取难度较高，可获得性不强，创新服务具体落实不到位。

第三节　河北省科技人才发展环境存在的短板与问题

一、科技人才发展的外部环境问题

(一) 政策支持环境有待完善

　　良好的政策环境是河北省科技人才得以顺利发展的根本条件。一方面，法治环境可以为科技人才发展与技术创新提供制度保障，解决科技人才的后顾之忧；另一方面，相关法律法规也能够对科技人才起一定的制约和规范作用。2003 年河北省出台了"三三三"人才工程，2009 年发布了"高层次人才引进计划的意见"，2011 年出台了"巨人计划"，逐步明确了高层次人才发展的具体实施措施。2017 年出台了"英才计划"，此后又相继出台了《关于深化人才发展体制机制改革的实施意见》《关于进一步做好院士智力引进工作的意见》等一系列政策。但政策覆盖面太窄，仅仅极少数人能够享受到政策支持，这是导致大部分科技人才对河北省政策支持满意度不高的主要原因。同时，人才激励政策、人才保障政策、人才流动政策以及人才吸引政策在实施过程中的效果并不乐观，人才政策缺乏时效性、人才引进和发展的双向谈判机制缺失、相关部门人才工作队伍人员不足等问题日渐突出，亟须政府部门不断完善、补充相关内容，以推进河北省地区科技人才更好发展。

（二）经济环境有待提升

经济环境方面的不足表现为：经济发展模式落后、发展活力不强及科研经费投入不足。经济发展环境对科技人才发展环境的优化具有关键作用，经济发展环境较差则无法为科技人才走向高层次就业提供经济基础和保障，同时不能很好地为科技创新提供物质支持，导致科技人才在创新过程中获得先进设备及充足资金的可能性降低。2019 年河北省地区生产总值为 35104.52 亿元，人均地区生产总值 46348 元，地区生产总值位于全国第 12 位，人均地区生产总值位于全国第 25 位。可见河北省地区的经济发展速度较慢，经济发展活力不足，人才资源劳动生产率难以提升，导致科技人才发展环境也不容乐观。此外，2018 年河北省研发（R&D）经费投入强度为 1.39%，而北京研发（R&D）经费投入强度为 6.17%，差距仍较大。2019 年河北省公共预算中科学技术投入支出为 90.7 亿元，而北京为 433.42 亿元，河北省科研投入力度明显不足。因此，虽然从 2011 年开始河北省研发（R&D）经费投入强度不断提高，但是在全国的排名依然靠后，在京津冀协同发展中科技研发经费投入水平仍然有待提高。

（三）生活环境略显滞后

调研显示目前河北省生活环境可以满足科技人才的基本生活需要，但是无法满足其对高质量生活的追求。河北省地处我国北方地区京畿要地，交通便利，基础设施建设相对完善。2019 年河北省地区商品零售价格总指数为 101.8，粮食价格指数为 100.9，蔬菜价格指数为 102.2，物价水平不高，能够满足科技人才的基本生活需要。但是河北省自然环境污染严重，商业设施及基础设施陈旧落后、公共服务均等化尚未实现，因此不能很好地满足人们对高质量生活的追求。此外，河北省高等教育质量不高，2018 年河北省高等院校总量为 122 所，但缺少国家重点高校，存在数量多而质量低的特点，2018 年河北省硕士毕业生人数为 17557 人，远低于北京。高等院校的人才是科技创新的后备军，教育水平与教育质量决定了未来科技人才的素质。因此，河北省高等院校质量不高的现状降低了科技人才规模效应，进而降低了其对科技人才的吸引力。

(四)社会文化氛围不浓

调研显示河北省社会文化环境及居民素质有待提升。社会文化环境主要包括当地的社会风俗和习惯、文化观念、文化传统和价值观念等方面。社会文化环境对科技人才发展的影响更为缓慢且长远，积极健康的社会文化环境对科技人才的成长具有促进作用，反之，将阻碍科技人才的发展。根据《中国统计年鉴》的数据可知，2009—2018 年河北省人均图书拥有量总体呈上升趋势，但是人均图书拥有量与其他省份相比仍然较少，2018 年人均图书拥有量仅为 0.36本，科技人才发展的文化氛围有待提升。此外，河北省居民休闲娱乐方式较为单一，大型建设、娱乐、社会实践设施严重匮乏，人们的业余生活不够丰富多彩，无法更好地满足自身的精神需求，这不仅影响了城市形象，还降低了人才吸引力，因此，河北省的社会文化环境也亟待提升。

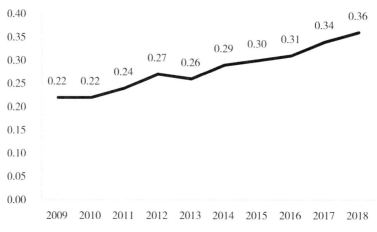

图 3-8　2009—2018 年河北省人均图书拥有量(单位：册/人)

数据来源：历年《河北省统计年鉴》。

二、科技人才发展的内部环境问题

(一)就业环境改善较慢

调研显示河北省科技人才晋升渠道较窄，薪酬福利水平较低。人才制度环境对科技人才发展具有直接影响，通畅的晋升渠道可以激发科技人才的创新活力,更好地发挥科技人才自身所长,实现科技人才的人生价值。同时薪酬福利水平也代表了科技人才对企业和研发机构的贡献程度,体现出了内部竞争的公平性。从微观调查数据可以发现,河北省科技人才的晋升速度较慢且薪酬福利水平满意度较低,针对科技人才的绩效考核体系不够科学。目前河北省没有根据自身现实发展情况及时设置科技人才考核和晋升办法,过多地照搬发达省份的做法,脱离了自身发展水平,造成本省人才晋升困难,高新技术人才短缺。北上广深等发达地区在经济发展水平较低的年代(与河北省目前发展水平相当的年代)在科技人才晋升方面无不给予大量支持,重服务轻管理,使当地高职称人才快速增加,出台灵活的创业就业服务政策,继而增强了当地的人才吸引力。

(二)研发创新环境有待提升

调查发现,河北省研发开发人员集聚度不高,创新创业活动活力不足。研发开发人员集聚及良好的创新创业氛围可以为科技人员团队合作创造良好条件,为新技术的研发提供思路。科技人员之间的良性竞争也可以激发创新活力,提高企业科技成果转化率。河北省对科技人才的吸引力十分有限,导致科技人才的集聚程度不高,创新创业氛围较差。2018年河北省地区内有研发机构61家,从业人员21534人,而北京有382家研发机构、175944名从业人员。一方面,河北省的研发机构及从业人员远少于北京;另一方面,河北省研发机构规模小,平均每个机构有从业人员353名,而北京每个研发机构有从业人员460名,可见河北省研发人员集聚程度不高、研发机构规模较小。除此之外,2018年河北省开展创新活动的企业有7898家,同期北京开展创新活动的企业有9583家,河北省企业创新活力仍有待激发。当前河北省政府、企业和研发机构对于科技人才的奖励"重物质轻精神",大规模的省级奖励表彰越来越少,这与其他科创氛围活跃的省份恰恰相反。北上广深地区在年度会议、表彰评奖方面,无论主办方是政府部门还是高校、社会组织、科研机构,举办的数量都远远超过河北省。目前河北省不能很好地满足科技人才精神世界的需要,不能彰显河北省尊重知识、尊重人才的目标,这不仅降低了对科技人才的激励效果,也不利于活跃科研气氛、吸引人才,更不能满足河北省科创之城建设的要求。

(三)企业文化环境较弱

当前,河北省科技人才创新能力不足、产出效率低的另一个重要原因是企业环境较差。河北省内知名企业尤其是外资企业较少，大多数企业的规模小且实力不足，企业内部的科研经费较少，科技人才的创新过程缺乏资金支持，导致科技人才的创新活动质量不高、科技人才创新水平层次较低、创新意愿不高、科技产出成效较低。另外，多数企业无法为科技人才提供良好的平台，规模小的企业根本没有能力设立研发部门，规模大一些的企业部分设立研发部门，但举办大型会展、跨公司合作、跨地区合作、国际合作的机会少之又少，导致科技人才技术交流平台的数量较少且质量不高，科技人才能力不能充分发挥，从而抑制了河北省科技人才的发展。

第四章　河北省科技人才发展环境
特征的成因分析

从以上章节的分析可以看出，影响科技人才发展的因素颇多，既有宏观层面的又有微观层面的。科技人才资源与其他资源相比具有不同的特征，河北省区位特征使其在区域一体化中又具有特殊代表性。那么在河北省经济转型中，科技人才发展面临诸多问题的主要原因是什么，政府、市场、社会和个人在科技人才发展中各自扮演什么角色等问题在本章中都尽可能地做出了明确回答。本章基于科技人才对发展环境满意度调查，通过实证模型检验，探讨河北省科技人才对发展环境不满意的原因，为河北省优化科技人才发展环境提供一定的参考。

第一节　地理位置因素

河北省属于我国东部沿海地区，东临渤海，环抱首都北京，毗邻天津，是京津冀经济圈和环渤海经济区的核心区域。东南部、南部衔山东、河南两省，西倚太行山与山西省为邻，西北部、北部与内蒙古自治区交界，东北部与辽宁省接壤。自古以来，河北省就是京畿重地，毗邻京津的优越地理位置给河北省带来了巨大的发展潜力。

河北省基础设施比较完善，建有成熟发达的交通网络，高速公路和高铁的覆盖范围广阔、港口众多，拥有秦皇岛港、唐山港、黄骅港三大港口，是重要的交通枢纽，便利的交通给河北省科技人才流动和对外交流提供了条件。2018年，河北省地方铁路里程2455公里，公路通车里程达19.3万公里并且还在以年均5.3%速度增长；其中高速公路通车里程7279公里，居全国第2位。沿海港口货物吞吐量11.6亿吨，年均增长13.1%，人均城市道路面积高达19.76平方米。

河北省沿海港口是"北煤南运"的重要运输节点；是北方腹地和欧亚"新丝

绸之路"的重要出海口；是河北省推进沿海地区率先发展的重要依托；是融入京津冀协同发展的重要战略资源。但河北省沿海港口发展缺乏统一的综合规划，没有从宏观角度提出统一规划的功能蓝图；功能比较单一，只发挥了港口的运输功能，工业、商贸、物流、旅游功能相对薄弱，很难发挥对河北省经济的辐射带动作用。目前河北省对于港口的投资力度不够，运输航线少、航班密度小。三大港口开发时间晚，建成综合性大港的时间较短，对港口腹地的经济带动作用主要集中在港口周边地区，辐射范围较小，导致河北省外向型经济不够发达，难以依靠外贸拉动河北省经济增长。因此，与珠三角、长三角相比，河北省港口发展带来的产业集聚效应和人才集聚效应相对较弱。

河北省地处我国东部地区，其优越的地理位置在给河北省带来发展机遇的同时，也给河北省带来了较大的经济发展压力。在与京津两市相互合作、协同发展的过程中，河北省始终处于弱势地位，区域功能差异和经济发展差距导致了河北省难以抵抗京津两市的"虹吸效应"。2019 年河北省人均国内生产总值为 46438 元，在 31 个省市中排名第 25 位，与毗邻的北京市 164220 元和天津市 90371 元的人均生产总值差距悬殊，与全国平均水平相比也具有较大差距。与周边地区相比，河北省经济发展水平同样不具优势，除山西省外，其他省市自治区人均国内生产总值都高于河北省。根据人口迁移的推拉理论，良好的经济基础可以给科技人才提供更好的发展环境，激发科技人才的创新积极性与创造活力，但河北省的经济发展相对落后，对于科技人才具有较大的向外推力。面对经济发展不平衡的现状，河北省科技人才更倾向于向个人发展空间大、资源更加丰富的京津地区或周边省市流动，这种现状给河北省科技人才的留存带来了很大的压力。

表 4-1　　　河北省周边省市自治区人均国内生产总值及全国排名

地区	人均国内生产总值（元）	排名	地区	人均国内生产总值（元）	排名
全国	70581	—	山西	45724	27
北京	164220	1	内蒙古	67852	11
天津	90371	7	山东	70653	10
河北	46438	25	河南	56388	17

数据来源：2020 年《中国统计年鉴》。

另外，河北省人才引进机制不够完善，引进人才的福利政策主要集中在购房、落户等传统引进手段，缺乏引进形式上的创新；人才管理机制不成熟，不重视人才引进后的管理和培养工作；对引进人才的进一步技能培训重视程度不够，没有充分考虑到人才长远发展，存在人才晋升空间不足的问题。目前河北省人才引进政策更多的是一次性安家费、一次性科研启动经费"一引定终身"，对后期科技人才的发展、晋升、生活、国际合作交流、继续教育一概不闻不问，造成部分引进人才没有归属感、留存率低。由于京津冀一体化发展战略的推进，河北省早期承接了较多京津两市转移的高污染重化工企业，在经济快速增长的同时造成了较为严重的环境问题，水污染和大气污染问题尤为突出，降低了科技人才的生活质量，对科技人才集聚具有阻碍效应。河北省在与京津两市以及周边地区的人才竞争中处于劣势地位，便利的交通体系给科技人才到外省市发展创造了良好的基础设施条件。河北省人口基数大、人才资源总量丰富，但人才流失率相对较高。

第二节　人口特征因素

知识经济时代，人是第一资源，是促进国家经济发展、提升区域和国家综合竞争力的关键要素。人才是科学技术创新活动中最根本、最活跃的因素，是科技创新的关键。顶尖人才资源在人才结构中居于顶端，对推动当地社会经济发展具有关键性的作用，对于科技人才的发展也具有引领性。通过对河北省科技人才现状与特征的分析发现，科技人才的群体特征是造成发展环境较差的一个重要因素。

一、科技人才资源无法合理配置

河北省是人才大省，但不是人才强省。近年来，河北省的 R&D 人员数量总体呈上升趋势，2018 年河北省 R&D 人员共有 168954 人。本科毕业生数量近年来增长明显，硕士毕业生和博士毕业生人数逐渐增加，大学教职工数量呈上升趋势，人才资源的绝对量较为充足。由于河北省经济社会结构正处调整期，就业机会、工资待遇、生活环境等方面的条件与其他省市相比不具竞争优势。河北省与京津两市经济、社会发展相比也具有较大的差距，受到"虹吸作用"的影响，高校毕业人才择业时大多选择回到户籍地或者前往京津发展，科技人才对于河北省的发展前景认同度不高，人才流失现象显著。

2018 年河北省当地职工年平均工资为 71633 元，与全国平均水平 84744 元相比具有一定差距，在全国 31 个省市自治区中排名第 24 位，工资水平较低。除主要收入来源——工资以外，科技人才收入还包括课题经费和科研成果转化收益，但 2018 年河北省科技人才人均课题数为 0.1667 项，在全国 31 个省市自治区中排名第 25 位，与全国平均水平 0.1818 项相比存在一定差距。受到相关分配制度的影响，在科研成果转化应用之后，科研人员很难参与到收益分配过程中。在这种情况下，科技人才为了增加个人收入，往往会选择从事第二职业，导致非正规就业的现象不断增多，"好钢难以用到刀刃上"，人才资源配置效率低下，河北省科技人才难以实现个人抱负。

河北省对科技人才实行行政主导的管理模式，市场机制在人才配置过程中发挥的作用较小。高等学校和科研院所是河北省科技人才创新的主要平台，然而高等学校和科研院所在人才聘用、科研立项、岗位设置等方面自主性较差，科技人才流动过程中档案审批、人事调动、工资福利、职位晋升等增加了人才流动成本，人才固化的现象造成了人才资源配置不合理，降低了科技人才生产效益。事业单位与政府部门科技人才相对集中，趋近饱和，而居于科技创新主体地位的企业科技人才集聚效应较弱，不易合理配置人才资源，激发科技创新活力。

二、科技人才结构不合理

在高端人才资源方面，河北省存在较大劣势。高端人才储备远不如京津两市，其中与北京的差距最为显著，2018 年河北省研究生及以上人员占 R&D 人员比重为 22.37%，全国排名第 17 位，2019 年北京市"千人计划"及以上层次的人才数量为 1275 人，京冀相差 31 倍。对比人才引进政策可以发现，河北省的人才引进政策启动时间滞后、主动性较差，河北省"百人计划""巨人计划"等人才引进工程大多于 2010 年开始实施，仅执行了 5～10 年。同时，河北省缺少对未来经济发展人才的需求分析及人才引进工作的具体规划，人才引进政策前瞻性较差，不利于吸引和留住科技人才。河北省缺少系统完整的国际人才引进政策，"百人计划"引进对象仅为华人，缺少对外籍人才的引进激励措施。《2017 中国区域国际人才竞争力报告》蓝皮书显示，目前中国国际人才竞争力水平不高，竞争力指数排名第一的上海也仅仅刚过及格线，河北省在全国排名第 13 位，与周边省市相比河北省国际人才竞争力处于劣势地位，对于国际人才的吸引力较弱，科技人才国际化水平不高。高端人才资源的匮乏，造成了河北省的科技人才发展缺少领军力量引领的局面。

通过之前计算的专业人才结构偏离度发现，河北省的人才结构和产业结构的比例不协调，人才资源配置的效率不高，造成了人才资源的浪费。河北省的主导产业为重化工产业，需要大量的重化工科技人才，承接北京天津的优势项目，借助毗邻京津地理优势发展经济，为相关产业的科技人才发展营造良好的经济环境。这也就是说要重点对承接京津产业和河北省主导产业设计人才引进和培养政策才能保证人才供需匹配。只要河北省相关产业人才高于京津，就具有很大优势能够吸引相关产业人才来河北发展。目前，河北省科技人才绝大部分都集中在试验发展岗位，从事应用研究和基础研究的科研人员非常少，人才结构严重失衡。从产业分布看，河北省人才主要集中在传统产业，从事新兴产业和服务业的科技人才不足。就业结构滞后于产业结构发展的现状，导致河北省的传统产业存在严重的人才浪费现象，而新型产业和服务业缺少相应的人才支撑，发展比较缓慢。科技人才结构和产业结构的不匹配使得河北省面临较大的人才缺口。河北省人才结构无法满足现有产业结构的要求，最终会成为制约河北省产业结构转型升级的一个重要因素，进而成为制约河北省经济发展水平提升的瓶颈，不利于良好的科技人才发展环境的塑造。

第三节　宏观经济环境因素

一、河北省经济发展水平较低

经济是一个国家和地区科技人才发展的坚实物质基础，经济发展水平是吸引和留住人才的一个至关重要的因素，也是影响科技人才集聚的基础性因素，经济发展水平直接决定了科技人才发展环境的优劣。经济发展水平低是河北省科技人才创新环境差的直接原因。

由图 4-1 可知，2009—2018 年河北省人均地区生产总值始终保持稳定增长，从 2009 年人均 24581 元增长到 2018 年人均 47772 元，人均增长 23191 元，但河北省人均地区生产总值增长速度与全国相比仍然较慢，十年间全国平均人均生产总值从 28737 元增长到了 65253 元，增长了 36516 元。从 2009 年相差 4156 元到 2018 年相差 17481 元，河北省与全国平均地区生产总值的差距逐渐拉大。在全国范围来看，河北省人均生产总值虽然保持增长趋势，但是经济发展水平仍然较低，并不具备竞争优势。

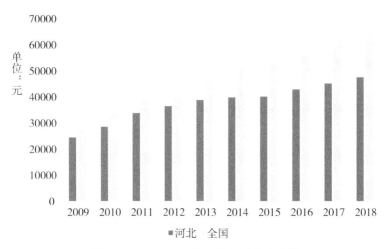

图 4-1　2009—2018 年人均地区生产总值

数据来源：2010—2019 年《中国统计年鉴》。

城镇化进程促进了大量劳动力的集聚，教育、技术、资金、知识等资源分配也开始向城镇倾斜，大量资源在城镇的集聚减少了信息交流的成本，为科技人才开展创新活动营造了良好的信息环境。城镇化使得基础设施更加完善，生活便利程度大大提高，吸引着科技人才迁入。城镇化水平提高促进了城镇分工详细化，提高了生产效率，对经济发展水平的提高具有积极的促进作用。2018 年，河北省城镇化水平为 56.43%，低于全国平均水平 59.58%。且河北省各市城镇化水平发展不平衡，石家庄市城镇化水平最高，为 63.16%，衡水市城镇化水平最低，为 52.06%，相差 11.1 个百分点，11 个设区市中有 5 个设区市的城镇化水平低于全省平均水平，农村人口在全省占较大比重。城镇化水平是影响人才流动的重要因素，由于科技人才具有高流动性的特点，城镇化水平高的地区对科技人才具有拉力作用，易形成人才集聚效应，促进科技创新能力的提高。由于河北省城镇化水平相对较低，工业化起步晚，对于科技创新能力的要求相对较低，科技人才缺少施展自身才华的空间。同时，河北省经济发展水平较低，很难为科技人才发展提供强有力的资金支持，缺少开展科技创新活动的平台和契机，在科技人才流动过程中形成推力作用，容易造成人才的流失。

表 4-2　　　　　　　**2018 年河北省各市人口城乡构成**　　　　（单位：万人）

市	总人口数	城镇人口		乡村人口	
		人口数	比重（%）	人口数	比重（%）
全省	7556.30	4264.02	56.43	3292.28	43.57
石家庄市	1095.16	691.69	63.16	403.47	36.84
承德市	357.89	186.35	52.07	171.54	47.93
张家口市	443.36	253.78	57.24	189.58	42.76
秦皇岛市	313.42	186.23	59.42	127.19	40.58
唐山市	793.58	501.07	63.14	292.51	36.86
廊坊市	483.66	290.24	60.01	193.42	39.99
保定市	1173.14	616.36	52.54	556.78	47.46
沧州市	758.60	406.91	53.64	351.69	46.36
衡水市	447.24	232.83	52.06	214.41	47.94
邢台市	737.44	390.18	52.91	347.26	47.09
邯郸市	952.81	541.86	56.87	410.95	43.13

数据来源：2019 年《河北经济年鉴》。

河北省经济发展水平低，影响着科技创新人才的工资水平，继而影响了科技人才的生活水平和就业状况，对其科技创新活动也造成了很大的影响。为了提高收入，河北省内许多科技人才选择从事第二职业，或者选择去收益更高的领域或机构谋求职位，造成了人才的浪费。此外，经济发展水平是科技创新活动开展的重要物质基础，经济发展水平直接影响了河北省对科技创新活动开展的资金支持力度，河北省不能有效地为科技创新活动提供坚实的物质基础，造成创新驱动动力不足。

二、科技创新投入力度较小

2009 年以来，河北省科研经费内部支出整体保持增长趋势，但是与全国整体水平仍存在一定差距。由表4-3可知，河北省每年的科研经费内部支出绝对量始终保持增长趋势，2009—2018年，河北省的科研经费内部支出从1348446万元增长到了4997415万元，增长率几乎每年都保持在10%以上。但是相对量却不理想，2009—2018年河北省R&D经费投入强度始终不高，10年间均在1.4%以下，与全国平均水平相比存在较大差距。科技创新经费投入的不足，为科研工作的开展和创新环境的改善带来了较大阻力，降低了河北省科研人员的工作积极性，造成技术创新动力不足、技术创新活动不够活跃的现状。R&D经费内部支出不足是河北省缺乏重大突破性、颠覆性创新的重要原因之一。

表4-3　　　　　　　　　　河北省 R&D 经费情况

年份	R&D 经费内部支出（万元）		R&D 经费投入强度（%）	
	全国	河北	全国	河北
2009	58021068	1348446	1.70	0.78
2010	70625775	1554492	1.76	0.76
2011	86870093	2013377	1.78	0.82
2012	102984090	2457670	1.91	0.92
2013	118465980	2818551	2.00	0.99
2014	130156297	3130881	2.03	1.06
2015	141698846	3508708	2.07	1.18
2016	156767484	3834274	2.12	1.20
2017	176061295	4520312	2.15	1.26
2018	196779294	4997415	2.14	1.39

数据来源：历年《中国科技统计年鉴》。

河北省R&D经费市级投入较为集中。根据2019年河北省科技经费投入统计公报数据可知，2019年河北省研究与实验发展（R&D）经费投入突破了500亿元，其中财政科学技术支出突破了90亿元。2019年石家庄、保定、唐山、邯郸四市的R&D经费投入强度均高于全省平均水平，优势地位突出，易于发挥人才资源集聚效应。

表4-4　　**2019年河北省各地区研究与实验发展(R&D)经费情况**

地区	R&D经费 (亿元)	R&D经费投入 强度(%)	地区	R&D经费 (亿元)	R&D经费投入 强度(%)
全省	566.7	1.61	廊坊市	46.2	1.45
石家庄市	149.8	2.78	保定市	61.3	1.90
承德市	13.1	0.89	沧州市	41.0	1.14
张家口市	2.7	0.17	衡水市	13.6	0.90
秦皇岛市	20.8	1.29	邢台市	19.4	0.91
唐山市	126.6	1.84	邯郸市	57.6	1.65

数据来源：2019年《河北省科研经费投入统计公报》。

目前，河北省研究与实验发展(R&D)经费投入主要来源于政府财政拨款，科技人才获得R&D经费支持需要经过复杂的行政审批流程，经费审批限制多、手续烦琐，获得资金支持的难度较大。科技人才的研发活动需要大量资金作为物质保障，申请科研经费难度大在一定程度上限制了科技人才才能的施展。此外，河北省对各科技创新课题、计划、项目的经费拨付多为一次性给付，对课题、计划、项目的研究过程中和研究结束后的扶持政策不够重视，不利于科研成果的应用和推广，也在一定程度上降低了科研经费的利用效率。

三、产业结构层次较低

河北省历年第三产业产值绝对量始终保持增长趋势，由表4-5可知，2009—2018年河北省第三产业产值从6020.7亿元增长到16252亿元，但从全国排名来看，河北省第三产业产值在全国范围内排名呈现出下降趋势，近年来排名回升，下降趋势得到改善。河北省第三产业产值占GDP比重与全国平均水平相比仍居于劣势，2009—2018年河北省第三产业产值占GDP比重一直在稳定增长，从35%增长到46%，低于全国平均水平。虽然河北省第三产业产值的增速较快，但与全国平均水平的差距有增大趋势。

表 4-5　　　　2009—2018 年河北省第三产业产值与全国排名

年份	第三产业产值(亿元)	排名	年份	第三产业产值(亿元)	排名
2009	6020.7	7	2014	10567.3	12
2010	7060.0	7	2015	11778.4	12
2011	8406.4	7	2016	13059.3	11
2012	9243.8	8	2017	14732.8	11
2013	9939.3	9	2018	16252.0	11

数据来源：2010—2019 年《中国统计年鉴》。

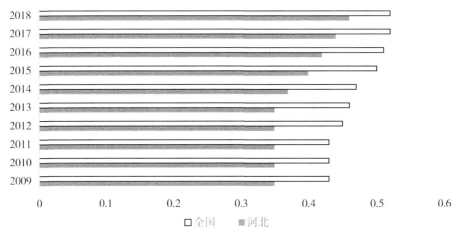

图 4-2　2009—2018 年河北省与全国第三产业产值占 GDP 比重

数据来源：2010—2019 年《中国统计年鉴》《河北经济年鉴》。

科技人才发展主要依赖于第二产业和第三产业，尤其是以高新技术产业为主的第三产业，第三产业的发展对于科技人才发展环境的改善具有显著的积极作用。河北省第三产业产值绝对量虽然在增加，但是在全国范围仍然没能体现出明显的优势，发展速度较慢。由图 4-3 可知，河北省工业发展仍然处于中期阶段，2009—2018 年河北省地区生产总值中第二产业始终占较大比重，2009—2014 年第二产业产值占比超过第三产业，2015 年第二、三产业地区生产总值基本持平，此后第三产业产值开始反超第二产业，并保持稳定增长趋势，到 2018 年第三产业占比达到 50%。整体上看，河北省产业结构水平偏低，产业以传统制造业为主，第三产业以传统服务业为主，生产性服务业占比较低，优势微弱，虽然后工业化的特征有所显露但仍不明显。对于科技人才而言，由产业结构所决定的河北省创新创业环境并不具备足够的吸引力，河北省在激烈的科技人才竞争中很难占据优势地位。以传统制造业为主的产业结构对科学技术创新的要求相对较低，科技人才发展潜力小，难以激发河北省科技人才的创新活力。

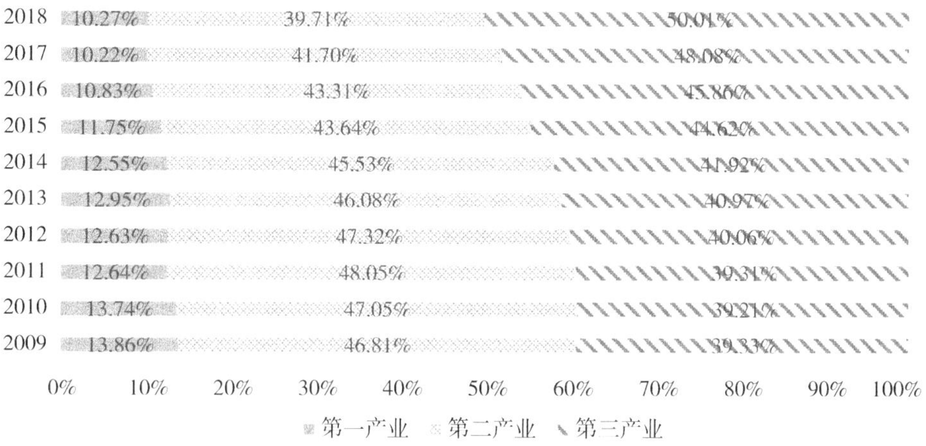

图 4-3　2009—2018 年河北省产业结构比例

数据来源：2010—2019 年《河北经济年鉴》。

第四节　社会资本与科技人才对发展环境满意度的关系

一、数据来源

本部分数据来源于 2020 年河北大学经济学院人口研究所对河北省科技人才进行的问卷调查，以河北省辖区内的科技人才为调查对象，涉及河北省人才发展环境、人才政策以及科技人才创新创业等方面，根据人口分布，采用比例分层抽样、随机抽样、概率抽样方法确定调查样本。样本涵盖河北省 11 个地级市及雄安新区，共计 1500 份，其中科技创新创业人才占总数的 53.6%，筛选出相关样本 805 份。

二、变量设置与描述

社会资本是科技人才发展环境优化过程中的关键因素。本书将社会资本因素分成客观描述和主观评价两大类。对社会资本的客观描述包括家庭背景、社会关系。本研究的自变量选择家庭背景变量，主要采用调查问卷第 5 题"您籍贯是否为河北省？"、第 6 题"您是否具有非河北省的工作经历？"来衡量社会资本。因变量选取所在地的人才发展环境满意度，用于衡量人才发展环境的优劣。

考察社会资本对河北省科技人才发展环境的影响，需要控制其他可能影响河北省科技人才发展环境的因素。如上所述，家庭背景、社会关系等因素影响着科技人才发展环境的满意度。此外，性别、年龄、学习与工作经历等也可能是影响河北省科技人才发展环境满意度的直接或间接因素。因此，确定性别、年龄、受教育程度与海外工作经历 4 个控制变量，并对其进行分组与赋值（见表 4-6）。

表 4-6 变量设置与赋值

变量	变量名称	变量赋值	均值	标准差
因变量	人才发展环境	1＝满意；2＝不满意	1.35	0.212
自变量	籍贯	1＝河北省；2＝非河北省	1.26	0.440
	非河北省工作经历	1＝有；2＝没有	1.44	0.497
	性别	1＝男；2＝女	1.32	0.467
	年龄	数值型变量	33.74	5.938
	受教育程度	1＝中学及以下；2＝大专及本科；3＝研究生	1.88	0.564
	海外学习经历	1＝有；2＝没有	1.91	0.281
	海外工作经历	1＝有；2＝没有	1.97	0.856

通过交叉分析发现各变量与河北省科技人才环境主观评价具有相关性。从因变量分布来看，对河北省科技人才发展环境满意者占 65.29%，不满意者占 34.71%。从自变量看，籍贯为河北省的科技人才对发展环境较为满意，其中，籍贯为河北省的科技人才对河北省科技人才发展环境表示满意的占 60.99%，明显高于籍贯为非河北省的科技人才。从社会关系这一变量来看，有非河北省工作经历的科技人才对河北省科技人才发展环境更为满意，且通过自己走出去的科技人才对河北省科技人才发展环境的满意程度更高。从控制变量看，男性

比女性对河北省科技人才发展环境更满意。年龄越大，对河北省科技人才发展环境满意度越高。受教育程度越高的科技人才对河北省科技人才发展环境满意度越高。

表 4-7　　　　　　　　科技人才发展环境满意度交叉分析　　　　　（单位：%）

变量	描述项	满意	不满意
满意度	科技人才发展环境主观评价	65.29	34.71
籍贯	河北省	60.99	39.01
	非河北省	19.80	80.92
非河北省工作经历	有	54.12	45.88
	没有	41.18	58.82
性别	男	65.88	34.12
	女	29.41	70.59
年龄	数值型变量		
受教育程度	中学及以下	18.82	81.18
	大专及本科	65.08	34.92
	研究生	70.59	29.41
海外学习经历	有	8.63	91.37
	没有	86.67	13.33
海外工作经历	有	7.45	92.55
	没有	87.84	12.16

三、科技人才发展环境满意度影响因素的二元 Logistic 回归分析

表 4-8 为全样本的二元 Logistic 回归结果。第一，在未加入控制变量的前提下，仅仅考察社会资本因素对河北省科技人才发展环境的影响程度，见模型(1)，从二元 Logistic 回归结果来看，家庭变量中的籍贯与社会关系变量中的非河北省工作经历对河北省科技人才发展环境满意度都具有显著正向影响。第二，在加入控制变量后，见模型(3)，发现籍贯对河北省科技人才发展环境满意度具有显著的负向影响，河北省籍的科技人才对河北

省科技人才发展环境不满意的概率比非河北省籍科技人才低 22.8%。而没有非河北省工作经历的科技人才对河北省科技人才发展环境不满意的概率比有非河北省工作经历的科技人才高 8.066 倍。这是因为河北省籍科技人才长时间在河北省学习、工作，对河北省在支持科技人才发展方面有深入的了解，与发达省份的做法相比，河北省确实存在支持力度不够的问题，而具有非河北省工作经历的科技人才对河北省人才发展环境不是很了解，故而满意度会更高。

从控制变量看，如模型（2）和模型（3）所示，性别、年龄、受教育程度、海外学习与工作经历都对河北省科技人才发展环境具有显著影响。具体来讲，女性科技人才对河北省科技人才发展环境不满意程度略高于男性，但差异并不十分明显。就年龄而言，在未加入年龄的平方项前，年龄与河北省科技人才发展环境不满意程度呈显著的负相关关系，在加入年龄的平方后，年龄与科技人才发展环境满意度呈现倒 U 型关系，这可能是因为：随着年龄的增加，科技人才在知识与实际经验方面的积累也就越多，创造的价值越来越大，对河北省科技人才环境满意度越来越高，但达到一定年龄后，职业地位出现了较大转折，对个人发展环境需求程度进一步增大，对河北省科技人才环境也随着年龄增大，越来越不满意。而受教育程度与海外学习经历对河北省科技人才发展环境满意度的影响呈现显著负相关关系，这是因为受教育程度越高，科技人才的学习时间也就越长，受教育程度较高的科技人才以及有海外学习经历的科技人才本身工作环境较好，对河北省人才发展环境更满意。而受教育程度相对较低的人学习时间短，参与社会实践较早，需要在工作中积累知识和经验才能实现职业流动，因此，受教育程度较低及没有海外学习经历的科技人才对科技人才发展环境满意度较低。具有海外学习经历的科技人才对河北省科技人才发展环境更为不满意。具有海外学习经历者，凭借自己在海外的见闻以及学习经验，容易将河北省与其他国际城市的人才发展环境进行对比，进而对河北省科技人才发展环境产生更多不满。具有海外工作经历的科技人才对河北省科技人才发展环境更为满意，因为具有海外工作经历者，凭借自己在海外的见闻以及工作经验，在河北省属于非常急缺人才，能够享受较海外更高的待遇，进而使其对河北省科技人才发展环境更为满意。

表 4-8　　　　社会资本对河北省科技人才发展环境满意度的回归结果

变量		模型（1）		模型（2）		模型（3）	
		回归系数	OR	回归系数	OR	回归系数	OR
自变量	籍贯	0.272 ***	1.313			−1.480 ***	0.228
	非河北省工作经历	2.509 ***	12.297			2.088 ***	8.066
控制变量	性别			0.161 **	1.175	0.116 **	1.123
	年龄			−0.02 ***	0.980	−0.345 ***	0.708
	年龄的平方					0.005 ***	1.005
	大专、本科（≤高中）			−2.420 ***	0.089	−2.595 ***	0.075
	研究生（≤高中）			−17.951 **	0.000	−17.896 **	0.000
	海外学习经历（有）			−0.130 **	0.878	−0.846 ***	0.429
	海外工作经历（有）			0.424 ***	1.529	0.383 ***	1.467
截距项	截距项	−7.713 ***	0.002	−9.284 **	0.003	−4.437 **	0.012

注：***、**、* 分别表示在 1%、5% 和 10% 水平下显著。

以上分析基于问卷调查数据，验证了社会资本对河北省科技人才发展环境满意度的影响，为河北省创造良好的科技人才发展环境提供了一个思路。社会资本与河北省科技人才发展环境关系密切，研究结果表明：第一，社会资本（跨省工作经验）对河北省科技人才发展环境满意度产生了显著的正向影响，总体来讲，非河北籍和有非河北省工作经历的科技人才拥有更为广泛的省外社会资本，凭借其社会网络关系，能够支持其在河北省实现个人发展，进而使其对河北省科技人才发展环境更为满意。第二，男性和年龄较小的科技人才对河北省科技人才发展环境的满意度更高，反之，女性和年龄越大的科技人才对河北省科技人才发展环境越不满意。第三，学历越高，对河北省科技人才发展环境越满意。同样，具有海外学习经历的科技人才对河北省科技人才发展环境也更为满意。第四，具有海外工作经历的科技人才对河北省科技人才发展环境满意度较低。

第五节　就业质量对科技人才发展环境满意度的影响分析

本部分数据同上一节，来源于 2020 年河北大学经济学院人口研究所对河北省科技人才进行的问卷调查，筛选出相关样本总量 1055 份。

一、变量说明与描述统计分析

(1)因变量。在河北省科技人才发展环境调查问卷中，选取"二、科技人才发展环境满意度评价"中的第 15 题"请您对所在地的人才发展环境进行评价"，回答项分为"1＝非常满意""2＝比较满意""3＝一般""4＝不太满意""5＝很不满意"五个等级。根据研究需要，对因变量重新合并分组并赋值，分为"1＝满意""2＝不满意"两组，属于分类变量。

(2)自变量。本部分的自变量为就业质量，分别从职业类型、单位性质和工作时间来反映。职业类型，选取问卷第 12 题"您目前所从事的职业是什么?"，根据研究需要，将答案合并设置为"1＝蓝领，2＝白领"；单位性质，根据第 11 题"您的单位性质是什么?"并将答案合并设置为"1＝国家机关、事业单位，2＝企业，3＝其他"；工作时间，根据调查中的补充问题"您每周工作几个小时?"，根据需要，将回答项设置为"1＝39 个小时及以下，2＝40～49 个小时，3＝50 个小时及以上"，上述变量均属于分类变量。

(3)控制变量。考察就业质量对河北省科技人才发展环境满意度的影响，需要控制其他可能影响河北省科技人才发展环境满意度的因素。如前所述，性别、年龄、受教育程度等因素是影响科技人才发展环境满意度的重要因素。基于此，确定性别、年龄、受教育程度 3 个控制变量，并对控制变量进行分组与赋值(见表 4-9)。

表 4-9　　　　　　　　　　　　　**变量名称及赋值**

	变量名称	变量赋值	均值	标准差
因变量	人才发展环境自评	1＝满意；2＝不满意	1.22	0.414
自变量	职业类型	1＝蓝领；2＝白领	1.92	0.275
	单位性质	1＝国家机关、事业单位；2＝企业；3＝其他	1.99	0.643
	工作时间	1＝39 个小时及以下；2＝40～49 个小时；3＝50 个小时及以上	2.08	0.759
控制变量	性别	1＝男；2＝女	1.29	0.455
	年龄	数值型变量	33.43	5.861
	受教育程度	1＝中学及以下；2＝大专及本科；3＝研究生	1.93	0.540

　　通过交叉分析发现，各变量均与河北省科技人才环境满意度具有相关性。从因变量分布来看，对河北省科技人才满意的占 78.1%，不满意的占 21.9%。从自变量看，职业越偏向于白领，对河北省科技人才发展环境越满意。其中，白领从业人员对河北省科技人才发展环境表示满意的占 79.3%，明显高于蓝领从业人员。从单位性质来看，企业和其他类单位科技人才对发展环境满意度较高，分别占 81.7% 和 81.6%，国家机关、事业单位科技人才对发展环境满意的占 64.7%。从工作时间这一变量来讲，工作时间越长，科技人才对河北省科技人才发展环境也就越满意。工作时间 50 个小时及以上的科技人才对河北省科技人才发展环境的满意程度最高，占比为 87.5%，工作时间 40~49 个小时的科技人才对发展环境满意度次之，占比为 84.2%，工作时间 39 个小时及以下的占比最低，为 55.7%。从控制变量看，女性比男性对河北省科技人才发展环境更为不满意；年龄越大，对河北省科技人才发展环境越满意。受教育程度越高的科技人才对河北省科技人才发展环境越满意。

表 4-10　　　　就业情况与科技人才发展环境满意度交叉统计结果　　　（单位:%）

变量分类	变量	满意	不满意
满意度	科技人才发展环境主观评价	78.1	21.9
行业类型	蓝领	65.0	35.0
	白领	79.3	20.7
单位性质	国家机关、事业单位	64.7	35.3
	企业	81.7	18.3
	其他	81.6	18.4
工作时间	≤39	55.7	44.3
	40~49	84.2	15.8
	≥50	87.5	12.5
性别	男	80.7	19.3
	女	71.8	28.2
受教育程度	中学及以下	35.6	64.4
	大专及本科	86.5	13.5
	研究生	96.3	3.7

二、回归结果分析

表 4-11 为全样本的二元 Logistic 回归结果。第一，在未加入控制变量的前提下，仅仅考察职业类型、单位性质和工作时间对河北省科技人才发展环境满意度的影响（模型 1），从二元 Logistic 回归结果上看，职业类型与工作时间对科技人才发展环境满意度的影响都通过了显著性验证，且回归系数均为负数，说明两者对河北省科技人才发展环境满意度具有显著的负向影响，即职业类型越低端、单位性质为企业或其他性质、工作时间越短，对科技人才发展环境越不满意。第二，在加入控制变量后（模型 3），发现职业类型、单位性质和工作时间对河北省科技人才发展环境满意度仍具显著影响，并且系数为负，即职业类型为蓝领、单位性质为企业或其他性质、工作时间较短，对科技人才发展环境越不满意。

从控制变量看，性别、年龄、受教育程度对科技人才发展环境满意度均具显著影响。受教育程度越高，对科技人才发展环境满意度越高，这是因为，受教育程度越高，科技人才的人力资本水平也就越高、就业环境相较越好。而受教育程度相对较低的人，就业环境较差，获取政策支持的难度较大，满意度更低。本部分基于问卷调查数据，从就业质量高度实证检验了河北省科技人才发展环境满意度的影响因素，为河北省从工作环境、职业、单位性质角度优化科技人才发展环境提供了一个思路。

表 4-11　　　　就业质量与科技人才发展环境满意度回归结果

变量		模型（1）		模型（2）		模型（3）	
		回归系数	OR	回归系数	OR	回归系数	OR
自变量	职业类型（蓝领）	−1.239***	0.290			−0.175**	0.839
	企业（机关事业）	−0.891***	0.410			−0.515***	0.597
	其他（机关事业）	−0.838***	0.433			−0.427***	0.653
	工作时间（0~4 年）						
	5~8 年	−1.486***	0.226			−0.640***	0.527
	9 年及以上	−1.801***	0.165			−0.858***	0.424

续表

变量		模型（1）		模型（2）		模型（3）	
		回归系数	OR	回归系数	OR	回归系数	OR
控制变量	性别（男）			-0.542^{***}	0.582	-0.614^{***}	0.541
	年龄			-0.051^{***}	0.950	-0.023^{***}	0.977
	大专和本科（≤高中）			-2.331^{***}	0.097	-1.984^{***}	0.138
	研究生（≤高中）			-3.681^{***}	0.025	-3.653^{***}	0.026

注：***、**、*分别表示在1%、5%和10%水平下显著。

第六节　河北省科技人才吸引力影响因素分析

一、变量名称及赋值

本部分数据同上一节，来源于2020年河北大学经济学院人口研究所对河北省科技人才进行的问卷调查，筛选出相关样本总量1055份。

（1）因变量。在河北省科技人才发展环境调查问卷中，选取"二、科技人才发展环境满意度评价"第16题中的"您所在地市是否能够吸引您创业或就业？"，回答项分为"1＝没有影响""2＝影响较小""3＝一般""4＝影响较大""5＝影响很大"五个等级。根据研究需要，对因变量进行降维处理，转变为数值型变量。

（2）自变量。自变量包括行业类型，即第10题"您目前所从事的行业是什么？"，根据研究需要，将答案设置为"1＝农业，2＝工业，3＝现代服务业"；单位性质，即第11题"您的单位性质是什么？"本研究将答案设置为"1＝国家机关，2＝事业单位，3＝企业"；工作经验，也就是问卷当中的第13题"您参加工作的时间？"，根据需要，本题回答项设置为"1＝0～4年，2＝5～8年，3＝9年及以上"，上述变量均属于分类变量。

（3）控制变量。考察河北省科技人才吸引力的影响因素，需要控制可能影响科技人才吸引力主观评价的其他因素。如前所述，性别、年龄、受教育程度等因素影响着河北省科技人才对所在地市吸引力的主观评价。基于此，确定性别、年龄、受教育程度3个控制变量，并对控制变量进行分组与赋值（见

表 4-12）。

表 4-12   变量名称及赋值

分类	变量名称	变量赋值	均值	标准差
因变量	地市吸引力	数值型变量	3.76	0.811
自变量	行业类型	1＝农业；2＝工业；3＝现代服务业	2.59	0.509
	单位性质	1＝国家机关；2＝事业单位；3＝企业	2.69	0.616
	工作经验	1＝0~4年；2＝5~8年；3＝9年及以上	2.13	0.768
控制变量	性别	1＝男；2＝女	1.32	0.468
	年龄	数值型变量	33.74	5.949
	受教育程度	1＝中学及以下；2＝大专及本科；3＝研究生	1.88	0.566

二、回归结果分析

由于自变量——行业类型、单位性质、工作时间及控制变量——性别和受教育程度均属于分类变量，因变量——地市吸引力以及控制变量——年龄为数值型变量，属于标度，经检验，未能通过二元 Logistic 回归检验，故适用于最优标度回归，检验结果如下：

首先，对因变量和自变量进行最优标度回归，通过表 4-13 可以看出，构建的回归模型通过了方差检验，显著性小于 0.05，在该模型中至少存在一个自变量对河北省人才吸引力具有显著的影响。且复 R＝0.508，R^2＝0.258，调整后 R^2＝0.240，解释值较低，符合实际调研情况。

表 4-13   方差分析情况

分类	平方和	自由度	均方	F	显著性
回归	65.841	6	10.974	14.387	0.000
残差	189.159	248	0.763		
总计	255.000	254			

注：复 R＝0.508，R^2＝0.258，调整后 R^2＝0.240。

从表 4-14 单因素的回归结果来看，行业类型、单位性质和工作时间都对河北省人才吸引力具有显著的正向影响。行业类型对各地市人才吸引力的影响系数为 0.397，处于不同行业类型的科技人才对各地市人才吸引力评价各不相同，工业和现代服务业中的科技人才对地市人才吸引力的评价明显比农业中的科技人才更高。这是因为，河北省工业化和城市化程度较低，城市就业环境和公共服务环境要好于农村。目前，河北省面临着产业结构转型升级，现代服务业的年产值较其他产业增长迅速，吸引了大量的科技人才来到该行业。河北省大力支持制造业和现代服务业等行业发展，这就使得就业行业类型为工业或现代服务业中的科技人才对河北省人才吸引力的评价高于农业科技人才。就单位性质而言，在企事业单位工作的科技人才比在国家机关工作的科技人才对河北省人才吸引力的评价更高。这主要是由于河北省公务员每年的录取名额是一定的，科技人才在国家机关工作的机会有限，相反，在企事业单位工作的机会就会高出很多，企业事业单位科技人才规模的增大，间接提高了企事业单位人才对河北省人才吸引力的主观评价。此外，工作经验也明显影响了科技人才对河北省人才吸引力的主观评价。工作经验越多，科技人才对河北省人才吸引力的评价也就越高。这可能是因为科技人才在长时间的工作中见证了所在地市的快速发展，自身也得到了成长和发展，对所在地市的个人成就感和获得感更大。

表 4-14　　　　　　　　　　　　单因素回归结果

分类	β	标准误差的自助抽样(1000)估算			
行业类型	0.397***	0.057	2	48.714	0.000
单位性质	0.169***	0.053	2	10.142	0.000
工作经验	0.155**	0.058	2	7.144	0.001

注：*P<0.1，*P<0.05，**P<0.01，***P<0.001，下同。

在加入控制变量——性别、年龄和受教育程度后，构建的回归模型同样通过了方差检验，显著性值小于 0.001，在该模型中至少存在一个自变量对因变量有显著影响。且复 $R=0.622$；$R^2=0.386$；调整后 $R^2=0.361$，符合实际调研情况。

表 4-15　　　　　　　　　　　方差分析情况

项目	平方和	自由度	均方	F	显著性
回归	98.545	10	9.855	15.369	0.000
残差	156.455	244	0.641		
总计	255.000	254			

注：复 $R = 0.622$；$R^2 = 0.386$；调整后 $R^2 = 0.361$。

加入控制变量后，行业类型、单位性质和工作经验仍然对河北省科技人才发展环境主观评价等级具有重要影响，且系数符号均无明显变化（如表 4-16）。再从控制变量看，女性科技人才对河北省人才吸引力的主观评价略高于男性，但差异并不明显；就年龄而言，在加入年龄的平方之后，系数仍为负且显著，这证明年龄与河北省人才吸引力之间呈现出 U 型关系。反观受教育程度，其对河北省人才吸引力的影响为正，这是因为受教育水平越高，获得的资源和机会越多，拥有较高的社会地位、稳定的工作和体面的收入，对河北省人才吸引力的评价也就越高。单因素回归结果和多因素回归结果分别考察了未加控制变量和加入控制变量之后的行业类型、单位性质、工作时间、性别、年龄和受教育程度对河北省科技人才吸引力的影响程度，结果表明，模型估计系数、符号和显著性基本无差异，且上述变量除年龄外，均对河北省科技人才吸引力具有显著的正向影响。

表 4-16　　　　　　　　　　　多因素回归结果

变量	模型（1）		模型（2）	
	β	标准误差的自助抽样（1000）估算	β	标准误差的自助抽样（1000）估算
行业类型	0.164***	0.006	0.165***	0.005
单位性质	0.051***	0.005	0.059***	0.005
工作经验	0.123***	0.007	0.140***	0.008
性别	0.076***	0.006	0.073***	0.006
年龄	−0.049***	0.007	−0.608***	0.038
年龄的平方			0.548***	0.036
受教育程度	0.516***	0.007	0.530***	0.007

注：***、**、* 分别表示在 1%、5% 和 10% 水平下显著。

第七节　河北省科技人才生活环境满意度的影响因素分析

一、变量名称及赋值

(1)因变量。采用河北省科技人才发展环境调查问卷中的"二、科技人才发展环境满意度评价"中的第 17 题"您对所在地生活环境满意吗？请逐一作出评价"，回答项分为"1 = 很不满意""2 = 不满意""3 = 一般""4 = 比较满意""5 = 非常满意"五个等级。根据研究需要，对因变量进行降维处理，转变为数值型变量。

(2)自变量。自变量包括行业类型，即第 10 题"您目前所从事的行业是什么？"，根据研究需要，将答案设置为"1 = 农业，2 = 工业，3 = 现代服务业"；单位性质，即第 11 题"您的单位性质是什么？"本研究将答案设置为"1 = 国家机关，2 = 事业单位，3 = 企业"；工作经验，也就是问卷当中的第 13 题"您参加工作的时间？"，根据需要，本题回答项设置为"1 = 0 ~ 4 年，2 = 5 ~ 8 年，3 = 9 年及以上"。

(3)控制变量。其他变量还包括性别、年龄、受教育程度等因素。基于此，确定性别、年龄、受教育程度 3 个控制变量，并对控制变量进行分组与赋值(如表 4-17)。

表 4-17　　　　　　　　　　　　变量名称及赋值

	变量名称	变量赋值	均值	标准差
因变量	生活环境评价	数值型变量	3.73	0.662
自变量	行业类型	1 = 农业；2 = 工业；3 = 现代服务业	2.59	0.509
	单位性质	1 = 国家机关；2 = 事业单位；3 = 企业	2.69	0.616
	工作经验	1 = 0 ~ 4 年；2 = 5 ~ 8 年；3 = 9 年及以上	2.13	0.768
控制变量	性别	1 = 男；2 = 女	1.32	0.468
	年龄	数值型变量	33.74	5.949
	受教育程度	1 = 中学及以下；2 = 大专及本科；3 = 研究生	1.88	0.566

二、回归结果分析

由于自变量——行业类型、单位性质、工作时间及控制变量——性别和受教育程度均属于分类变量，因变量——生活环境评价以及控制变量——年龄为数值型变量，属于标度，经检验，未能通过二元 Logistic 回归检验，故适用于最优标度回归，检验结果如表4-18所示。

首先，对因变量和自变量进行最优标度回归，通过表4-18可以看出，构建的回归模型通过了方差检验，显著性值小于0.05，在该模型中至少存在一个自变量对因变量——河北省人才生活环境主观评价有显著影响。且复 $R = 0.473$，$R^2 = 0.224$，调整后 $R^2 = 0.205$，符合实际调研情况。

表 4-18　　　　　　　　　　　　方差分析

项目	平方和	自由度	均方	F	显著性
回归	57.082	6	9.514	11.921	0.000
残差	197.918	248	0.798		
总计	255.000	254			

注：$R = 0.473$，$R^2 = 0.224$，调整后 $R^2 = 0.205$。

从表4-19单因素的回归结果来看，行业类型、单位性质和工作时间都对生活环境满意度具有显著的正向影响。行业类型对生活环境满意度的影响系数为0.366，处于不同行业的科技人才对生活满意度存在群体差异，处于工业和现代服务业领域的科技人才明显对河北省的生活环境更满意。这是因为，工业和现代服务业科技人才的薪酬福利水平远远高于农业科技人员，加之河北省相较于北京、天津等地，物价水平较低，工业和现代服务业科技人才在河北省的生活水平相较农业科技人员也就更高，因此，行业类型为工业或现代服务业的科技人才对生活环境评价高于农业科技人才。就单位性质而言，其对生活环境满意度的影响系数为0.168，在企事业单位工作的科技人才比在国家机关工作的科技人才对生活满意度的评价更高。国家机关工作人员虽然福利水平相较于企事业单位更高，但长久以来，薪酬水平较低，而企事业单位的科技人才付出与回报成正比，经济实力相对来说也就更加雄厚，就业灵活度更大，这就促使在企事业单位工作的科技人才对河北省生活环境的主观评价往往更高。此外，工作经验也影响着科技人才对河北省生活环境的主观评价。工作经验越多,科技人才对河北省生活环境满意度也就越高。这可能是因为科技人才的工作经验越多,越容易提升自己的技术能力,工作经验长的科技人才拥有更高的人力资本和更稳定的收入,其生活环境满意度也更高。

表 4-19 单因素回归结果

变量	β	标准误差的自助抽样(1000)估算			
行业类型	0.366***	0.062	2	35.186	0.000
单位性质	0.168***	0.055	2	9.160	0.000
工作经验	0.178***	0.055	2	10.325	0.000

注:***、**、*分别表示在1%、5%和10%水平下显著。

在加入控制变量——性别、年龄和受教育程度后,构建的回归模型同样通过了方差检验,显著性值小于0.001,在该模型中至少存在一个自变量对因变量有显著影响。且复 $R = 0.658$;$R^2 = 0.434$;调整后 $R^2 = 0.410$,符合实际调研情况。

表 4-20 方差分析

项目	平方和	自由度	均方	F	显著性
回归	110.522	10	11.055	18.674	0.000
残差	144.448	244	0.592		
总计	255.000	254			

注:复 $R = 0.658$;$R^2 = 0.434$;调整后 $R^2 = 0.410$。

加入控制变量后,行业类型、单位性质和工作时间仍然是影响河北省生活环境满意度的重要因素,且系数符号均无明显变化(见表 4-21)。从控制变量来看,女性科技人才对生活环境的主观评价略高于男性,但差异并不明显。就年龄而言,在未加入年龄的平方时,系数为正,在加入年龄的平方后,系数仍然为正,且影响显著,这证明年龄与河北省科技人才生活环境满意度有明显的U型关系。受教育程度对河北省科技人才生活环境满意度同样具有显著的正向影响，受教育水平越高，获得的资源和机会越多，拥有较高的社会地位、稳定的工作、体面的收入以及优越的生活条件，对河北省科技人才生活环境也就越满意。单因素回归结果和多因素回归结果分别考察了不加入控制变量和加入控制变量情况下行业类型、单位性质、工作时间、性别、年龄和受教育程度对河北省科技人才生活环境满意度的影响，结果表明，模型估计系数、符号和显著性无差异，且上述变量均对河北省科技人才生活环境主观评价产生显著的正向影响。

表 4-21　　　　　　　　　　　　多因素回归结果

变量	模型（1）		模型（2）	
	β	标准误差的自助抽样（1000）估算	β	标准误差的自助抽样（1000）估算
行业类型	0.132***	0.004	0.133***	0.005
单位性质	0.048***	0.005	0.048***	0.005
工作经验	0.086***	0.006	0.083***	0.006
性别	0.026***	0.006	0.027***	0.006
年龄	0.190***	0.007	0.134*	0.059
年龄的平方			0.048*	0.057
受教育程度	0.538***	0.007	0.541***	0.007

注：***、**、* 分别表示在1%、5%和10%水平下显著。

第八节　河北省科技人才就业环境满意度影响因素分析

一、变量名称及赋值

（1）因变量。使用河北省科技人才发展环境调查问卷中的"二、科技人才发展环境满意度评价"中的第18题"您对所在地就业环境满意吗？请逐一作出评价"，回答项分为"1＝很不满意""2＝不满意""3＝一般""4＝比较满意""5＝非常满意"五个等级。根据研究需要，对因变量进行降维处理，转变为数值型变量。

（2）自变量。自变量包括行业类型，即第10题"您目前所从事的行业是什么?",根据研究需要,将答案设置为"1＝农业,2＝工业,3＝现代服务业";单位性质,即第11题"您的单位性质是什么?"本研究将答案设置为"1＝国家机关,2＝事业单位,3＝企业";工作经验,也就是问卷当中的第13题"您参加工作的时间?",根据需要,本题回答项设置为"1＝0～4年,2＝5～8年,3＝9年及以上",上述变量均属于分类变量。

(3)控制变量。考察河北省科技人才就业环境的主观评价的影响因素,需要控制其他可能影响就业环境主观评价的因素。如前所述,性别、年龄、受教育程度等因素影响着科技人才对就业环境的主观评价。基于此,确定性别、年龄、受教育程度3个控制变量,并对控制变量进行分组与赋值(见表4-22)。

表4-22　　　　　　　　　　　　　变量名称及赋值

变量类型	变量名称	变量赋值	均值	标准差
因变量	就业环境评价	数值型变量	3.67	0.754
自变量	行业类型	1＝农业;2＝工业;3＝现代服务业	2.59	0.509
	单位性质	1＝国家机关;2＝事业单位;3＝企业	2.69	0.616
	工作经验	1＝0～4年;2＝5～8年;3＝9年及以上	2.13	0.768
控制变量	性别	1＝男;2＝女	1.32	0.468
	年龄	数值型变量	33.74	5.949
	受教育程度	1＝中学及以下;2＝大专及本科;3＝研究生	1.88	0.566

二、回归结果分析

自变量中的行业类型、单位性质、工作经验及控制变量中的性别和受教育程度均属于分类变量,因变量——就业环境满意度以及控制变量——年龄为数值型变量,属于标度,经检验,未能通过二元 Logistic 回归检验,适用于最优标度回归,检验结果如下:

首先,对因变量和自变量进行最优标度回归,通过表4-23可以看出,构建的回归模型通过了方差检验,显著性值小于0.001,在该模型中至少存在一个自变量对河北省人才就业环境主观评价具有显著影响。且复 $R = 0.506$,$R^2 = 0.256$,调整后 $R^2 = 0.238$,符合实际调研情况。

表 4-23   方差分析

项目	平方和	自由度	均方	F	显著性
回归	65.257	6	10.876	14.216	0.000
残差	189.743	248	0.765		
总计	255.000	254			

注：复 R = 0.506，R^2 = 0.256，调整后 R^2 = 0.238。

从表 4-24 单因素模型回归结果来看，行业类型、单位性质和工作时间均对就业环境满意度具有显著的正向影响，其影响概率分别为 37.9%、21.0% 和 16.0%。其中行业类型越偏向于工业和现代服务业，科技人才对河北省就业环境的主观评价也就越好。企事业单位工作的科技人才对河北省就业环境的主观评价更高。同样，工作经验也是如此，工作经验越长的科技人才，对河北省就业环境的满意度也越高。

表 4-24   模型 1 回归结果

项目	β	标准误差的自助抽样（1000）估算			
行业类型	0.379***	0.059	2	40.819	0.000
单位性质	0.210***	0.059	2	12.856	0.000
工作经验	0.160***	0.054	2	8.917	0.000

注：***、**、* 分别表示在 1%、5% 和 10% 水平下显著。

在加入控制变量——性别、年龄和受教育程度后，构建的回归模型同样通过了方差检验，显著性水平小于 0.001，在该模型中至少存在一个自变量对因变量有显著影响。且复 R = 0.679；R^2 = 0.461；调整后 R^2 = 0.439，符合实际调研情况。

表 4-25   方差分析

	平方和	自由度	均方	F	显著性
回归	117.573	10	11.757	20.875	0.000
残差	137.427	244	0.563		
总计	255.000	254			

注：复 R = 0.679；R^2 = 0.461；调整后 R^2 = 0.439。

加入控制变量后，行业类型、单位性质和工作时间仍然是影响河北省科技人才就业环境满意度的关键因素，且回归系数、估算值及显著性均无明显变化（见表4-26）。工业与现代服务业两个行业对科技人才的需求量较大，科技人才在这两个行业当中更容易实现高质量就业，就业环境相对于农业来说较好。企事业单位的快速发展要求企事业单位为科技人才提供大量就业岗位，且企事业单位能够为科技人才提供更好、更有诱惑力的就业环境，吸引了大量科技人才进入企事业单位工作，因此企事业单位的科技人才对河北省就业环境的满意度更高。科技人才的工作经验越多、越容易就业，所处的就业环境也就越好，科技人才对其就业环境的满意度也就越高。再观控制变量，女性对河北省就业环境的满意度明显高于男性，但差异不大；就年龄这一变量而言，在未加入年龄的平方项前，年龄对就业环境满意度影响为正，在加入年龄的平方后，其平方项回归系数也为正，这进一步证明年龄与就业环境满意度的关系为 U 型关系。受教育程度方面，受教育程度越高，科技人才对河北省就业环境的满意度也就越高，这是因为河北省亟需受教育程度高的科技人才，自然为其提供的就业环境也非常好，因此，受教育程度高的科技人才往往比受教育程度低的科技人才对河北省就业环境的满意度更高。

表4-26　　　　　　　　　　多因素回归结果

变量	模型(1)		模型(2)	
	β	标准误差的自助抽样（1000）估算	β	标准误差的自助抽样（1000）估算
行业类型	0.108***	0.005	0.108***	0.005
单位性质	0.084***	0.005	0.084***	0.005
工作经验	0.066***	0.005	0.064***	0.005
性别	0.042***	0.006	0.042***	0.005
年龄	0.116***	0.007	0.030	0.058
年龄的平方			0.078	0.056
受教育程度	0.554***	0.006	0.558***	0.007

注：***、**、* 分别表示在1%、5%和10%水平下显著。

第九节　河北省科技人才对企业环境满意度的影响因素分析

一、变量名称及赋值

(1)因变量。采用河北省科技人才发展环境调查问卷中的"二、科技人才发展环境满意度评价"中的第19题"请您对目前所在企业生产环境进行评价",回答项分为"1=很不满意""2=不满意""3=一般""4=比较满意""5=非常满意"五个等级。根据研究需要,对因变量进行降维处理,属于数值型变量。

(2)自变量。自变量包括行业类型,即第10题"您目前所从事的行业是什么?",根据研究需要,将答案设置为"1=农业,2=工业,3=现代服务业";单位性质,即第11题"您的单位性质是什么?"本研究将答案设置为"1=国家机关,2=事业单位,3=企业";工作经验,也就是问卷当中的第13题"您参加工作的时间?",根据需要,本题回答项设置为"1=0~4年,2=5~8年,3=9年及以上",上述变量均属于分类变量。

(3)控制变量。考察河北省科技人才对企业生产环境满意度的影响因素,需要控制其他可能影响科技人才对企业生产环境满意度的因素。如前所述,性别、年龄、受教育程度等因素是影响科技人才对企业生产环境主观评价的重要变量。基于此,确定性别、年龄、受教育程度3个控制变量,并对控制变量进行分组与赋值(见表4-27)。

表4-27　　　　　　　　　　　　变量名称及赋值

变量类型	变量名称	变量赋值	均值	标准差
因变量	企业生产环境评价	数值型变量	3.73	0.705
自变量	行业类型	1=农业;2=工业;3=现代服务业	2.59	0.509
	单位性质	1=国家机关;2=事业单位;3=企业	2.69	0.616
	工作经验	1=0~4年;2=5~8年;3=9年及以上	2.13	0.768
控制变量	性别	1=男;2=女	1.32	0.468
	年龄	数值型变量	33.74	5.949
	受教育程度	1=中学及以下;2=大专及本科;3=研究生	1.88	0.566

二、回归结果分析

由于自变量——行业类型、单位性质、工作经验及控制变量——性别和受教育程度均属于分类变量，因变量——企业生产环境满意度以及控制变量——年龄为数值型变量，属于标度，经检验，未能通过二元 Logistic 回归检验，故采用最优标度回归，检验结果如下：

首先，对因变量和自变量进行最优标度回归，通过表 4-28 可以看出，构建的回归模型通过了方差检验，显著性值小于 0.001，在该模型中至少存在一个自变量对科技人才企业生产环境满意度有显著影响。且复 R = 0.505，R^2 = 0.255，调整后 R^2 = 0.237，符合实际调研情况。

表 4-28　　　　　　　　　　　方差分析

	平方和	自由度	均方	F	显著性
回归	65.036	6	10.839	14.151	0.000
残差	189.964	248	0.836		
总计	255.000	254			

注：复 R = 0.505，R^2 = 0.255，调整后 R^2 = 0.237。

从表 4-29 单因素模型的回归结果来看，行业类型、单位性质和工作经验均对企业生产环境满意度具有显著的积极影响，其影响概率分别为 40.7%、17.3% 和 16.4%。其中行业类型越偏向于工业和现代服务业，科技人才对河北省企业生产环境的满意度也就越好；在企事业单位工作的科技人才，对河北省企业生产环境的满意度更高；同样，工作经验也是如此，工作经验越长的科技人才，对河北省企业生产环境的满意度也就越高。

表 4-29　　　　　　　　　　　单因素回归结果

变量	β	标准误差的自助抽样(1000)估算			
行业类型	0.407***	0.053	2	58.767	0.000
单位性质	0.173***	0.054	2	10.039	0.000
工作经验	0.164***	0.055	2	9.020	0.000

注：***、**、* 分别表示在 1%、5% 和 10% 水平下显著。

在加入控制变量——性别、年龄和受教育程度后，构建的回归模型同样通过了方差检验，显著性水平小于 0.001，在该模型中至少存在一个自变量对因变量有显著影响。且复 $R = 0.736$；$R^2 = 0.541$；调整后 $R^2 = 0.523$，符合实际调研情况。

表 4-30   方差分析

项目	平方和	自由度	均方	F	显著性
回归	138.061	10	13.806	28.807	0.000
残差	116.939	244	0.479		
总计	255.000	254			

注：复 $R = 0.736$；$R^2 = 0.541$；调整后 $R^2 = 0.523$。

加入控制变量后，行业类型、单位性质和工作时间仍然是影响科技人才对企业生产环境满意度的关键因素，且回归系数、估算值及显著性均无明显变化（见表 4-31）。河北省是一个工业大省，加之目前处于产业转型期，第三产业发展迅速，企业生产环境相对于农业来说较好。多数科技人才选择在企事业单位工作。企事业单位的工作环境较好，人才需求量大，就业更容易，特别是企业的工作环境较事业单位更有优势。因此企事业单位的科技人才对河北省生产环境的主观评价更高。工作经验越多，科技人才对企业的生产环境也就更为熟悉，更能适应企业生产环境，对企业生产环境的满意度也就越高。再观控制变量，女性对河北省企业生产环境的主观评价明显高于男性；就年龄这一变量而言，其与科技人才对企业生产环境的满意度呈现倒 U 型关系。受教育程度越高，科技人才所处的企业生产环境也就越满意。

表 4-31   多因素回归结果

变量	模型（1）		模型（2）	
	β	标准误差的自助抽样（1000）估算	β	标准误差的自助抽样（1000）估算
行业类型	0.097***	0.004	0.097***	0.004
单位性质	0.008**	0.003	0.010**	0.004

续表

变量	模型(1)		模型(2)	
	β	标准误差的自助抽样 (1000)估算	β	标准误差的自助抽样 (1000)估算
工作经验	0.120***	0.005	0.126***	0.005
性别	0.096***	0.006	0.095***	0.006
年龄	0.119***	0.007	0.327***	0.029
年龄的平方			−0.208***	0.029
受教育程度	0.647***	0.006	0.644***	0.006

注：***、**、*分别表示在1%、5%和10%水平下显著。

从河北省科技人才发展环境满意度的回归结果来看，行业类型、单位性质、工作经验、性别、年龄和受教育程度均是影响科技人才发展环境满意度的重要因素。具体来讲，第一，本书通过建立二元 Logistic 回归模型，证实白领、工作经验较少者对河北省科技人才发展环境更满意，而在企业或其他单位工作的科技人才相较于在国家机关和事业单位工作的科技人才对河北省科技人才发展环境更为不满意。女性相较于男性更不满意河北省科技人才发展环境，但同时，年龄较小的和受教育程度低的科技人才对河北省科技人才发展环境更不满意。第二，通过建立最优标度回归模型发现，在工业和服务业工作、在企事业单位工作与工作经验较长的科技人才更满意河北省生活、就业以及企业生产环境，并且女性相较于男性更满意河北省生活、就业以及企业生产环境；越年长、受教育程度越高的科技人才，对河北省科技人才生活、就业以及企业生产环境越满意。

第五章　河北省科技人才集聚机制与影响因素分析

　　作为人力资源中的一种特殊的群体，科技人才因其丰富的知识积累、较高的知识水平以及具有主导科技的能力，已经成为知识经济时代的重要人力资源，对一个地区的经济发展起到了十分重要的作用，是实现一个地区经济社会发展水平全面提升的重要保障，是推动经济和社会发展的重要力量，也是国与国之间、地区与地区之间竞争的核心要素。随着京津冀一体化的进程，在不同经济发展水平的需求趋势共同影响下，如何平衡京津冀三地之间的科技人才发展问题成为亟待解决的重要问题，因此，本部分探究的主要问题在于：(1)京津冀地区的科技人才集聚水平变化趋势如何？(2)京津冀地区科技人才集聚的影响因素是什么？(3)北京、天津和河北三地的科技人才集聚模式是怎样的？这些问题的解决对京津冀地区的科技人才协同发展十分重要。

　　本章采用京津冀地区2000—2019年的面板数据，利用固定效应模型，分别从经济发展水平、教育与科技因素、宜居程度以及社会保障四个维度，分析了京津冀人才集聚的影响因素，并通过分省际的回归，总结出北京、天津以及河北三地的科技人才集聚模式。研究结果表明，人均GDP、平均工资水平、三产占GDP的比值和高等教育资源、医疗便捷度以及社会保障水平对科技人才集聚水平有显著的影响。北京地区的人才集聚模式为"经济-宜居主导型"，天津为"经济-社会保障主导型"，河北为"经济-教育-宜居主导型"。基于上述分析结果，从提升社会保障水平、改善环境质量以及搭建人才平台三个维度给出建议。

第一节 研究背景与文献回顾

一、研究背景

科技人才政策是指国家机关、政党及相关机构在一定时期内采取的涉及科技人才队伍培养、引进、使用和管理等活动的一系列法令、措施、办法、条例的总称，既包括专门针对科技人才的政策，也包括科技体制改革、高等教育等政策中涉及科技人才的政策。本书中的科技人才政策属于广义范畴的公共政策，纵向上涵盖了法律、法规、规章及规范性文件，内容上涉及科技人才的培养、引进、选拔、使用、评价、激励、流动等各个方面。2010 年 6 月，中共中央、国务院印发的《国家中长期科技人才发展规划（2010—2020）》对科技人才概念进行了明确，指具有一定的专业知识或专门技能，从事创造性科学技术活动，并对科学技术事业及经济社会发展作出贡献的劳动者。科技人才是人力资源中一种特殊群体，他们的知识积累最为丰富，知识水平和技术水平较高，作为科技创新主导力量的科技人才，是实现一个地区经济、社会发展水平全面提升的重要保障，是推动经济和社会发展的重要力量。

中国是世界人口大国，其人力资源的数量在世界上处于领先地位。近年来随着我国人均受教育水平的提升，人力资本水平的积累，科技人才在我国经济、社会的发展中发挥的作用越来越大。我国正逐渐成为科技人才聚集地，并且已经形成了科技人才集聚特点，在国家一系列政策的促进下，这种集聚现象已经表现出极为明显的科技人才集聚效应。集聚是各种经济要素，包括人力资本、自然资源、土地、技术和各种经济活动在空间上的集中过程，其集聚作用一旦形成以后，对社会的影响就会持续相当长的一段时间，并且会影响整个经济活动。

随着我国经济的不断发展和科技人才集聚规模的不断扩大，有必要对不断增加的科技人才集聚进行研究。河北省作为中国的人口大省，拥有较大规模的人力资源数量。但整体的人力资本水平偏低，尤其是高等学历人口比重偏低，使得河北省科技人才的比重较小。另一方面，河北省不仅是人口大省，同时也是人口净流出省份。2010—2018 年，河北省人口流动一直处于流出人口大于流入人口的状态，年均净流出人口规模在 170 万～220 万①，尤其是高素质人口流失严重。处于京津冀的重要经济带，河北省与北京和天津相比，在经济发展水平、教育资源分配以及产业结构布局等方面存在着较大的差距。根据不平衡增长理论，不同地方的经济增长不可能是同步的，而且不可能平等地出现在任何一个地方。一个地区的资源丰富、科技水平高、地理位置好，往往会形成"增长点"。而科技人才集聚是生产要素在一个区域内的最高级别和最大规模的集聚，是人力资本因为某种原因在空间上的流动。一般来说，科技人才集聚是一个长期的动态过程，一个区域的科技人才在利益、环境等因素的影响下会流向条件更好、环境更优越的地区，这就会使得一些地区因为其具有较为优越的条件而成为科技人才聚集地。科技人才集聚不仅可以更好地实现自身的内在价值，还会因为这种集聚而在客观上产生集聚效应，使得其集聚区域成为科技人才集聚密集地，并最终使自己在社会经济发展中占有领先优势，从而能够更好地促使本地经济发展，又会进一步地吸引科技人才流入本地，加速本区域的科技人才集聚速度和规模。

因此，河北省在科技人才集聚、吸引人才等方面存在着一定的劣势。随着京津冀协同发展的进一步提升，在不同发展水平及需求倾向的影响下，河北省如何吸引科技人才、留住科技人才，从而推动经济、社会的发展，成为当前急需解决的关键问题。解决好此问题，对促使河北省科技人才集聚和经济发展具有重要意义。

二、文献综述

目前学界对于科技人才集聚的研究主要集中在以下几个方面：

第一，从个人禀赋出发，探究个人禀赋如何影响科技人才的集聚。人才的集聚是人才自身理性选择的一个过程，因此个人禀赋和微观因素对科技人才集聚有重要的影响。人力资本首先作为研究的视角，进入到人们的视野中，认为往往拥有较高人力资本的人更加倾向于流动②。其中个人禀赋如性别、年龄、

① 芮雪琴，李亚男，牛冲槐. 科创人才聚集的区域演化对区域创新效率的影响[J]. 中国科技论坛，2015(12)：126-131.

② 〔英〕阿尔弗雷德·马歇尔. 经济学原理[M]. 朱志泰，译. 北京：商务印书馆，1987：25.

学历、政治面貌以及职业地位等因素也是影响科创人才流动与集聚的重要因素①。

第二，从经济、社会环境角度出发，探究宏观因素对科创人才集聚的影响。莱温斯坦的人口迁移理论认为，地区之间的工资收入差距、就业机会以及流动的成本是影响劳动力迁移流动的重要因素。托达罗模型在解释劳动力流动时认为城乡之间的收入差距以及对城市的收入预期是影响劳动力由农村向城市流动的重要因素。科创人才由于人力资本水平较高，更倾向于追求个体的工作价值以及职业成就，因而在成本-收益的驱动下，人才往往会选择向工资水平较高、就业机会丰富的地区进行集聚②。但如果某一地区的生态环境恶化、交通拥挤、人口增加以及教育资源紧张，则会对科创人才的吸引产生抑制作用。从实证分析角度来看，学者们主要从经济发展水平（如人均 GDP、工资水平等）③、社会保障水平④、城市绿化环境⑤、当地政府的人才政策措施⑥、交通便利程度以及基础设施建设等方面探究了科创人才的集聚机制⑦，并构建了不同的指标来测量科创人才的存量以及集聚水平⑧。

第三，从企业制度的角度出发，探究中观因素对科创人才集聚水平的影响。维托斯（S. Vertoves）等认为，对于一个企业而言，领导者的能力、企业的

---

①　王建军，周迪，程波华. 新疆科创人才外流影响因素研究［J］. 新疆财经大学学报，2014（1）：43-49.

②　张明妍，张丽. 科技社团中女性发展现状与对策研究［J］. 科学学研究，2016（9）：1404-1407.

③　高子平. 海外科创人才回流意愿的影响因素分析［J］. 科研管理，2012（8）：98-105.

④　王全纲，赵永乐. 全球高端人才流动和集聚的影响因素研究［J］. 科学管理研究，2017（1）：91-94.

⑤　刘瑞波. 科技人才社会生态环境评价体系研究［J］. 中国人口·资源与环境，2014（7）：133-139.

⑥　朱朴义，胡蓓. 科技人才工作不安全感对创新行为影响研究［J］. 科学学研究，2014（9）：1360-1368.

⑦　刘晖，李欣先. 专业技术人才空间集聚与京津冀协同发展［J］. 人口与发展，2018（6）：109-124.

⑧　刘忠艳. 长江经济带人才集聚水平测度及时空演变研究［J］. 科技进步与对策，2021（2）：56-64.

文化以及内部的晋升机制对吸引科创人才具有重要的作用①。在中国东部沿海由于企业为科创人才创造了良好的发展环境，因而其科创人才的集聚水平较高②。对科创人才而言，区域经济发展中的各项有利条件对人才集聚具有马太效应。这种有利发展条件包括良好的晋升空间、优良企业文化、较高福利水平、丰富的教育资源以及优越的工作条件③。

第四，从整体性的、长期性的战略视角出发，有学者认为全球的产业布局、人口之间的迁移流动以及不同国家之间的发展差异，是高科技人才集聚的关键因素④。新经济地理学假定，科创人才会根据区域之间经济水平的发展程度而选择流动和集聚。人才流入的增加，就会形成集聚现象，当集聚现象产生，就会形成一个或两个核心的区域，逐渐获得相应的发展资源，促进该区域的经济发展⑤。这就意味着人才集聚会改变一个地区人才发展环境，部分研究发现当科创人才集聚到一定的程度时，就会对周边的区域产生人才溢出效应，从而带动周边城市的发展⑥。

由上述分析可看出，已有关于科创人才集聚机制的研究为本书写作提供了充分的理论来源。但对城市群内部协同发展中，科创人才集聚机制的研究还不多见。人才集聚是一个长期的、动态的以及变化的过程，大范围的研究对解决某一地区的人才集聚问题的作用十分有限。因此本书以京津冀城市群为例，重点分析某一个特定地区的人才集聚机制以及协同发展的影响因素。

---

① S. Vertoves. Aggregation, Migration and Population Mechanics[J]. Nature, 1997(2): 415-421.

② B. Yigitcanlar. Making Space and Place for the Knowledge Economy: Knowledge-based Development of Australian Cities. European Planning Studies, 2010(18): 1769-1786.

③ K. Pizada. Do Natural Resources and Human Capital Matter to Regional Income Convergence? (A Case Study at Regencies/Municipalities of Kalimantan Area-Indonesia). Procedia-Social and Behavioral Sciences, 2015(211): 1112-1116.

④ 章志敏，薛琪薪. 人才"涓流"如何汇聚：区域人才集聚研究综述[J]. 管理现代化，2020(2): 93-96.

⑤ 徐倪妮，郭俊华. 科技人才流动的宏观影响因素研究[J]. 科学学研究，2019(3): 414-421.

⑥ 梁向东，魏逸妣. 产业结构升级对中国人口流动的影响[J]. 财经理论与实践，2017(5): 93-98.

第二节　科技人才集聚的理论机制

一、新经济地理学

新经济地理学又名空间经济学。由于世界经济全球化与区域一体化的发展，主流经济学理论在解释现有经济现象时遇到越来越多的问题。因此，以克鲁格曼为代表的西方经济学家又重新回归到经济地理学视角，以边际收益递增、不完全竞争与路径依赖为基础，拓展分析经济活动的空间集聚与全球化等经济现象，借此开创了"新经济地理学"。

新经济地理学假定世界经济中仅存在两个区域和部门——报酬不变的农业部门和报酬递增的制造业部门。在制造业的产品市场，人力资本会根据经济收入水平的高低在区域间流动，一个地区的制造业规模越大，支付的工资水平越高，就越会吸引更多的人才，人力资本流动到一定阶段就会形成两个或几个地区演变成一个"核心-周边"的集聚模式。在此模式下，核心区域通过不断获取资源要素形成城市群，同时当包括人力资本要素在内的生产要素集聚到一定阶段时会产生溢出效应，带动周边区域的发展，出现良性循环。

区域经济发展到一定程度会产生产业集聚现象，产生规模经济，进而提高经济效率，而人力资本会基于个体特征和区域特征进行比较、流动、集聚。因而区域层面的特征外在表现为区域吸引力或排斥力，直接影响集聚的结果。由于个体劳动力的选择具有唯一性，因而城市吸引人才的过程也是与其他地区竞争和博弈的过程，人才竞争中胜出的城市通常具有强吸引力或弱排斥力，或在二者之间达到平衡。根据新经济地理学的观点，随着区域经济发展中的产业集聚，信息交流、交通运输等交易成本会缩减，高技术及专业化的生产方式会向特定区域集中，由此出现人力资本的空间集聚，会吸引更多的高端人才，即产生马太效应。

空间集聚的初始水平、区域吸引力、区域排斥力是影响科技人才集聚的三大要素。初始水平即基期存量，通过知识外溢形成集聚效应。区域吸引力指吸引人才集聚的有利条件，如较好的经济收入水平、良好的城市基础设施建设、较好的交通通达度、较高的社会保障水平等。区域排斥力指科技人才集聚的不利条件，如高房价、交通拥堵、空气污染、教育基础等。

二、人力资本理论

人力资本理论最早起源于经济学研究。20 世纪 60 年代，美国经济学家舒尔茨和贝克尔创立人力资本理论，开辟了关于人类生产能力的崭新思路。该理论认为物质资本指物质产品上的资本，包括厂房、机器、设备、原材料、土地、货币和其他有价证券等；而人力资本则是体现在人身上的资本，即对生产者进行教育、职业培训等支出及其在接受教育时的机会成本等的总和，表现为蕴涵于人身上的各种生产知识、劳动与管理技能以及健康素质的存量总和。

舒尔茨对人力资本的最大贡献在于他第一次系统提出了人力资本理论，并冲破重重阻力使其成为经济学一门新的分支。舒尔茨还进一步研究了人力资本形成方式与途径，并对教育投资的收益率以及教育对经济增长的贡献做了定量研究。贝克尔弥补了舒尔茨只分析教育对经济增长的宏观作用的缺陷，系统进行了微观分析，研究了人力资本与个人收入分配的关系。贝克尔学术研究特点在于他把表面上与经济学无关的现象与经济学联系起来，并运用经济数学方法进行分析。爱德华·丹尼森对舒尔茨论证的教育对美国经济增长的贡献率做了修正，他将经济增长的余数分解为规模经济效应、资源配置和组织管理改善，知识应用上的延时效应以及资本和劳动力质量本身的提高等，从而论证了美国的经济增长中教育的贡献率要大于舒尔茨所讲的贡献率。雅各布·明赛尔首次将人力资本投资与收入分配联系起来，并给出了完整的人力资本收益模型，从而开创了人力资本研究的另一个分支，同时他还研究了在职培训对人力资本形成的贡献。

三、劳动力迁移理论

人力资本的空间集聚是劳动力迁移的结果。传统的劳动力迁移理论包括刘易斯的二元经济理论、拉尼斯-费景汉模型以及托达罗模型，都是根据工资收入的差距来解释劳动力迁移。在托达罗模型中，城乡预期收入的差距吸引了农村劳动力向城市转移，根据预期收入最大化目标，每一个潜在的乡城移民被假定为，只要当预期的城市收入大于其在农业部门就业的收入和迁移成本，他便会作出迁移决策，否则会继续停留在农村劳动力市场上。在某一给定地区，预期收入即收入乘以劳动力在城市获得工作的概率。可以认为：流入地区的收入水平、就业机会，流出省的收入水平、就业机会，以及跨省流动的成本，对农村劳动力的跨省流动决策产生影响。

把劳动力迁移理论和人力资本理论结合在一起并指出传统劳动力迁移理论中的迁移者选择问题的早期文献主要来自明瑟和贝克尔等人的研究。人力资本迁移模型提供了迁移的微观分析基础。关于迁移者的选择性问题，人力资本迁移理论提出了受过良好教育、有外出经验、有移民网络并与亲戚朋友有联系的劳动力更易发生迁移行为等一系列可检验的微观假设。人力资本包括劳动力的年龄、性别、婚姻状况、受教育程度及外出经验等。

由斯塔克与布鲁姆提出的新劳动力迁移理论，认为家庭是劳动力迁移决策的基本单位，而非独立的个体，家庭决策将风险最小化作为决策目标，且受到周围社会环境的影响。舒尔茨认为迁移活动本质上是一项投资或成本，可以带来某种收益。其中投资或成本包括迁移成本、情感上的损失、失去原工作造成的机会成本等；收益包括工资水平的提高、心理满意度的提高、社会生活环境的改善等。迁移者通过比较预期收益与成本作出决策。

科技人才作为一种具有较高知识水平的劳动力，在追求工作成就以及个体价值最大化等方面与普通的劳动力并无显著的差异。因此可以用劳动力迁移理论对其集聚的机制与原因进行解释。基于劳动力迁移理论，科技人才往往对迁入地和迁出地有了充分的了解和考虑之后，才会作出迁移决策。这一考虑通常包括：

第一，根据舒尔茨的成本-预期收益理论认为个人会比较迁移所带来的成本与预期收益，收益包括物质收益与精神收益。其中物质收益可以简单地通过收入水平来表征，而精神收益则比较广泛。有研究表明，城市基础设施建设及社会保障服务水平、科教文卫事业政策、就业环境均对知识密集型人才集聚有显著的影响。此外，人们也越来越重视城市的宜居环境及交通通达度。

第二，个人禀赋特征。诸如籍贯、性别、年龄、受教育程度、家庭环境、个人偏好等都会影响其迁移决策，从而影响其集聚的趋势和分布。

第三，科技人才在区域间流动、集聚是通过比较成本与预期收益以及基于个体因素作出的决策，其中预期收益与个体因素前文理论已作分析。成本可划分为物质成本、精神成本、机会成本，其中物质成本主要表现在购买房屋需求上；精神成本主要表现为生态环境恶化、交通堵塞、工作压力大等给人造成的精神压力。机会成本主要表现在因放弃原工作而失去可能获得的收益。

四、科技人才集聚的动机

科技人才功能的基础性和广泛性，使得科技人才分布在各个行业和社会的各个领域，因此，影响科技人才集聚的动机有很多。按照不同的标准，这些动机可以分为驱致性和引致性集聚动机。所谓引致性动机主要是外界因素对科技人才集聚的形成和发展的影响，也就是这种动机是指那些促使科技人才集聚的外界条件。包括：

(一)区域经济发展水平

按照经济学理论，资源配置往往会受到其价格水平的影响，当一个区域经济发展规模和实力不是很强大的时候，该地区的科技人才价格就会受到抑制，所以一个地区经济发展水平的程度和分布状况往往会反映该区域科技人才的数量、分布状况和集中程度。

(二)区域科技人才政策

政府人才政策尤其是科技人才政策是影响科技人才集聚的形成和发展的重要因素，而在这些因素中户籍和人事管理制度是影响科技人才集聚形成和发展的首要政策因素。没有合理有效的户籍和人事管理制度，科技人才就会因政策壁垒而无法实现正常流动，科技人才集聚也就因此而难以形成。因此，人才自由迁移政策，不仅会促使科技人才的自由流动，而且会使科技人才形成聚集。此外，与科技人才相关的各种政策也有利于科技人才的集聚。

(三)产业集聚度

产业集聚就是包括人才在内的各种生产要素在一定时间和空间上的聚集，所以产业集聚的形成和发展往往也会伴随着科技人才聚集的产生。同样，科技人才在区域中的集聚也会因为该地区拥有更多的人力资本、知识存量和相对较快的知识更新速度而能吸引更多的生产要素向该地区聚集，进一步促进区域产业集聚的提升，并最终会导致规模经济的产生，使区域企业能得到更好的发展。

驱动性动机包括个人价值观、个人关系网络、个体特征等。

五、理性选择理论

理性选择理论认为"理性"就是解释个人有目的的行动与其所可能达到的结果之间的联系的工具。一般认为，理性选择范式的基本理论假设包括：

（1）个人是自身最大利益的追求者。（2）在特定情境中有不同的行为策略可供选择。（3）人在理智上相信不同的选择会导致不同的结果。（4）人在主观上对不同的选择结果有不同的偏好排列。可简单概括为理性人目标最优化或效用最大化，即理性行动者趋向于采取最优策略，以最小代价取得最大收益。

韦伯认为，目的合理性与价值合理性行动才属于合理的社会行动。而"理性选择理论"所考察的个体行为其实主要对应于韦伯的"工具合理性行动"，尽管后来理性选择范式经过修正与扩充后也将"价值合理性行动"包含在内。同时，理性选择范式继承了古典经济学家亚当·斯密著作中的一个基本假设——"经济人"假设，即假定人在一切经济活动中的行为都是合乎理性的，即都是以利己为动机，力图以最小的经济代价去追逐和获得自身最大的经济利益。

科尔曼与费雷诺认为大部分从事行动层次研究的社会理论家都运用理性选择的方法。他们多数的理论都建立在行动者的行动是"合理"或"理解"的基础上。理性选择理论与这些理论的差别在于将最大化原则运用于所有问题上。此外，理性选择理论的主要目标不是理解一种特别的行动在行动者看来为何是合理的，而是展示对行动者而言是合理或理性的行动如何能结合起来产生社会后果。这些后果有时是行动者预期的，有时则是预料之外的；有时对社会而言是最优的，有时则否。正是最后一个方面彰显了理性选择理论与功能论的差别。功能论者预设社会系统层次的最优化、有效率或均衡，然后展示各种制度如何为社会的最优化作出贡献。

科技人才作为理性的人，在选择流入地时，会以最小的经济代价去追逐和获得自身最大的利益，即会尽可能追求较高的报酬以及个人价值的实现，但要花费最小成本。

六、人才集聚机制模型

结合理论及现状分析，认为科技人才在进行区域流动最终产生集聚的过程中主要受宏观和微观中因素的影响。宏观的因素包括流入地经济发展水平、工资水平、城市开放程度、城市宜居程度、社会保障状况等。微观的因素包括个人禀赋特征，如人力资本状况、个人价值观、流入地的社会关系网等。因此本书基于劳动力迁移理论，结合新经济地理学、理性选择等理论，提出了科技人才集聚的一般模型，如图5-1所示：

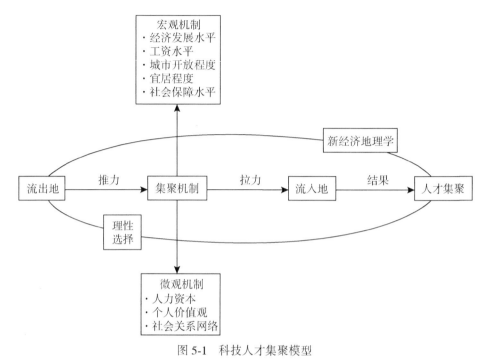

图 5-1　科技人才集聚模型

第三节　数据来源与变量设置

一、模型构建

本部分首先采用面板数据，通过回归模型分析京津冀科创人才集聚的影响因素。选取历年京津冀地区 R&D 人员全时当量、经济发展水平、教育与科技水平、医疗资源水平、生态环境水平以及社会保障水平等相关数据，分析哪些因素对科创人才的集聚具有正向的作用，哪些因素抑制了该地区的科创人才集聚。其次，在区域整体回归模型的基础上，进行省际回归，探究北京、天津和河北三个省市之间科创人才集聚机制及影响因素的异质性。最后，在分地区回归的基础上，总结出北京、天津以及河北三地的科创人才集聚模式。为减少异方差的影响以及保证数据的平稳性，本书对选取的相关变量作对数处理。计量模型设定如下：

$$\ln TSAE_{it} = \beta_0 + \beta_1 \ln ECO_{it} + \beta_2 \ln EDU_{it} + \beta_3 ENV_{it} + \beta_4 SOC_{it} + \mu_{it} + \varepsilon_{it}$$

其中，β 指的是回归系数，i 指的是不同的省份，$i = 1$，2，3，分别表示的是北京、天津、河北。t 表示年份，$t = 1$，2，3，…，20，指的是 2000—2019 年 20 年的时间。$TSAE$ 为科创人才集聚水平，ECO 为地区经济特征类变量，EDU 为地区教育科技特征类变量，ENV 为宜居特征类变量，SOC 为社会保障特征类变量。μ 和 ε 表示的是随机干扰项，在面板数据回归模型中，随机干扰项由两部分构成，其中 μ_{it} 表示的是由于个体差异而形成的随机干扰项，而 ε_{it} 表示的是个体对时间的变化而产生的随机干扰项。

（一）因变量说明

模型的因变量为"科创人才集聚水平"。对科创人才集聚水平的测量主要有以下几种方法：第一是用大专及以上学历的、从事专业资格的科技职业的人员进行测量[1]；第二是以"R&D 人员（研究与发展人员）"的绝对量进行测量[2]；第三是以"科创活动人员活动量"进行测量[3]。本书借鉴区位熵的概念，构建"科创人才集聚水平"指标[4]。此指标的计算公式如式（1）所示，其中，$TSAE_{it}$ 指的是 i 地区的科创人才集聚水平，TR_{it} 表示的是 i 地区在 t 时期内的科创人才数量，本书中的科创人才数量用 R&D 人员全时当量来表示。ER_{it} 表示的是 i 地区在 t 时期内的就业人员，TC_t 指的是全国的科创人才数量，即全国在 t 时期的 R&D 人员全时当量，EC_t 表示的是全国在 t 时期的就业人员。此指标反映了某一个区域的科创人才集聚水平，其数值越大说明该区域内的科创人才集聚水平越高。

$$TSAE_{it} = \frac{TR_{it} / ER_{it}}{TC_t / EC_t} \tag{1}$$

（二）自变量说明

地区经济发展水平包括地区人均 GDP、工资收入水平、三产产值占 GDP 的比重以及失业率。三产产值占 GDP 比重代表了一个地区产业结构高级化的

---

[1]　封铁英. 科技人才评价现状与评论方法的选择和创新[J]. 科研管理，2007（S1）：30-34.

[2]　许伟，张小平. 科技人才管理影响因素与促进机制研究[J]. 科技进步与对策，2015（2）：150-154.

[3]　沈春光，陈万明. 区域科技人才创新能力评价指标体系与方法研究[J]. 科学学与科学技术管理，2010（2）：196-199.

[4]　韩伟亚. 科技人才集聚环境竞争力实证研究[J]. 黄河科技学院学报，2014（4）：48-52.

程度，这对于创造高端就业岗位、吸引人才就业与发展具有重要的作用。平均工资水平越高，则越能够吸引人口的流入和人才的集聚。托达罗模型认为，一个地区的失业率是影响人口流入该地区的重要因素，随着当地失业率的升高，会对人才和人口的流入产生抑制效应。

教育与科技状况包括教育资源和科技经费投入力度。教育资源用"高等学校平均每10万人口在校学生数（人）"测量，科技经费投入力度用"R&D经费内部支出占地区生产总值的比重"测量，前者反映了该地区的高等教育水平和资源，高等教育水平越高，资源越丰富，就能够吸引更多的科创人才从事科研工作，也能够培育更多的本地科创人才。后者反映了一个地区对科技产业的经费投入力度和重视程度，一个地区对科技的重视程度越高，则越能够吸引更多的科创人才流入。

宜居程度包括医疗资源和环境因素。医疗资源用"每千人医疗床位"测量，环境因素用"人均公园绿地面积"测量。前者反映了一个地区的医疗资源状况。就医的便利程度与人们的生活满意度息息相关，代表了地区社会服务资源对于人才的吸引力度。近年来环境问题受到人们的重视，环境的好坏对生产和生活影响重大。一个地区的生态环境是吸引人才流入和居留的重要因素。因此本书选取了人均公园绿地面积来反映该地区的生态环境状况，并推测人均公园绿地面积越大，更能够吸引更多人才流入。

社会保障是劳动力再生产的保护器，是社会发展的稳定器，与人民群众生活密切相关。随着经济水平的发展，人们的生活水平有了显著提升，对社会保障也有了更高的要求。因此完善的社会保障制度与人民群众的幸福生活息息相关，更是一个地区吸引人口流入的重要因素。基于此，本书选择"人均社会保障财政支出"来反映该地区的社会保障水平，并假设社会保障水平的提升促进了当地科创人才的集聚水平。

二、数据来源

本书数据主要来自于2006—2020年《中国统计年鉴》《中国科技统计年鉴》以及各地区历年的统计年鉴。从地区经济发展水平、教育与科技状况、宜居程度以及社会保障等维度探究科创人才集聚的影响因素。

表 5-1 变量名称与变量说明

变量名称	变量编码	变量说明
因变量		
科创人才集聚水平	*TSAE*	本地科技人才与就业人员的比值占全国科技人员与就业人员比值的比重
经济发展水平		
人均 GDP	perGDP	地区人均 GDP(亿元)
平均工资	pwage	地区城镇职工平均工资(元)
二产比重	2ndpro	地区生产总值中第二产业占比(%)
三产比重	3rdpro	地区生产总值中第三产业占比(%)
失业率	unemp	地区城镇登记失业率(%)
教育与科技		
教育资源	Edu	地区高校平均每 10 万人口校学生数(人)
科技投入	R&D cost/GDP	R&D 经费支出占地区生产总值比重(%)
宜居程度		
医疗资源	med	地区每千人医疗床位(张)
环境状况	green	地区人均公园绿地面积(平方米)
社会保障		
社会保障水平	social	地区人均社会保障财政支出(元)

第四节 实证结果分析

一、指标检验

本书数据选取的时间为 2000—2019 年，截面为 3 个省份，即为一个长面板数据。因此在对此面板数据进行回归分析之前，为了避免伪回归的出现，要对数据进行单位根检验，以保证数据的平稳性。单位根检验常用的方法 LLC、IPS、Fisher-PP 以及 Fisher-DF 等。这几种检验方法的原假设 H_0 为该序列数据为非平稳的数据，如果 p-value>0.05，则接受原假设，即该序列存在单位根，是非平稳的；如果 p-value<0.05，则拒绝原假设，即该序列不存在单位根，是平稳的。本书采用 LLC、IPS 以及 Fisher-PP 三种检验方法对数据进行检验，检验结果如表 5-2 所示。

根据三种单位根检验的结果可以发现，2ndpro、Edu 和 R&D cost/GDP 的原始数据均是平稳的，而其他变量原始数据非平稳，在对这些数据进行一阶差分后，一阶差分后的数据没有单位根，即一阶差分数据是平稳的。

表 5-2　　　　　　　　　　平稳性检验结果

变量	LLC 检验		IPS 检验		Fisher-PP 检验	
	检验值	结论	检验值	结论	检验值	结论
TSAE	-4.4294^{***}	一阶平稳	-4.3051^{***}	一阶平稳	-5.7944^{***}	一阶平稳
lnperGDP	-3.2930^{***}	一阶平稳	-3.1292^{***}	一阶平稳	-3.6203^{***}	一阶平稳
lnpwage	-2.6746^{***}	一阶平稳	-2.5710^{***}	一阶平稳	-1.9232^{***}	一阶平稳
2ndpro	-2.0330^{**}	平稳	-3.4852^{***}	平稳	-2.1004^{**}	平稳
3rdpro	-1.4702^{**}	一阶平稳	-4.2826^{***}	一阶平稳	-6.9214^{***}	一阶平稳
unemp	-2.7954^{***}	一阶平稳	-3.6688^{***}	一阶平稳	-7.7682^{***}	一阶平稳
Edu	-3.1653^{***}	平稳	-1.4050^{**}	平稳	-6.8724^{***}	平稳
R&D cost/GDP	-2.0391^{***}	平稳	-5.6428^{***}	平稳	-24.3747^{***}	平稳
med	-2.8072^{***}	一阶平稳	-3.8786^{***}	一阶平稳	-12.7254^{***}	一阶平稳
green	-2.4920^{***}	一阶平稳	-2.4920^{***}	一阶平稳	-2.5832^{**}	一阶平稳
lnsocial	-1.6212^{**}	一阶平稳	-3.8269^{***}	一阶平稳	-6.6770^{***}	一阶平稳

注：＊表示 10%的水平显著，＊＊表示 5%的水平显著，＊＊＊表示 1%的水平显著。

二、模型选择

在对原始数据进行平稳性检验后，根据面板数据的特性，需要选择合适的回归模型。一般而言，面板数据有三种估计方法：混合回归、个体固定效应模型以及随机效应模型。关于如何选择三种模型，一般常用步骤如下：

首先，检验个体效应，即使用混合回归还是个体固定效应模型。其次，检验时间效应，即使用混合回归还是随机效应模型。最后，对模型进行 Hausman

检验，判断使用固定效应还是随机效应。检验结果表明固定效应模型相比较随机效应模型更加适用，因此本书将采用固定效应模型进行回归分析。Hausman的检验结果如表 5-3 所示：

表 5-3　　　　　　　　　　　　**Hausman 检验结果**

Factor	FE	RE	Difference
lnpGDP	3.2647	−1.6441	4.9088
lnsalary	−11.5259	−4.1686	−7.3573
2ndratio	3.8346	0.7383	3.0962
3rdratio	−1.0481	−1.0207	−0.0274
unemploy	−0.2161	−2.2194	2.0033
edu	0.0031	0.0026	0.0006
RDcostGDP	0.7890	−3.6893	4.4783
med	−0.4511	0.0724	−0.5235
green	0.0189	0.1825	−0.1636
lnsocial	6.7898	1.9867	4.8031
Chi2		55.7400	
P		0.0000	

三、京津冀地区科技人才集聚水平变化分析

表 5-4 展示了北京、天津以及河北三个省市 2000—2019 年科技人才集聚水平的变化趋势。从表 5-4 可以看出，京津冀地区的科技人才集聚水平呈现下降的趋势，由 2000 年的 2.6250 降至 2019 年的 1.3193。三个省份的科技人才集聚水平由高到低依次是北京、天津、河北。其中，2019 年北京的科技人才集聚水平为 3.9802，天津为 1.6649，河北为 0.4326，可见三个地区之间的科技人才集聚水平存在着较大的差距。从变化趋势来看，北京的科技人才集聚水平下降幅度较大，由 2000 年的 12.4657 降至 2019 年的 3.9802；天津的科技人才水平由 2000 年的 3.7309 降至 2019 年的 1.6649。此结果说明这两个地区的科技人才集聚水平有所下降，原因如下：一是随着京津两地科技人才的集聚，

出现了人才过度的现象，因此一部分科技人才选择外流。二是随着国家和地区对科技人才的重视，出台相关的支持政策，部分科技人才选择外流到其他地区，以便获得更好的发展。近年来各地陆续出台的"抢人大战"政策，就是一个典型的代表。三是随着京津冀一体化的进程，北京的非首都功能将会疏解到河北等地，其中一些科研机构和科研院校也在河北地区设立分支机构，一定程度上使得北京和天津地区的科技人才集聚水平下降。

河北地区的科技人才集聚水平变化趋势出现先降后升的特点。具体来看，2000—2012 年期间，河北省科技人才集聚水平由 0.6660 降至 0.4541，随后又升至 0.5 左右的水平。河北省科技人才集聚水平的提升，一方面承接了来自北京和天津的科技人才，另一方面也与近年来河北省出台的人才激励政策有一定的关系。

表 5-4　　**2000—2019 年京津冀地区科技创新人才集聚水平变化趋势**

年份	京津冀	北京	天津	河北
2000	2.6250	12.4657	3.7309	0.6660
2001	2.4779	11.5275	3.7237	0.6300
2002	2.6744	11.9784	3.7670	0.6780
2003	2.4901	10.5290	3.7977	0.6684
2004	2.8400	11.4320	3.6078	0.6380
2005	2.6987	10.6551	3.3714	0.6391
2006	2.4429	9.1371	3.2945	0.6046
2007	2.3078	8.6323	3.1696	0.5366
2008	2.0398	7.4296	2.8716	0.4763
2009	1.8177	6.3575	2.5433	0.4931
2010	1.6676	5.5961	2.4035	0.4804
2011	1.6676	5.3838	2.5805	0.4885
2012	1.5903	5.0243	2.6359	0.4541
2013	1.5248	4.6247	2.5768	0.4663
2014	1.5345	4.4167	2.6899	0.5001
2015	1.5613	4.2689	2.8565	0.5233

年份	京津冀	北京	天津	河北
2016	1.5264	4.1549	2.6473	0.5277
2017	1.4739	4.1658	2.2175	0.5179
2018	1.3150	3.8246	1.9650	0.4358
2019	1.3193	3.9802	1.6649	0.4326

四、京津冀地区科技人才集聚影响因素回归分析

由上述的描述性分析结果可知，2000—2019 年京津冀人才集聚水平有较为明显的变化。接下来，本书将进一步分析影响科技人才集聚水平的变化的因素。首先采用固定效应模型分析京津冀地区科技人才集聚水平的影响因素。根据表 5-5 模型 1 的回归结果显示：人均 GDP、平均工资水平、产业结构、高等教育资源、医疗便捷度以及社会保障水平 6 个因素通过了显著性检验，统计显著，说明这些因素是影响京津冀地区科技人才集聚的主要因素。从标准化系数来看，社会保障对京津冀科技人才集聚影响程度最大。

从经济因素对科技人才集聚水平的影响来看，地区经济发展水平越高，工资水平越高，则人才吸引力越大。根据劳动力迁移理论，流入地的高收入和高回报是影响人口流动的重要因素，在经济理性的驱动下，区域工资水平的提升将会吸引更多人才流入。因此京津冀地区工资水平的提升，是吸纳更多的科创人才向该区域内集聚的重要条件。产业结构方面来看，第三产业的发展有利于区域内科技人才集聚水平的提升。第三产业的发展代表了一个地区产业结构的高端化趋势和服务业发展能力。第三产业尤其是生产性服务业的发展不仅促进了区域内高科技产业的发展，同时也带动了其他服务业的发展，既留住了本区域的科技人才，同时也形成了对外地科技人才的吸引力。

从教育对人才集聚水平的影响因素来看，高等教育资源越丰富，越有利于科技人才集聚。高校不仅是培养科技人才的重要场所，同时也是吸引科技人才的重要平台，它通过培养和吸引两种途径，能够实现科技人才区域集聚。从医疗资源来看，医疗资源对科技人才集聚的影响程度大于教育资源，医疗的便捷程度是影响人们生活的满意度的重要因素，医疗条件的提升，不仅增加了人们的生活满意度，同时也有利于吸纳科技人才。从社会保障水平来看，社会保障

水平越高，则该区域的科技人才集聚水平就越高，随着区域内社会保障水平的提升，科技人才更倾向于向该区域集聚，从而提升了人才的集聚水平。

表 5-5　　　　　　　　　　科技人才集聚的影响因素回归结果

变量	京津冀(模型1)	北京(模型2)	天津(模型3)	河北(模型4)
lnpGDP	3.265***	5.898*	1.571***	0.253**
	(1.037)	(5.112)	(0.459)	(0.107)
lnsalary	1.526***	6.800	3.560***	0.530*
	(1.360)	(5.156)	(0.865)	(0.286)
ndratio	−1.048	−13.996	−0.297	1.337
	(3.152)	(43.916)	(6.214)	(0.371)
rdratio	1.835**	−1.050	−0.115	1.477*
	(1.501)	(57.381)	(0.476)	(0.653)
unemploy	−0.216	−0.072**	1.077	−0.166***
	(0.489)	(1.751)	(0.998)	(0.049)
edu	0.003***	0.002	0.001	0.001**
	(0.000)	(0.002)	(0.000)	(0.000)
R&D cost/GDP	0.789	0.020	0.400	0.095
	(1.445)	(61.638)	(2.562)	(0.081)
med	0.451***	0.311**	0.149	0.044**
	(0.130)	(0.383)	(0.314)	(0.015)
green	0.019	1.177*	0.158	0.013***
	(0.071)	(0.523)	(0.049)	(0.009)
lnsocial	6.790***	1.623	2.204**	0.248
	(0.816)	(1.619)	(0.921)	(0.225)
cons	37.977***	33.385**	6.531**	1.897**
	(3.259)	(57.779)	(4.510)	(1.407)
R^2	0.904	0.905	0.941	0.911

注：括号内为标准误。*表示10%的水平显著，**表示5%的水平显著，***表示1%的水平显著。

五、京津冀地区科技人才集聚模式空间差异分析

本书在对京津冀科技人才集聚影响因素回归分析的基础上，再对北京、天津和河北三个省市的科技人才集聚影响因素进行分省回归，以进一步探究京津冀内部分地区科技人才集聚的影响因素。分省回归的结果如表 5-5（模型 2、模型 3、模型 4）所示。通过模型 2、模型 3、模型 4 的回归结果可知，三个省市的模型估计结果的 R^2 均在 90% 以上，说明模型的拟合结果较好。可以以此为依据对京津冀区域内部各省市人才集聚模式进行总结。

（一）北京："经济-宜居主导型"

由表 5-5 模型 2 的回归结果可看出，对于北京而言，人均 GDP、失业率以及医疗条件对其区域人才集聚水平具有显著影响。随着 2000—2019 年人均 GDP 的提升，北京市的科技人才集聚水平也在提升；同时，随着失业率的降低，科技人才的集聚水平升高。经济发展水平提升，失业率的降低，促进了人才流入和集聚。除此之外，医疗条件较高，也是北京市人才集聚水平上升的主要原因。北京作为全国的政治文化中心，对人才具有很高的吸引力，这种高吸引力形成了科技人才的高集聚，从而带动了北京科技产业的发展和经济增长，科技人才的集聚效应愈发明显。随着科技人才的集聚以及人口的不断增长，导致北京市的各种城市病出现，如生活压力大、住房成本高、交通拥挤以及医疗资源紧张等问题。城市病的出现抑制了北京科技人才集聚。由此可看出，北京的城市病限制了其科技人才的集聚，如果要吸纳更多的科技人才，就需要改善当前的居住环境，创建宜居的城市环境，提升生活满意度。因此，北京的科技人才集聚模式可总结为"经济-宜居主导型"。

（二）天津："经济-社会保障主导型"

表 5-5 模型 3 的回归结果表明，人均 GDP、工资收入水平以及社会保障水平对天津的人才集聚水平有显著的影响。2000—2019 年天津市人均 GDP 和工资收入的增长，促进了天津地区科技人才集聚水平的提升。此外，人均社会保障支出对天津的科技人才集聚水平有显著的正向影响，且在 5% 水平上显著，说明社会保障水平的提升促进了该地区科技人才的集聚。和北京相比，天津市的宜居程度相对较高，人才的集聚仍有很大提升空间。天津的生活成本、交通状况以及医疗资源和北京相比，并没有过度紧张。在京津冀协同发展的背景下，天津接纳了部分从北京流出的科技人才，增强了地区科技人才集聚水平。

但和北京相比，天津市的社会保障水平偏低，2019年天津市的人均社会保障财政支出仅为北京的78.08%，仍与北京有较大的差距。因此天津要吸引人才流入，则需要提升社会保障水平。由此，可将天津的科技人才集聚模式总结为"经济-社会保障主导型"。

（三）河北："经济-教育-宜居主导型"

从表5-5模型4来看，人均GDP、工资收入水平、失业率、产业结构、高等教育资源以及生态环境对河北省的人才集聚有显著的影响，但人均GDP、工资水平等指标对河北省人才集聚的影响程度低于北京和天津。2000—2019年随着河北省人均GDP的提升、工资水平的提升、失业率的降低以及第三产业产值占比等经济因素的变动和高等教育资源的优化配置、生态环境的改善，河北省的科技人才集聚水平得到了显著提升。与北京和天津两地相比，河北省在教育资源方面仍存在着较大的提升空间。北京市拥有双一流高校（包括双一流学科）29所，天津为5所，河北仅为1所；截至2019年年底，河北省高等学校平均每10万人口在校学生数为1941.53人，仅为北京的69.51%，天津的56.22%。另一方面，河北省在城市基础设施、生态环境等方面与京津两地也存在着一定的差距。因此河北省既要不断发展高等教育，优化配置高教资源，还需要不断改善宜居环境，从而吸引更多的科技人才集聚。由此，可将河北省的人才集聚模式总结为"经济-教育-宜居主导型"。

随着京津冀协同发展的推进，区域内部的协调发展趋势日益增强，京津冀之间由于经济、地理或空间上的相邻关系，经济、科技、文化和人才的交流更频繁，相互影响更大，特别是科技人才集聚不仅受区域内部因素的影响，还可以通过区域溢出效应促进周边地区的发展。本书在理论分析的基础上针对京津冀协同发展下科技人才集聚影响因素提出了相关理论模型及实证模型，通过实证检验得出以下结论：

第一，通过京津冀地区的科技人才集聚水平的变化分析可以发现，2000—2019年京津冀地区的科技人才集聚水平总体呈现下降的趋势，其中北京下降了68.07%，天津下降了55.37%，河北呈现出先下降后上升的趋势。

第二，通过对京津冀地区科技人才集聚影响因素实证检验，人均GDP、平均工资、产业结构和高等教育资源、医疗资源以及社会保障对科技人才集聚水平有显著的正向影响。人均GDP、平均工资、第三产业产值占GDP比重的提升促进了区域科技人才的集聚，高等教育资源越丰富、就医越便捷、社会保障水平越高，则科技人才的集聚水平越高。

第三，通过对分省市科技人才集聚影响因素实证检验，对京津冀区域内部不同地区的科技人才集聚模型进行了划分。北京的科技人才集聚模式总结为"经济-宜居主导型"，天津的科技人才集聚模式为"经济-社会保障主导型"，河北的科技人才集聚模式为"经济-教育-宜居主导型"。

提出如下建议：

第一，提升社会保障水平，持续改善民生，补齐短板，可以增强京津冀科技人才集聚能力，提升京津冀作为我国经济增长极的领增能力。天津、河北社会保障水平明显低于北京，因此要不断完善京津冀社会保障协同发展机制，进而促进京津冀科技人才协同发展。在其他民生方面，如教育、医疗、交通、市政等公共服务资源的优化配置，能够解决科技人才的后顾之忧，推动科技人才自由流动，对内实现优化协调，对外增强吸引力，从而增强京津冀科技人才整体实力。

第二，改善宜居环境，提升城市形象，可以助推科技人才协同发展。恶劣的城市环境会限制人才的流动欲望，抑制科技人才的集聚。河北省作为环京津的生态保护屏障，有着生态宜居的天然优势。通过改善交通条件，加大环境治理力度，打造宜居城市，提升城市形象，能够有效地吸引科技人才流入。可以借鉴杭州宜居城市建设实现人才集聚的经验，以紧邻京津的保定市、廊坊市、秦皇岛市为试点，从京津冀协同发展规划中采用有利的措施予以支持，打造宜居城市、实现人才集聚。

第三，打造京津冀科技人才协同集聚新平台，提升京津冀整体形象，进而增强科技人才集聚能力。依托北京政治、历史、文化优势；依托天津制造业、服务业优势；依托河北省生态宜居优势，把京津冀打造成为生态宜居、人文气息浓厚、教育资源丰富、产业结构合理、就业岗位众多、科技人才有用武之地的世界级城市群。一方面加强宣传力度，另一方面出台各种人才政策，进行制度创新，积极营造良好的人才发展环境，吸引各层次优秀人才。不仅要作好"抢人大战"，更好作好"留人大战"。

第六章　河北省科技人才创业特征
与创业需求

通过上一章研究得出，科技创新是现代经济发展的重要影响因素，作为生产力重要组成部分的科技人才是推动社会进步的核心力量。科技人才创新创业具有一定规律性，创办企业总量和结构的变动，既受经济规律的影响，又受自然规律的影响，科技创新政策、人口政策、技术进步、产业升级、劳动生产率的提高都在一定程度上影响着科技人才创新创业模式。那么河北省具体情况如何？这些因素又是如何发挥作用的呢？本章主要从河北省科技人才创业进展包括总量以及行业、产业、空间分布的现状来展开研究，并通过实地调查，探寻河北省科技人才创新创业需求和面临的主要问题。

第一节　河北省科技人才创业现状与特征

一、创业现状

根据问卷调查数据可知，有 50% 的科技人才有过创业或者参与创业的经验，表明河北省高学历科技人才中一半都具有创业经验。根据图 6-1 可知，河北省具有创业经历的科技人才中创业经验不足，河北省科技人才首次创业的占 69%。表明河北省科技人才缺乏创业经验，在创业过程中会面临经验不足的困境，容易在创业中面临困难和问题。有两次及以上创业经历的科技人才占 31%，其创业难度可能会相对较小。

根据图 6-2 可知，河北省科技人才创业意愿不强且创业行为较少。根据调查问卷数据，19% 的调查对象认为河北省只有少数人具有创业意愿且积极创业，23% 的被调查对象认为河北省内有一定数量具有创业意愿且积极创业的人；超过一半的被调查对象认为河北省有一定数量具有创业意愿但缺乏行动的

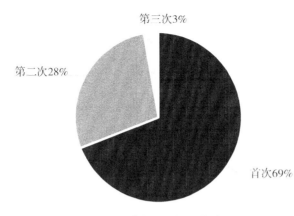

图 6-1　科技人才创业次数

人。这表明河北省科技人才认为有一定数量的人有创业意愿但未付诸行动，而既有创业意愿且积极创业的人较少。这表明河北省科技人才认为河北省的创业环境较差，自身的创业积极性不大。

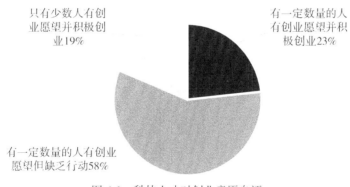

图 6-2　科技人才对创业意愿自评

根据表 6-1 可知，河北省科技人才进行创业时，主要是选择现代服务业以及高新技术产业，其中大部分企业创业类型为现代服务业。样本中创建现代服务企业的占 77.5%，高新技术企业占 20.6%，表明河北省目前创业类型停留在现代服务业，高新技术产业的创业占比较低，这可能受到河北省人才流失以及企业创新活力不大的影响，发展高新技术产业的人才基础不足，导致河北省高新技术产业创业比例较小，河北省高新技术产业发展速度较慢。

表 6-1   创办企业类型

创办企业类型	频数/人	百分比
现代服务业企业	623	77.5%
高新技术企业	166	20.6%
其他	15	1.9%
合计	804	100.0%

由图 6-3 可知，河北省科技人才创业企业所属技术领域主要是创意文化产业，河北省的文化产业不仅能带动河北省经济的发展，还可以更好地保护河北省的传统文化。在科技人才创办企业所属领域中占比最高的是创意文化产业，占 32%；其次是电子与信息产业，占 14%；新材料应用以及先进制造等高新技术产业占比较低，分别为 8% 和 11%；生物工程和新医药、环境保护以及新能源与高效节能企业占比最低，分别为 3%、4% 和 7%，河北省在环境保护以及资源节约领域的企业较少，表明河北省产业转型升级开始较晚，近几年才开始关注环境资源问题，开始着手资源节约和环境保护，使这类产业占比小。为了解决河北省的环境资源问题，提升河北省环境、旅游、宜居优势，需要鼓励科技人才在环保领域进行创新创业。

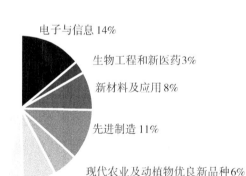

其他 15%   电子与信息 14%
生物工程和新医药 3%
新材料及应用 8%
先进制造 11%
创意文化产业 32%
现代农业及动植物优良新品种 6%
环境保护 4%   新能源与高效节能 7%

图 6-3 创办企业所属技术领域

由图 6-4 可以看出，河北省科技人才的创业动机主要是创造财富或者是拥有自己的公司。即创业原因主要是为了赚钱、拥有自己的公司、创业同伴鼓动、政策支持等，其中为了创造财富的人占 52.3%，超过一半的创业者是为了创造利润，而 39.3% 的人创业动机是拥有一家自己的公司，趁年轻闯荡一番，这一动机可以提高其社会地位。此外，还有一些创业者的动机是由于河北省有创业优惠政策及支持而选择创业（21.5%），3.7% 的人是由于找不到满意的工作而被迫创业。

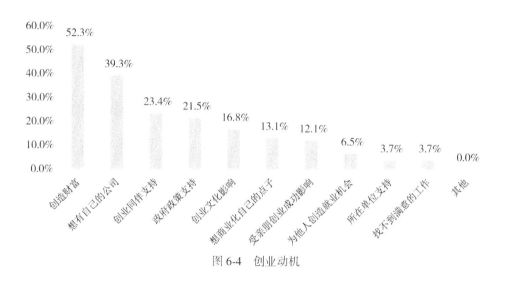

图 6-4　创业动机

根据图 6-5 可知，河北省人才政策对于创业的帮助略显不足，需要完善。根据问卷调查数据，其中 25.1% 的人认为河北省的人才激励政策不足，24.7% 的人认为人才保障政策不足。人才激励政策和人才保障政策直接影响着河北省的人才引进，若是人才引进困难，河北省的高端产业就难以发展，创业只能是低层次的。关于人才培养和人才使用政策分别有 22.7% 以及 22.4% 的科技人才认为需要继续完善，人才的培养和使用是一个直接的投入产出关系，河北省对人才进行培养，增加人才的人力资本存量，服务当地企业创新，使其能为河北省作出更大的贡献。

根据图 6-6 可以看出河北省每期接受创业服务情况，接受创业服务人数总体呈上升趋势，2016 年呈现波峰状态。本期接受创业服务人数可以从侧面反映河北省科技人才创业规模和创业意愿，接受创业服务的人数与河北省创办企业规模呈正相关关系，接受创业服务的人数规模越大意味着新创办企业的数量越多。河北省本期接受创业服务人数从 2014 年到 2018 年呈现先略微下降，再迅速上升，最后平稳的趋势，这与河北省新企业数量呈现同步上升趋势。

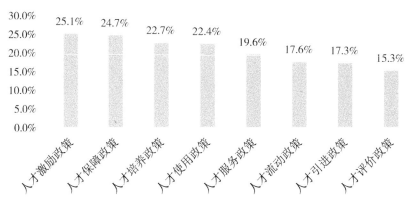

图 6-5　当地人才政策待完善情况

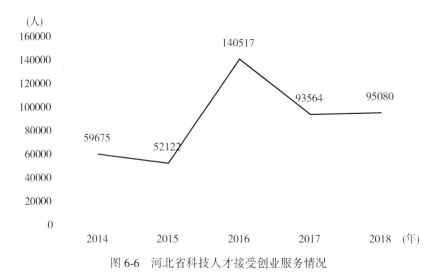

图 6-6　河北省科技人才接受创业服务情况

数据来源：《中国社会统计年鉴》。

二、创业人群差异

根据表 6-2 可以看出，从性别方面看，河北省自己创业或者参与创业的科技人才中男性占比高，是女性科技人才的 2.57 倍。可以看出创业意愿具有明显的性别偏好，男性科技人才相较女性更倾向于自主创业或者参与创业。

从年龄状况来看，河北省科技人才的年龄分布对其是否创业具有较大影响，年龄相对较小(35 岁以下)的科技人才，自主创业或参与创业的比重大，占 78%；而 35 岁以上的科技人才的创业行为减少，仅占 22%。

从河北省科技人才的学历来看，学历水平对创业行为的影响较大。全部创业者中高中及以下学历者进行创业的占比仅为 3%，学历层次越低创业行为发生的可能性越低。研究生学历的人才具有创业行为者占比也仅为 3%，研究生学历以上的人才的择业倾向比创业倾向更高。而大专及本科的科技人才具有创业行为的占比达到 94%，表明这一学历层次的科技人才具有更强的创业意愿且其创业意愿转变为创业行为的可能性更大。

从海外学习经历看，具有海外留学经历的科技人才创业行为发生的可能性较低，海外学习经历与创业行为发生的可能性呈负相关关系。没有海外学习经历的科技人才发生创业行为的可能性更高，具有创业或者是参与创业经历的人占全部创业者的比重为 87%，比具有海外留学经历的科技人才占比高 74 个百分点。表明海外学习经历与创业行为发生的可能性呈负相关关系。

从是否有海外工作经历来看，根据表 6-2 可知，是否有海外工作经历与创业行为呈负相关关系。具有海外工作经验的河北省科技人才自己创业或者参与创业的占全部创业者的比重为 12%，而没有海外工作经历的占比为 88%，表明海外工作经历对河北省科技人才创业行为发生的影响是负向的。

表 6-2   创业特征分析表

变量	变量属性	是否自己创业或参与创业?		总计
		是	否	
性别	男	72.0%	81.0%	76.5%
	女	28.0%	19.0%	23.5%
年龄	26~30 岁	34.0%	18.0%	26.0%
	31~35 岁	44.0%	35.0%	39.5%
	36~40 岁	8.0%	22.0%	15.0%
	41~45 岁	10.0%	24.0%	17.0%
	45 岁以上	4.0%	1.0%	2.5%

续表

变量	变量属性	是否自己创业或参与创业？		总计
		是	否	
受教育程度	高中(含中专)	3.0%		1.5%
	大专及本科	94.0%	76.0%	85.0%
	研究生	3.0%	24.0%	13.5%
是否有海外学习经历	有	13.0%	7.0%	10.0%
	没有	87.0%	93.0%	90.0%
是否有海外工作经历	有	12.0%	7.0%	9.5%
	没有	88.0%	93.0%	90.5%

第二节　河北省科技人才创业需求

根据图 6-7 可知，河北省科技人才创新创业需求主要有融资、税收以及创业相关服务方面。根据样本数据，有 47.7% 的科技人才认为目前创业需要的是财政经费支持，43% 的人有金融服务需求，39.3% 的人认为创业需求为税收优惠政策支持，说明河北省目前创业服务对创业的支持作用较小，仍有一大部分人需求创业支持。有 34.6% 的人认为创业中需要管理咨询服务与科技资源共享和研发服务，以便在创业时公司可以获得更好的发展，实现投入产出比最大化。此外，还有 29% 的人需要创业辅导，12.1% 的人具有引进创业人才的需求，这是由于河北省人才创业经验不足、人才规模小造成的。

从图 6-8 可知，对科技人才创业影响最大因素是管理能力和营销能力。样本中超过 3 成样本选择"管理能力"，表明对于大部分人来说，创建一家公司时，管理能力是最重要的。另外，营销能力样本的比例是 34.58%，一家企业或公司要想获取更高的利润，需要具备良好的营销能力，因而创业者如果具备管理能力和营销能力会使得创业行为更容易成功，这也是科技人才创业时最需要的两种能力。

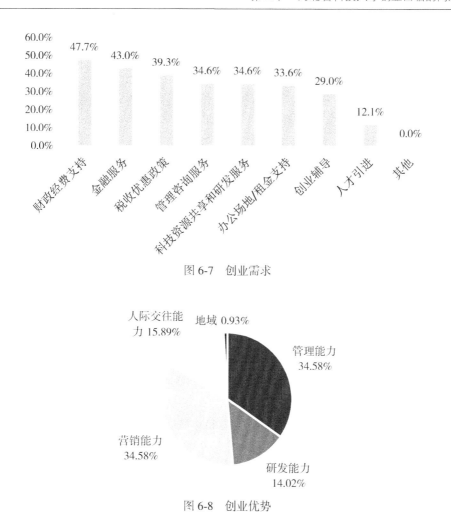

图 6-7 创业需求

图 6-8 创业优势

第三节 河北省科技人才创业面临的问题

根据图 6-9 可知，科技人才创业对市场环境、人才培养与引进环境、财政税收环境、产业(资源)环境、公共服务环境需求的占比明显较高，表明这五项指标对创业需求的影响较大。外部环境对河北省创业需求影响较大，满足河北省科技人才创业需求，应考虑河北省的人才培养与引进，扩大河北省人才规模与质量，促使河北省创业产业高端化。另外，河北省的公共服务环境、市场环境与财政税收环境都会对创业产生较大影响，要为创业者提供一个良好的创业环境，加大优惠政策力度，规范创业市场环境是激发科技人才创业的重要因素。

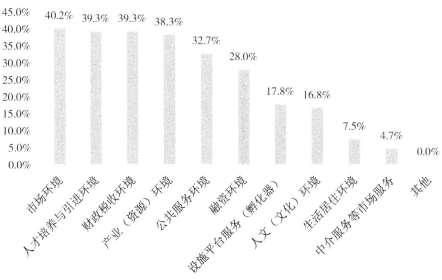

图 6-9　创业外部环境影响

　　根据图 6-10 可知，河北省科技人才创业主要面临资金缺乏、缺乏支撑业

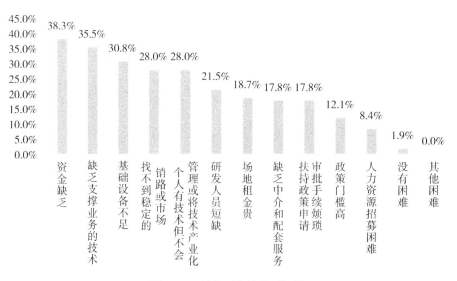

图 6-10　创业面临的主要问题

务的技术、基础设备不足、找不到稳定的销路或市场、个人有技术但不会管理或将技术产业化等困难。其中，有资金缺乏问题的创业者占样本量的 38.3%，近 4 成创业者在创业过程中会面临资金问题；有 35.5% 的创业者在创业过程中经历过缺乏支撑业务的技术这一困境，需要提高员工的技术水平；有三成的创业者面临着基础设备不足、找不到稳定的销路或个人有技术但不会管理或将技术产业化难的问题。表明河北省创业者需要资金、技术以及信息获取方面的支持，来帮助其创办的企业不断发展壮大。

第四节　河北省科技人才对创业政策满意度及影响因素

一、数据说明

该数据来源于 2020 年河北大学经济学院人口研究所对河北省科技人才进行的问卷调查，以河北省辖区内的科技人才为调查对象，涉及科技人才对河北省人才发展环境、人才政策以及科技人才创新创业等方面的评价，采用随机抽样、结合概率抽样方法确定调查样本。在回收的 1500 份有效问卷中，根据问题"是否自己创业或参与创业"筛选出具有创业经历的个案 804 个，并分析其对河北省创业政策的满意度及其影响因素。

二、样本群体的个体特征

表 6-3 是对问卷数据的个体特征变量进行的描述性统计，统计结果显示，有过创业经历的样本群体中男性占 70.1%，女性占 29.9%，男女比例约为7∶3。从年龄来看，样本群体主要分布在 30~39 岁，占比为 60.3%，该年龄群体积累了较为丰富的物质资本、人力资本和社会资本，同时又具有较为丰富的创业热情。从学历来看，绝大部分有创业经历的人具有大专及本科学历，该群体具有较为丰富的理论知识和丰富的阅历储备，此外，河北省研究生创业者较少，占样本群体的 23.9%，说明河北省缺少高精尖创业人才。从籍贯来看，河北省籍贯者占比为 87.8%，非河北省籍贯者占比为 12.2%，河北省对创业人才的吸引力较小。具有海外学历经历者占比为 13.2%，具有海外工作经历者占比为 12.2%，这可能是由于河北省海外人才较为缺乏所致。

表 6-3 样本数据个体特征描述性统计

变量名称	变量分类	样本数(个)	占比(%)
性别	男	564	70.1
	女	240	29.9
年龄	20~29 岁	120	14.9
	30~39 岁	485	60.3
	40~49 岁	127	15.8
	50 岁及以上	72	9
学历	高中(含中专)	263	32.7
	大专及本科	349	43.4
	研究生	192	23.9
籍贯	河北省	706	87.8
	非河北省	98	12.2
海外学习经历	有	106	13.2
	没有	698	86.8
海外工作经历	有	98	12.2
	没有	706	87.8

三、创业政策满意度的描述性统计分析

表 6-4 为科技人才对创业政策满意度的描述性分析。根据统计结果显示，样本量共 804 个，其中对创业政策满意的样本量有 623 个，占总样本量的 77.6%，科技人才对河北省创业政策满意度较高。从阻碍创业的主要因素来看，近一半的人认为阻碍创业的主要因素为缺乏商业管理技能与缺乏产业和市场知识，占比分别为 45.79% 和 46.73%，此外，近三成人认为没有创业项目、没有足够时间和精力、缺乏创办企业知识、不了解创业服务体系也是阻碍创业的主要因素。从外部环境来看，大多数人认为产业(资源)配套环境、人才培养与引进环境、财政税收环境和市场环境对创业影响较大，占比分别为 38.32%、39.25%、39.25% 和 40.19%。从创业融资渠道来看，大多数人选择个人资产抵押取得银行贷款，占比为 37.38%，选择合作方投资的次之，占比

为 33.64%，还有不到三成的人选择工行、建行等国有大银行直接贷款和河北银行等地方性中小银行直接贷款。从所在地税收政策来看，认为对创业期的企业税收优惠期太短、经营管理人员的个人所得税过高、增值税/营业税过高的人较多，占比分别为 42.99%、35.51%、34.58%。从对所在地社会保险政策的评价来看，55.14% 的认为社会保险费率比较合理，30.84% 的人认为社会保险费率过高，褒贬不一，此外，还有 48.6% 的人认为对创业期的企业缺乏社会保险费率的优惠政策。从所在地政府公共服务来看，过半的人认为发展较快，但需要进一步完善，占比为 52.34%；此外，还有较多人认为创业技术支持不够、创业培训不够、创业指导不够、公共服务机构的专业服务水平较低，占比分别为 38.32%、30.84%、27.1%、24.3%。

表 6-4　　　　　对创业政策满意度相关认知的描述性统计

变量名称	变量分类	样本数(个)	占比(%)
创业政策满意度	满意	623	77.6
	不满意	181	22.4
阻碍创业的主要因素	对知识产权保护担心	127	15.89
	没有创业项目	278	34.58
	没有足够的时间和精力	278	34.58
	不懂得如何融资	255	31.78
	缺乏商业管理技能	368	45.79
	缺乏创办企业知识	232	28.97
	缺乏产业和市场知识	375	46.73
	来自家庭保持稳定工作的压力	202	25.23
	没有人指导创业	232	28.97
	不了解创业服务体系	210	26.17
	害怕丢掉现有的福利和保障	157	19.63
	找不到合适的创业伙伴	157	19.63
	招不到合适的员工	60	7.48

续表

变量名称	变量分类	样本数(个)	占比(%)
外部环境	融资环境	225	28.04
	人才培养与引进环境	315	39.25
	公共服务环境	262	32.71
	设施平台服务(孵化器)	142	17.76
	财政税收环境	315	39.25
	市场环境	323	40.19
	产业(资源)配套环境	308	38.32
	人文(文化)环境	135	16.82
	生活居住环境	60	7.48
	中介服务和配套服务	37	4.67
创业融资渠道	工行、建行等国有大银行直接贷款	240	29.91
	河北银行等地方性中小银行直接贷款	232	28.97
	担保机构担保取得银行贷款	112	14.02
	个人资产抵押取得银行贷款	300	37.38
	创业投资机构资助或贷款	150	18.69
	商业性创业投资机构的投资	162	20.56
	合作方的投资	270	33.64
	私人借款	112	14.02
	小额贷款公司	30	3.74
	没有融资	112	14.02
所在地税收政策	税率比较合理	135	16.82
	对创业期的企业税收优惠期太短	345	42.99
	增值税/营业税过高	278	34.58
	企业所得税过高	217	27.10
	经营管理人员的个人所得税过高	285	35.51
	税务人员服务周到	225	28.04
	税务人员执行政策比较呆板	105	13.08

续表

变量名称	变量分类	样本数(个)	占比(%)
所在地社会保险政策	社会保险费率比较合理	443	55.14
	社会保险费率过高	247	30.84
	对创业期的企业缺乏社会保险费率的优惠政策	390	48.60
所在地政府公共服务	比较全面，可以满足创业基本需求	22	2.80
	发展较快，但需要进一步完善	420	52.34
	公共服务机构的专业服务水平较低	195	24.30
	公共服务机构办事效率较低	165	20.56
	创业指导不够	217	27.10
	创业技术支持不够	308	38.32
	创业培训不够	247	30.84
	创业信息服务不够	120	14.95
	公共实验设备提供不够	150	18.69
	法律咨询服务不够	75	9.35
	对创业者主动关心不够	67	8.41
样本量		804	100

四、创业政策满意度的群体差异性分析

如图 6-11 所示，与女性相比，男性对创业政策的满意度更高，在调查的男性样本中，对创业政策满意的占 80%，在调查的女性样本中，对创业政策满意的占 71.9%，创业政策满意度的性别差异较小。

如图 6-12 所示，在 20~29 岁的有创业经历的群体中，55.6% 的人对创业政策比较满意，在 30~39 岁的有创业经历的群体中，81.7% 的人对创业政策比较满意，在 40~49 岁的有创业经历的群体中，82.4% 的人对创业政策比较满意，在 50 岁及以上的有创业经历的群体中，100% 的人对创业政策比较满意。相比较而言，50 岁及以上的有创业经历的人对创业政策较为满意的比例

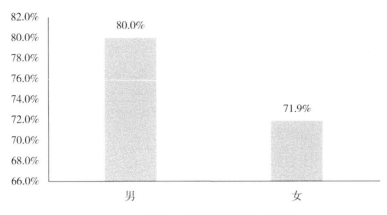

图 6-11 对创业政策满意度的性别差异

最高。该年龄段人群积累了丰富的社会资本，具有强大的社会支持网络，因此具有较高的获取政策的能力和丰富的获取渠道，受益越多，从而对创业政策的满意度越高。

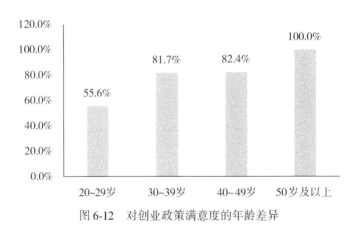

图 6-12 对创业政策满意度的年龄差异

如图 6-13 所示，高中(含中专)、大专及本科、研究生中对创业政策满意度所占比例相差不大，说明不同学历的群体对创业政策满意度的差异不大。高中(含中专)占比为 66.7%，研究生的比例为 75%，大专及本科的占比为 78%，比前两者略高。

如图 6-14 所示，在所有河北省籍贯的被调查群体中，对创业政策较为满意的占 76.6%，而非河北省籍贯的占比为 84.6%，比河北省籍贯的比例略高。

这可能是由于非河北省籍贯的外来创业者是受到河北省创业政策的吸引而迁入河北省，政策支持力度较强，受益较多，因而对创业政策的满意度较高。

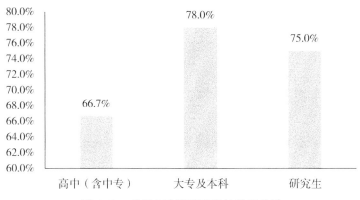

图 6-13　对创业政策满意度的学历差异

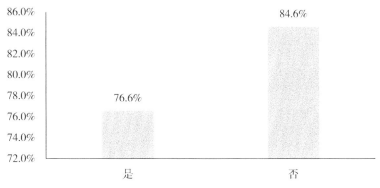

图 6-14　对创业政策满意度的籍贯差异

如图 6-15 所示，在所有具有海外学习/工作经历的群体中，对创业政策满意的占比为 85%左右，在所有没有海外学习/工作经历的群体中，对创业政策满意的占比为 76%左右。具有海外学习/工作经历的占比略高于不具有海外经历的群体。

五、河北省创业政策满意度影响因素的二元 Logistic 分析

（一）模型构建

本部分通过构建二元 Logistic 模型分析影响科技人才创业政策满意度的关

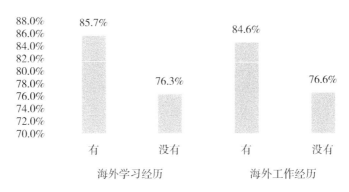

图 6-15 对创业政策满意度的海外学习/工作经历差异

键因素,"科技人才对创业政策是否满意"为本书被解释变量。根据问卷中的问题"您觉得政府的政策支持对创新创业的影响有多大?"来界定科技人才对创业政策的满意度。针对此问题设置了"很大""较大""一般""较小""很小"五个选项,根据二元 Logistic 模型分析的需要,将被解释变量转换为二分类变量,将"很大""较大"两个选项归类为对创业政策满意,赋值为 1;将"一般""较小"和"很小"三个选项归类为对创业政策不满意,赋值为 2。公式如下:

$$logit(p_i) = \ln\left(\frac{p_i}{1-p_i}\right) = \beta_0 - \sum_{i=1}^{n} \beta_i Z_i + \mu$$

其中,p_i 表示河北省科技人才对创业政策不满意的概率,$1-p_i$ 表示科技人才对创业政策满意的概率,β_0 为常数项,Z_i 表示影响创业政策满意度的因素,β_i 为回归系数。

(二) 变量选取

根据已有研究成果并结合调查问卷的实际,选取个人特征、家庭特征、企业特征三个方面共 9 个变量作为解释变量。个人特征包括来河北省的方式、从事行业和从事的职业;家庭特征包括亲属创业经历、家庭收入水平;企业特征包括创办(或参与)企业类型、企业司龄、企业发展阶段、萌生想法到启动创业时间;控制变量选取个人人口学特征,包括性别、年龄、受教育程度、海外学习经历和海外工作经历,具体赋值如表 6-5 所示。

表6-5   变量赋值说明

变量类型	变量名称	变量赋值	均值	标准差
被解释变量	创业政策满意度	1=满意；2=不满意	1.22	0.419
解释变量	来河北省的方式	1=公开招聘；2=人才引进	1.35	0.848
	从事行业	1=第二产业；2=第三产业	1.79	0.428
	从事的职业	1=白领；2=蓝领	1.25	0.625
	亲属创业经历	1=有；2=没有	1.53	0.501
	家庭收入水平	1=高水平；2=低水平	1.53	0.284
	创办(或参与)企业类型	1=现代服务业企业；2=高新技术企业	1.24	0.473
	企业司龄	1=3年及以下；2=4年及以上	1.33	0.871
	企业发展阶段	1=初创期；2=成长与扩张期	1.49	0.701
	萌生想法到启动创业时间	1=1年以内；2=2年以上	1.16	0.392
控制变量	性别	1=男；2=女	1.32	0.468
	年龄	连续变量	33.74	5.949
	受教育程度	1=高中及以下；2=专科及以上	1.17	0.405
	海外学习经历	1=是；2=否	1.91	0.287
	海外工作经历	1=是；2=否	1.92	0.275

(三)回归结果分析

运用Spss24.0软件对样本进行了二元Logistic回归分析，采用逐步回归法。在模型处理过程中，最后一步对所有可能对因变量有影响的自变量和控制变量引入模型进行检验(结果见模型3和模型4)。将自变量和控制变量逐步引入模型并进行Omnibus检验，结果显示，模型1、模型2、模型3和模型4的−2Log likelihood分别为9773.282、10711.524、9169.194和8957.013，均高度显著，表明模型的拟合效果良好，应拒绝回归系数均为0的假设。

从河北省创业政策满意度的二元Logistic回归结果来看，个人特征、家庭特征以及企业特征都对创业政策满意度产生了显著影响，且程度不一，具体分析如下：

（1）个人特征是影响科技人才对河北省创业政策满意度的重要因素，其中包括科技人才来河北省的方式、从事行业以及从事的职业。结果显示，科技人才来河北省的方式与河北省创业政策满意度呈负相关关系，且在三个模型中均通过了1%水平显著性检验，这表明在其他条件不变的情况下，通过公开招聘来河北省的科技人才，对河北省的创业政策不是很满意，通过政府人才引进方式来河北省科技人才对河北省创业政策更满意。科技人才从事的行业与创业政策满意度呈正相关关系，且在模型1和模型4中通过了1%水平显著性检验，说明在其他条件不变的情况下，从事第二产业的科技人才对河北省创业政策满意度较高，从事第三产业的科技人才对创业政策满意度较低。科技人才从事的职业与河北省创业政策满意度呈正相关关系，且在三个模型中都通过了1%水平显著性检验，说明在其他条件不变的情况下，白领阶层对河北省创业政策满意度更高，蓝领阶层对创业政策满意度较低。

（2）家庭特征也是影响科技人才对河北省创业政策满意度的重要因素之一。科技人才家庭特征包括他们亲属的创业经历和其家庭收入水平，二者均与河北省创业政策满意度呈正相关关系，且均在三个模型中通过了1%水平显著性检验。这表明在其他条件不变的情况下，亲属有过创业经历的科技人才更满意河北省创业政策，亲属没有创业经历的科技人才对河北省创业政策满意度较低。家庭收入水平越高，科技人才对河北省创业政策也就越满意。

（3）企业特征对科技人才对河北省创业政策满意度有重要影响。创办企业特征包括创办（或参与）企业类型、企业司龄、企业发展阶段和萌生想法到启动创业时间。其中，科技人才创办（或参与）企业类型与河北省创业政策满意度呈正相关关系，且在三个模型中通过1%水平显著性检验，表明在其他条件不变的情况下，创办（或参与）企业类型为现代服务业企业的科技人才更满意河北省创业政策，创办企业类型为高新技术企业的科技人才对河北省创业政策满意度较低。科技人才的企业司龄与河北省创业政策满意度呈负相关关系，且在三个模型中通过1%水平显著性检验，表明在其他条件不变的情况下，企业司龄越短，科技人才对河北省创业政策满意度也就越低，并且每当企业司龄提高一个档次，科技人才对河北省创业政策的满意度就提高47.7%。这可能是因为在当前河北省科技人才创业政策环境下，司龄越短的企业并不好生存，司龄长的企业相对来说都发展得较为成功，获得的政策支持更多。这一结果暗示政府通过对司龄较短的企业提供更好的扶持政策，能够提高科技人才对河北省创业政策的满意度。企业发展阶段在模型1中通过了10%水平的显著性检验，表明在其他条件不变的情况下，企业发展越好，科技人才对河北省创业政策满意度也就越高，并且企业发展阶段每提高一个档次，科技人才对河北省创业政策满意度就提高8.6%；科技人才萌生想法到启动创业时间对河北省创业政策满意度有一定影响，但不显著。

从控制变量来看，研究发现：性别、年龄、受教育程度、海外学习经历和海外工作经历都对河北省创业政策满意度产生显著的影响。

(1)科技人才性别对河北省创业政策满意度有显著影响。在其他条件不变的情况下，男性科技人才对河北省创业政策满意度更高，其对河北省创业政策的满意的发生比是女性科技人才的2.858倍。

(2)科技人才年龄对河北省创业政策满意度具有重要影响。就年龄而言，加入年龄二次项前，年龄估计系数显著为负，加入年龄二次项后，年龄估计系数显著为负，年龄二次项的估计系数显著为正，表明年龄与河北省创业政策满意度存在"U"型关系。随着年龄的增加，科技人才对河北省创业政策要求越来越高，年轻科技人才虽然压力大，但对河北省创业政策满意度仍然较为满意，到中年以后，科技人才对河北省创业政策满意度达到顶峰，进入老年以后，由于其经历增多，创业考虑得也相对更为周全，风险意识更强，其对河北省创业政策满意度也就随之下降。

(3)科技人才受教育程度对河北省创业政策满意度具有负向影响。在其他条件不变的情况下，受教育程度越高的科技人才对河北省创业政策满意度也就越低，相较于高中及以下学历者，专科及以上科技人才对河北省创业政策满意度要低82.4%。

(4)海外学习经历对河北省创业政策满意度具有正向影响。表明在其他条件不变的情况下，具有海外学习经历的科技人才对河北省创业政策满意度更高，其对创业政策满意的发生比是没有海外学习经历科技人才的4.968倍。

(5)海外工作经历对河北省创业政策满意度具有正向影响。表明在其他条件不变的情况下，具有海外工作经历的科技人才对河北省创业政策满意度更高，其对创业政策满意的发生比是没有海外工作经历科技人才的2.883倍。

表 6-6　　　　　　河北省创业政策满意度的二元 Logistic 回归结果

变量	模型 1		模型 2		模型 3		模型 4	
	回归系数	OR 值	回归系数	OR 值	回归系数	OR 值	回归系数	OR 值
来河北省的方式	−0.340***	0.712			−0.321***	0.725	−0.211***	0.810
从事行业	0.144***	1.154			0.100**	1.105	0.139***	1.149
从事的职业	0.196***	1.217			0.252***	1.287	0.349***	1.418
亲属创业经历	1.346***	3.841			1.705***	5.499	1.709***	5.524
家庭收入水平	0.434***	1.544			0.403***	1.496	0.486***	1.625
创办（或参与）企业类型	0.902***	2.465			1.077***	2.936	0.970***	2.639
企业司龄	−0.727***	0.483			−0.732***	0.481	−0.741***	0.477
企业发展阶段	0.083*	1.086			0.014	1.014	0.039	1.040
萌生想法到启动创业时间	0.052	1.054			0.108	1.114	0.048	1.049
性别			0.622***	1.863	1.028***	2.796	1.050***	2.858
年龄			−0.074***	0.928	0.010	1.010	−0.781***	0.458
年龄的平方							0.011***	1.011
受教育程度			0.223**	1.249	−0.193*	0.824	−0.111	0.895
海外学习经历			1.090***	2.974	1.297***	3.657	1.603***	4.968
海外工作经历			1.059***	2.883	0.797***	2.218	0.804***	2.235
常量	−4.274***	0.014	0.622***	0.016	−10.311***	0.000	2.147**	8.556

注：***、**、*分别表示在1%、5%和10%水平下显著。

（四）结论

本节主要利用调查的样本数据，运用二元 Logistic 回归模型实证分析了河北省科技人才创业政策满意度的影响因素。研究结果表明：科技人才的个人特征、家庭特征、企业特征对河北省科技人才创业政策满意度起着不可忽视的作用，但其作用效果并不相同。其中科技人才来河北省的方式和企业司龄对河北省科技人才创业政策满意度具有明显的负作用，而科技人才从事行业、从事职业、家庭特征、创办（或参与）企业类型、企业发展阶段和萌生想法到启动创业时间对河北省科技人才创业政策满意度具有明显的积极作用。因此，政府对通过公开招聘和人力资源机构介绍来冀的科技人才以及司龄较短的企业提供更好的扶持政策，能够提高科技人才对河北省创业政策的满意度。

研究结果还表明，科技人才性别、年龄、受教育程度、海外学习经历和海外工作经历均对河北省科技人才创业政策满意度有显著影响，这表明提高科技人才对河北省创业政策满意度不仅要提高科技人才受教育程度、海外学习和工作经历，还要尊重科技人才个体特征的差异性。

第五节　创业环境对创业行为的影响

鼓励科技人才自主创业是扩大就业的重要途径。创业不仅能为河北省劳动力创造就业机会，也是实现河北省产业转型升级的重要途径。创业意愿是科技人才对创业的一种潜在态度，即科技人才是否愿意进行创业活动的态度倾向。而科技人才是否有创业行为？创业行为是否频繁发生？科技人才创业行为是否会受到创业环境的影响？还需进行进一步分析。

尚云乔等（2018）认为创业行为是多种因素综合作用下产生的决策行为，它会受到创业环境、人物影响、个人背景等诸多外生环境因素影响[1]。刘新民等（2020）认为区域创业环境和创业教育在不同程度上影响着大学生创业行为的产生和发展[2]。许礼刚和徐美娟等（2020）基于江西省"众创空间"的现状，发现大学生创业行为在一定程度上取决于区域内是否具有较好的创业环境，区域"众创空间"的发展，会推动区域政策、经济、创业文化和教育环境等变化，最终影响大学生的创业行为[3]。汤雪芝等（2018）的研究结果表明，创业环境对创业行为具有明显的积极影响，主要表现为创业环境良好会激起科技人才的创业意愿，进而使科技人才做出创业行为[4]。本节通过构建二元 Logistic 模型实证考察创业环境对科技人才创业行为的影响。

① 尚云乔，姜京彤，康月. 大学生创业行为影响因素研究——以山东日照大学城为例[J]. 中国市场，2018(17)：177-181.

② 刘新民，范柳. 创业认知、创业教育对创业行为倾向的影响——基于 CSM 的实证研究[J]. 软科学，2020(9)：128-133.

③ 许礼刚，徐美娟，关景文. "众创空间"视域下区域创业环境对大学生创业行为的影响[J]. 实验技术与管理，2020(4)：32-38.

④ 汤雪芝，艾小娟. 创业环境对大学生创业行为的影响作用研究[J]. 未来与发展，2018(12)：94-100.

一、变量设置与描述

(一)变量设置与赋值

1. 因变量

确定创业行为为因变量,在"河北省科技人才发展环境调查问卷"中,选取"五、科技人才创业环境评价"中第 38 题"当前的企业是您第几次创业?",回答项设置为"1 = 首次创业,2 = 二次及以上创业"合并为具有创业行为,赋值为 1,对没有创业行为赋值为 0,属于分类变量。

2. 自变量

研究创业环境对创业行为的影响,结合以往文献和调查问卷,本书采用二元 Logistic 回归模型进行实证分析,主要从外部环境方面确定自变量。主要选取第 41 题"您家人和亲属中有人在您创业之前创业吗?"回答项合并为"1 = 有;2 = 没有",根据研究需要,将回答项设置为"1 = 有,2 = 没有";第 42 题"创业前,您的家庭收入属于哪个层次?",将回答项合并为"1 = 高水平;2 = 低水平";第 51 题"您对目前所在地的创新创业环境的总体评价如何?"回答项为"1 = 非常好,2 = 较好,3 = 一般,4 = 不是很好,5 = 很不好,6 = 不清楚",根据需要,将回答项合并为"1 = 满意;2 = 不满意";第 54 题"整体而言,您认为所在地的创新创业氛围怎么样?",回答项为"1 = 氛围很好,感染力强,2 = 氛围较好,3 = 氛围一般,4 = 没有创新创业的氛围",根据研究需要,将回答项合并为"1 = 氛围较好;2 = 创新创业氛围较差";选取第 56 题"您在创业中获取下列服务的难易程度如何?(请您逐一勾选 √)",并将此项问题分为 9 个变量,分别为"获取金融贷款服务难易程度""获取财政经费服务难易程度""获取税收优惠服务难易程度""获取办公场地租金支持难易程度""获取创业指导难易程度""获取管理咨询服务难易程度""获取科技资源共享和研发服务难易程度""获取人才引进服务难易程度""获取积极引进项目开展合作服务难易程度",其回答项设置为"1 = 不容易;2 = 容易";选取第 71 题"您对所在地社会保险政策有什么看法?",原回答项为"1 = 社会保险费率较为合理,2 = 社会保险费率过高,3 = 对创业期的企业缺乏社会保险费率的优惠政策,4 = 其他",由于该题为多选题,根据研究需要,将原有问题分为 3 个变量,一是"社会保险费率是否合理",回答项为"1 = 否;2 = 是";二是"社会保险费率过高",回答项为"1 = 否;2 = 是";三是"对创业期的企业缺乏社会保险费率的优惠政策",回答项为"1＝否；2＝是"；四是"其他"，回答项为"1＝否；2＝是"。上述自变量均为分类变量。

3. 控制变量

考察创业环境对科技人才创业行为的影响，需要控制其他因素对科技人才创业意愿的影响。除了上述自变量，即创业环境会对科技人才创业行为产生影响以外，如性别、年龄、受教育程度等也会对科技人才创业行为产生这样或那样的影响，基于此，确定性别、年龄、受教育程度3个控制变量，并对控制变量进行分组与赋值，其中年龄属于数值型变量，受教育程度设置为"1＝高中及以下，2＝专科及以上"，如表6-7所示。

(二)变量描述统计分析

考虑解释变量与被解释变量之间的交互关系，结果表明：(1)家庭收入水平与科技人才创业行为呈正相关，且在1%的水平上显著，这表明家庭收入越高，科技人才创业行为也就越频繁，多次创业科技人才中家庭收入高者的比例较首次创业科技人才中家庭收入高者的比例高19.8个百分点。(2)整体创新创业氛围与科技人才创业行为呈正相关，且在1%的水平上显著，说明整体创新创业氛围越差，科技人才多次创业可能性也就越大，多次创业的科技人才认为河北省整体创新创业氛围"好"的比例较认为河北省创新创业氛围较差的比例高57.5个百分点。(3)获取财政经费支持的难易程度与科技人才多次创业行为呈正相关，且在1%的水平上显著，表明越容易获取财政经费支持，科技人才多次创业行为也就越容易发生，多次创业的科技人才认为获取财政经费支持"容易"的比例较认为获取财政经费支持"不容易"的比例高45.5个百分点。(4)获取人才引进服务难易程度与科技人才多次创业行为呈正相关，且在1%的水平上显著，表明越容易获取人才引进服务，科技人才越倾向于多次创业，多次创业的科技人才认为获取人才引进服务"容易"的比例较认为获取人才引进服务"不容易"的比例高45.4个百分点。(5)创业期的企业社会保险费率的优惠政策与科技人才首次创业行为呈正相关，且在1%的水平上显著，首次创业的科技人才认为对创业期的企业缺乏社会保险费率的优惠政策的比例较认为对创业期的企业不缺乏社会保险费率优惠政策的比例低16.2个百分点。考虑控制变量与被解释变量之间的交互关系，结果显示：受教育程度与科技人才创业行为呈正相关，且在1%的水平上显著，表明受教育程度越高，科技人才越倾向于多次创业，多次创业的科技人才受教育程度在高中及以下的比例较学历为专科及以上的比例少 87.8 个百分点。

表 6-7　　　　　　　　　　　　　　变量设置赋值

变量类型	变量名称	变量赋值	均值	标准差
因变量	创业行为	1=未创业；1=创业	1.31	0.464
解释变量	亲属创业经历	1=有；2=没有	1.53	0.501
	家庭收入水平	1=高水平；2=低水平	1.43	0.284
	创业环境总体评价	1=满意；2=不满意	1.26	0.52
	整体创新创业氛围	1=氛围较好；2=创新创业氛围较差	1.27	0.487
	获取金融贷款服务难易程度	1=不容易；2=容易	1.62	0.639
	获取财政经费服务难易程度	1=不容易；2=容易	1.56	0.632
	获取税收优惠服务难易程度	1=不容易；2=容易	1.46	0.691
	获取办公场地租金支持难易程度	1=不容易；2=容易	1.40	0.751
	获取创业指导难易程度	1=不容易；2=容易	1.54	0.663
	获取管理咨询服务难易程度	1=不容易；2=容易	1.39	0.711
	获取科技资源共享和研发服务难易程度	1=不容易；2=容易	1.48	0.744
	获取人才引进服务难易程度	1=不容易；2=容易	1.52	0.649
	获取积极引进项目开展合作服务难易程度	1=不容易；2=容易	1.56	0.675
	社会保险费率较为合理	1=否；2=是	1.55	0.5
	社会保险费率过高	1=否；2=是	1.31	0.464
	对创业期的企业缺乏社会保险费率的优惠政策	1=否；2=是	1.49	0.502
控制变量	性别	1=男；2=女	1.32	0.468
	年龄	数值型变量	33.74	5.949
	受教育程度	1=高中及以下；2=专科及以上	1.77	0.405

表 6-8   创业环境与科技人才创业行为的关系

变量名称	变量分类	首次创业（%）	多次创业（%）	卡方值
亲属创业经历	1＝有	43.2	54.5	1.171**
	2＝没有	56.8	45.5	
家庭收入水平	1＝高水平	1.4	21.2	13.340**
	2＝低水平	98.6	78.8	
创业环境总体评价	1＝满意	77.0	78.8	1.017***
	2＝不满意	23.0	21.2	
整体创新创业氛围	1＝氛围较好	73.0	78.7	5.966***
	2＝氛围较差	27.0	21.3	
获取创业指导服务难易程度	2＝容易	64.9	12.1	3.200***
	1＝不容易	35.1	87.9	
获取管理咨询服务难易程度	2＝容易	64.9	60.6	0.261**
	1＝不容易	35.1	39.4	
获取金融贷款难易程度	2＝容易	51.4	69.7	4.157***
	1＝不容易	48.6	30.3	
获取财政经费支持的难易程度	2＝容易	51.4	66.7	6.117***
	1＝不容易	48.6	33.3	
获取税收优惠政策的难易程度	2＝容易	66.2	57.6	1.990***
	1＝不容易	33.8	42.4	
获取办公场地租金的难易程度	2＝容易	51.4	54.5	0.453***
	1＝不容易	48.6	45.5	
获取科技资源共享和研发服务难易程度	2＝容易	62.2	63.6	2.385***
	1＝不容易	37.8	26.4	
获取人才引进服务难易程度	2＝容易	55.4	72.7	13.862**
	1＝不容易	44.6	27.3	
获取积极引进项目开展合作服务难易程度	2＝容易	63.5	72.7	3.975***
	1＝不容易	36.5	27.3	

变量名称	变量分类	首次创业 （%）	多次创业 （%）	卡方值
社会保险费率较为合理	1＝否	41.9	51.5	0.854*
	2＝是	58.1	48.5	
社会保险费率过高	1＝否	71.6	63.6	0.682**
	2＝是	28.4	36.4	
对创业期的企业缺乏社会 保险费率的优惠政策	1＝否	58.1	36.4	4.320***
	2＝是	41.9	63.6	
性别	1＝男	70.3	69.7	0.004***
	2＝女	29.7	30.3	
年龄	1＝35 岁及以下	74.4	87.9	7.512***
	2＝36 岁及以上	25.6	12.1	
受教育程度	1＝高中及以下	1.4	6.1	5.841**
	2＝专科及以上	98.6	93.9	

注：***、**、* 分别表示在 1%、5% 和 10% 水平下显著。

二、科技人才创业影响因素的二元 Logistic 回归分析

运用 Spss24.0 软件对样本进行了二元 Logistic 模型处理，采用的非线性回归方法为逐步回归法。在模型处理过程中，最后一步对所有可能对因变量有影响的自变量和控制变量引入模型进行检验(结果见模型 3 和模型 4)，随后，将自变量和控制变量逐步引入重新拟合模型并进行 Omnibus 检验，结果显示，模型 1、模型 2、模型 3 和模型 4 的 −2Log likelihood 分别为 9922.701、13179.790、9489.460 和 8829.757，均高度显著，表明模型的拟合效果良好，应拒绝回归系数均为 0 的假设。

(一)外部环境对科技人才创业行为的影响

从表 6-9 的模型结果可知，在外部环境中，亲属创业经历、家庭收入水平、创业环境总体评价、整体创新创业氛围和除获取积极引进项目开展合作服

务难易程度以外的各项创业服务的获取难易程度等因素均对科技人才创业行为有显著影响，具体分析如下：

亲属创业经历对科技人才创业具有显著的负向影响，亲属创业经历在三个模型中都通过了显著性检验，表明在其他条件不变的情况下，亲属创业经历会增加科技人才多次创业的可能性。家庭收入水平对科技人才创业行为也具有显著的负向影响，且三个模型中都通过了显著性检验，表明在其他条件不变的情况下，家庭收入水平越高，科技人才多次创业的可能性越大。创业环境总体评价对科技人才创业行为具有显著的正向影响，在下面三个模型中都通过了显著性检验，表明在其他条件不变的情况下，创业环境总体评价越低，科技人才频繁创业可能性越大，且对创业环境总体评价每降低一个档次，科技人才多次创业的概率就会增大 3.043 倍。整体创新创业氛围对科技人才创业行为具有显著的负向影响，且在模型 3 和模型 4 中通过了显著性检验，表明在其他条件不变的情况下，整体创新创业氛围越差，科技人才的频繁创业可能性就越大，创新创业氛围每提高一个档次，科技人才频繁创业的概率就会降低 242.9%。获取创新创业服务的难易程度对科技人才创业具有正向影响，其中包括获取创业指导的难易程度在三个模型中均通过了显著性检验，表明在其他条件不变的情况下，获取创业指导越容易，科技人才多次创业可能性越大，获取创业指导的难度每高一个档次，科技人才多次创业的可能性就会增大 7.849 倍。获取管理咨询服务的难易程度在模型 1 和模型 4 中通过了显著性检验，表明在其他条件不变的情况下，获取管理咨询服务越容易，科技人才多次创业可能性越大，获取管理咨询服务的容易程度每高一个档次，科技人才多次创业的概率就会增大 1.386 倍。获取金融贷款服务的难易程度在三个模型中也通过了显著性检验，表明在其他条件不变的情况下，获取金融贷款越容易，科技人才多次创业可能性越大，且获取金融贷款服务的容易程度每高一个档次，科技人才创业行为频繁程度就增加 150.9%。获取财政经费支持的难易程度在三个模型中通过了显著性检验，表明在其他条件不变的情况下，越容易获取财政经费支持，科技人才创业行为也就越频繁，且获取财政经费支持的容易程度每高一个档次，科技人才创业行为频繁程度就高出 38.7%。获取税收优惠政策的难易程度在三个模型中通过了显著性检验，表明在其他条件不变的情况下，越容易获取税收优惠政策，科技人才创业的频繁程度也就越低，并且容易获取税收优惠政策的科技人才多次创业的概率比不容易获取税收优惠政策者低 43.7%，可见税收优惠政策能够增强科技人才创业的初次创业成功的概率，进而增强了创业的稳定性。获取办公场地租金的难易程度在三个模型中通过了显著性检验，表明在其他条件不变的情况下，越容易获取办公场地租金优惠，科技人才创业的多次创业的概率也就越低，并且容易获取办公场地租金优惠的科技人才多次创业的概率比不容易获取场地租金优惠者低 28.3%。获取科技资源共享和研发服务的难易程度对科技人才多次创业具有负向影响，表明在其他条件不变的情况下，越容易获取科技资源共享和研发服务，科技人才多次创业的概率也就越低，并且，容易获取科技资源共享和研发服务的科技人才多次创业概率比不容易获取科技资源共享和研发服务的低 60.5%。获取人才引进服务的难易程度对科技人才多次创业具有负向影响，表明在其他条件不变的情况下，越容易获得人才引进服务，科技人才多次创业的概率也就越低，初次创业成功概率越大。具体来看，容易获得人才引进服务的科技人才多次创业的概率比不容易获取人才引进服务者低 38.7%。

表 6-9　　　　创业环境对科技人才创业行为影响的模型估计结果

变量	模型 1		模型 2		模型 3		模型 4	
	系数	OR 值	系数	OR	系数	OR 值	系数	OR
亲属创业经历	−0.982 ***	0.374			−1.062 ***	0.346	−1.224 ***	0.294
家庭收入层次	−3.456 ***	0.032			−3.960 ***	0.019	−4.054 ***	0.017
创业环境评价	0.775 ***	0.172			−0.714 ***	0.042	−1.397 ***	0.043
创新创业氛围	−0.088	0.915			−0.671 ***	0.957	−1.232 ***	0.429
创业指导	1.749 ***	0.746			−2.121 ***	0.336	−2.180 ***	0.849
管理咨询服务	0.411 ***	0.509			−0.738 *	0.091	−0.603 ***	0.828
金融贷款	0.754 ***	2.125			0.920 ***	2.509	0.870 ***	2.386
财政经费支持	0.209 ***	1.233			0.114 ***	1.121	0.327 ***	1.387
税收优惠政策	−0.912 ***	0.402			−0.887 ***	0.412	−0.574 ***	0.563
办公场地租金	−0.458 ***	0.633			−0.475 ***	0.622	−0.333 ***	0.717
科技资源共享研发	−0.716 ***	0.488			−0.971 ***	0.379	−0.928 ***	0.395

变量	模型 1		模型 2		模型 3		模型 4	
	系数	OR 值	系数	OR	系数	OR 值	系数	OR
人才引进服务	−0.623 ***	0.536			−0.560 ***	0.571	−0.489 ***	0.613
积极引进项目合作	0.037 **	1.037			0.011 **	1.011	0.060 **	0.942
社保费率较为合理	−0.242 *	0.785			−0.318 **	0.728	−0.254 *	0.776
社保费率过高	0.679 ***	1.972			0.944 ***	2.569	1.243 ***	3.466
社保费率支持	0.551 ***	1.736			0.671 ***	1.957	0.272 ***	1.313
性别			0.017	1.017	−0.144 *	0.866	−0.386 ***	0.680
年龄			−0.013 **	0.988	0.077 ***	1.080	2.342 ***	10.407
年龄的平方							−0.032 ***	0.968
受教育程度			0.469 **	1.598	1.917 ***	6.797	2.088 ***	8.071
常量	3.640 ***		−1.358 **		−4.346 ***		−45.973 ***	

注：***、**、* 分别表示在1%、5%和10%水平下显著。

以上研究结论表明，若能获取直接的创新创业服务，如创业指导、管理咨询、金融贷款和财政经费支持等服务，科技人才更愿意多次创业，而若获取间接的创新创业服务，如税收优惠政策、办公场地租金、科技资源共享和研发及人才引进等服务，科技人才多次创业的概率会大大降低，或者这类科技人才初次创业较为成功，不需要进行第二次或者多次创业。同时，社保费率优惠也对科技人才多次创业具有负向影响。社保费率越是不合理，科技人才创业行为也就越频繁，并且认为社保费率合理的科技人才多次创业的概率比认为社保费率不合理的低22.4%。社保费率过高对科技人才多次创业具有正向影响，表明在其他条件不变的情况下，认为社保费率过高的科技人才，创业行为也就越频繁，并且，认为社保费率高的科技人才较认为社保费率低的科技人才多次创业的概率高246.6%。这说明社保费率过高增加了初创企业的运营成本，降低了创业成功的概率。认为初创企业缺乏社保费率的政策支持的科技人才创业更加频繁。具体来看，认为对初创企业缺乏社保费率政策支持的科技人才较认为对初创企业不缺乏社保费率的政策支持的科技人才多次创业的概率要高31.3%。

这一结论暗示在当前情形下，政府应该制定合理的、支持初创企业的社保费率政策，给予较低的社保费率支持，这样能更好地提升科技人才初次创业成功概率。获取积极引进项目开展合作的难易程度对科技人才多次创业具有正向影响。

(二) 控制变量对科技人才创业行为的影响

科技人才的性别对其创业行为有重要影响，且在模型 4 中通过了显著性检验，在其他条件不变的情况下，女性科技人才创业的次数更少，其多次创业的概率要比男性科技人才低 32%。科技人才年龄对其创业行为有正向影响，且在模型 3 和模型 4 中通过了显著性检验，研究发现，科技人才年龄与其创业行为呈倒"U"型关系，加入年龄的平方前，科技人才年龄与其创业行为之间的关系呈正相关，系数为 2.342，加入年龄的平方后，科技人才年龄对其创业行为仍有正向影响，系数仍为正。学历方面，受教育程度对科技人才创业行为具有正向影响，模型 4 通过了显著性检验，表明在其他条件不变的情况下，受教育程度越高的科技人才，其创业行为也就越频繁，并且受教育程度每提高一个档次，科技人才多次创业的概率就增加 707.1%。

三、结论与思考

本节基于调查数据运用二元 Logistic 模型检验了创业环境与科技人才创业行为之间的关系。研究结果表明，创业环境对科技人才创业行为发挥着不可忽视的作用，但其作用绩效不一，亲属创业经历、家庭收入水平、获取税收优惠政策的难易程度、获取办公场地租金的难易程度、获取科技资源共享和研发服务的难易程度、获取人才引进服务的难易程度对科技人才多次创业具有负向影响，即该类环境因素(亲属创业经历和家庭收入水平除外)会增强初次创业成功的概率。创业环境总体评价、整体创新创业氛围、获取创业指导的难易程度、获取管理咨询服务的难易程度、获取金融贷款的难易程度和获取财政经费支持的难易程度对科技人才多次创业具有正向影响。获取积极引进项目开展合作服务难易程度对科技人才创业行为有一定正向影响。表明该类环境因素可以为二次创业、多次创业者提供支持和帮扶，能够有效地促进其在初次创业失败或是不如意时，积极进行再次创业。今后发展中需要重点提高河北省整体创新创业氛围和对科技人才的创业服务水平，特别是提高创业指导、管理咨询服务、金融贷款以及财政经费支持等服务水平，努力改善科技人才创业环境。社保费率是否合理也对科技人才的创业行为具有显著影响。研究结果还表明，科技人才的性别、年龄及受教育程度均对其创业行为有显著影响，这表明促进科技人才创业应努力提高科技人才的受教育程度和技能水平，要尊重科技人才个体特征的差异性，支持女性创业。

第七章　河北省科技人才创业环境评价

由上一章的具体分析可以看出，科技人才创业在提升劳动生产率、增加就业、引导劳动力向高端产业转移等方面都具有积极的作用，然而科技人才在创业过程中却面临着诸多困难。为此针对科技人才创业环境作出具体分析是十分必要的。本章主要通过对宏观经济社会环境数据和微观调研数据的整理分析，对河北省科技人才创业环境进行综合评价，进而为河北省提升科技人才创业环境、健全创业支持体系、完善人才政策提供参考。

第一节　河北省科技人才创业环境分析

一、经济发展水平视角下的全省环境分析

从经济发展角度来看，2019年河北省地区生产总值为35104.52亿元，与北京、天津、山西、山东、辽宁、河南、安徽、江苏、浙江九个省市相比处于中等水平。河北省的R&D经费占本省地区生产总值的比重为1.2%，低于天津、山东、安徽、江苏和浙江，却高于北京、山西、河南、辽宁等省市。社会固定资产投资是考核河北省科技人才创业环境的重要因素，如图7-1所示，河北省社会固定资产投资额增长最快的是信息传输、软件和信息技术业，合计较去年增加了85.2%。在图7-1十个省市中，河北省的信息传输、软件和信息技术业固定投资增长最快，虽然制造业及交通运输、仓储和邮政业也相应有所增长，但除山东省制造业固定投资、辽宁省交通运输、仓储和邮政业固定投资下降幅度较大外，总体上各省份增长比基本相同。从此项数据来看，河北省科技人才创业环境正在改变，生产性服务业得到了快速发展。河北省科技人才创业环境正朝着更高端的产业方向发展，可以为河北省科技人才创业提供更好的产业平台和政策引导。

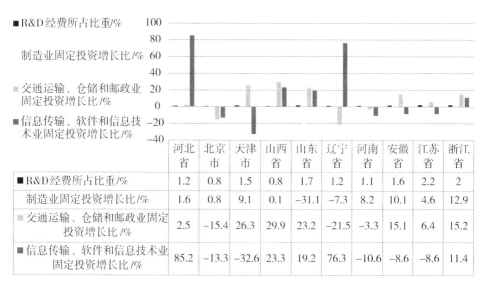

	河北省	北京市	天津市	山西省	山东省	辽宁省	河南省	安徽省	江苏省	浙江省
■R&D经费所占比重/%	1.2	0.8	1.5	0.8	1.7	1.2	1.1	1.6	2.2	2
制造业固定投资增长比/%	1.6	0.8	9.1	0.1	−31.1	−7.3	8.2	10.1	4.6	12.9
▨交通运输、仓储和邮政业固定投资增长比/%	2.5	−15.4	26.3	29.9	23.2	−21.5	−3.3	15.1	6.4	15.2
■信息传输、软件和信息技术业固定投资增长比/%	85.2	−13.3	−32.6	23.3	19.2	76.3	−10.6	−8.6	−8.6	11.4

图 7-1　2019 年河北省与其他主要省市资金环境比较

数据来源：2020 年《中国统计年鉴》。

　　2020 年，由于新冠肺炎疫情的影响，河北省各行各业开工时间均有延期，经济增长受到一定影响。根据 2020 年年末统计局测算，全省生产总值为36206.9 亿元，较 2019 年增长了 3.9%。其中，第一产业增加值 3880.1 亿元，增长 3.2%；第二产业增加值 13597.2 亿元，增长 4.8%；第三产业增加值18729.6 亿元，增长 3.3%。科学技术方面，2020 年河北省科学技术创新有所提升，基本上处于增长状态。全省省级以上企业技术中心、技术创新中心（工程技术研究中心）、重点实验室较 2019 年分别增长了 11.9%、39.8% 和40.7%。国家和省级高新技术产业项目较 2019 年增长了 4.2%，而在建国家重大专项和示范工程项目数量较 2019 年减少了 14.3%；专利申请授权量和有效发明专利数分别较 2019 年增长了 59.5% 和 18.3%。2020 年签订技术合同数继续增长，技术合同成交金额也比 2019 年增长了 46.0%。此外，河北省相关科技企业及实验室数量均有所增加，省级部门愈来愈重视科学技术发展。

　　从人才方面来看，2020 年河北省逐渐提高了对人才的重视程度，也更加注重对人才的基础教育和培养。全年研究生教育招生 2.53 万人，比上年增长25.5%；在学研究生 6.41 万人，增长 16.1%；研究生毕业生 1.59 万人，增长14.7%。普通高等学校 125 所，招生 52.62 万人，增长 5.3%；在校生 160.48 万

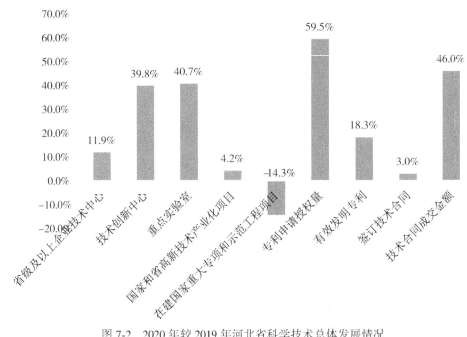

图 7-2　2020 年较 2019 年河北省科学技术总体发展情况

数据来源：2019—2020 年《河北省国民经济与社会发展统计公报》。

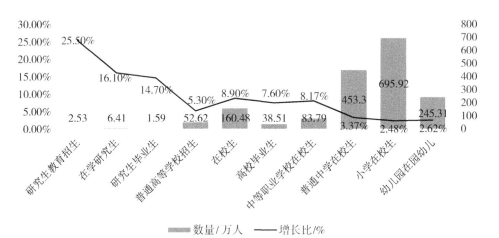

图 7-3　2020 年河北省各类学校在校生人数及增长情况

数据来源：2019—2020 年《河北省国民经济与社会发展统计公报》。

人，增长 8.9%；高校毕业生 38.51 万人，增长 7.6%。中等职业学校在校生 83.79 万人，普通中学在校生 453.30 万人，小学在校生 695.92 万人，幼儿园在园幼儿 245.31 万人。九年义务教育巩固率和高中阶段毛入学率与 2019 年保持一致，分别为 97.63% 和 94.14%。

二、经济发展水平视角下省内各市环境分析

从 2019 年河北省各市财政科学技术支出情况来看，石家庄市的财政科技支出额最高，达 11.84 亿元，雄安新区最低，仅有 0.06 亿元。从科学技术支出占财政支出总额的比重来看，衡水市对科学技术的投入水平最高，占比为 1.41%；唐山市第二，占比为 1.23%；石家庄市第三，占比为 1.20%；廊坊市位居第四，占比为 1.16%，均高于全省财政科技支出占财政支出总额的平均比重。雄安新区依旧排名最低，科学技术支出占财政支出总额的比重仅为 0.02%，仍需提高。

表 7-1　　　　　**2019 年河北省各市财政科学技术支出情况**

地区	财政科技支出额（亿元）	比上年增长（%）	占财政支出总额的比重（%）
全省	90.70	17.72	1.09
石家庄市	11.84	4.50	1.20
唐山市	9.82	10.28	1.23
秦皇岛市	3.10	1.33	0.98
邯郸市	6.65	25.32	0.95
邢台市	3.04	4.79	0.55
保定市	4.04	3.98	0.56
张家口市	2.33	-18.38	0.38
承德市	1.87	-26.55	0.44
沧州市	4.94	-14.27	0.72
廊坊市	7.43	32.63	1.16
衡水市	5.57	23.20	1.41
雄安新区	0.06	-42.63	0.02
定州市	1.58	403.79	2.20
辛集市	0.50	-8.17	0.74

数据来源：2019—2020 年《河北省国民经济与社会发展统计公报》。

从 2019 年河北省各地区研究与试验发展（R&D）经费情况来看，石家庄市的研究与试验发展经费最高，投入强度最大；其次是唐山市，R&D 经费总量排名第二，为 126.6 亿元，但是 R&D 经费投入强度却排名第四。辛集市 R&D 经费投入虽然较少，但其投入强度却超过了唐山市，证明相对而言辛集市更重视科技发展。另外，保定市、邯郸市 R&D 经费投入虽然相对低于石家庄、唐山两市，但投入强度均超过了全省 R&D 经费平均投入强度，表明了这些市对科学技术的重视程度还是相对较高，应该进一步加大投资支持力度，增大其在河北省的科技创新优势，进而带动其他各市科技创新的发展。

表 7-2　　　2019 年河北省各地区研究与试验发展（R&D）经费情况

地　　区	R&D 经费（亿元）	R&D 经费投入强度（%）
全　　省	566.7	1.61
石家庄市	149.8	2.78
唐山市	126.6	1.84
秦皇岛市	20.8	1.29
邯郸市	57.6	1.65
邢台市	19.4	0.91
保定市	61.3	1.90
张家口市	2.7	0.17
承德市	13.1	0.89
沧州市	41.0	1.14
廊坊市	46.2	1.45
衡水市	13.6	0.90
雄安新区	1.6	0.75
定州市	4.3	1.28
辛集市	8.9	2.13

数据来源：2019—2020 年《河北省国民经济与社会发展统计公报》。

第二节　河北省科技人才创业环境的主观评价

一、科技人才对河北省创业环境的总体评价

根据表 7-3 可以看出,调研的 1500 位科技人才中有 59 人对河北省的创业环境很不满意,占总人数的 3.9%,其次是比较不满意和一般态度的科技人才,分别占调研对象的 7.5% 和 23.1%。占比最高的是对河北省创业环境非常满意的科技人才,占总人数的 34.1%。整体来看,对河北省创业环境不满意的科技人才仅占十分之一,所以科技人才对河北省的创业环境是大体满意的。

表 7-3　　　　　　　　科技人才对河北省创业环境的总体感受

总体感知	人数	百分比/%
很不满意	59	3.9
比较不满意	112	7.5
一般	347	23.1
比较满意	471	31.4
非常满意	511	34.1

二、科技人才对河北省创业环境的多方面感受

为研究科技人才在其他方面对河北省创业环境的主观评价,本部分分别从生活环境、就业环境、企业生产环境三大方面进行总结描述。首先,从生活环境的角度来看(如表 7-4 所示),让被调研科技人才在住房价格、交通便捷、社会保障体系方面对河北省的生活环境作出评价,发现科技人才对河北省的生活环境方面持比较满意态度的占比最高,其次是一般态度,对河北省生活环境不满意的科技人才约占总数的 1/5。

表7-4　　　　　　　　河北省创业环境之生活环境主观评价

总体感受	住房价格/%	交通便捷/%	社会保障体系/%
很不满意	3.9	0.8	0.8
比较不满意	14.9	6.7	4.7
一般	29	32.5	30.2
比较满意	39.6	34.5	41.6
非常满意	12.5	25.5	22.7

从就业环境的角度来看，在被调研科技人才中，有32.9%的科技人才对河北省的政策扶持持比较满意的态度，满意者占比高达2/3。在金融扶持方面科技人才大多持一般和比较满意的态度，这说明金融扶持力度有待加强。在河北省创新创业氛围方面，有34.5%的科技人才持比较满意的态度，对创新创业氛围不满意的科技人才数量比对政策扶持和金融扶持不满意者略有增多，河北省在创新创业氛围方面还有很大的上升空间。

表7-5　　　　　　　　河北省创业环境之就业环境主观评价

总体感受	政策扶持/%	金融扶持/%	创新创业氛围/%
很不满意	1.2	0.8	1.6
比较不满意	8.2	9.4	9.8
一般	26.3	32.2	27.5
比较满意	32.9	36.1	34.5
非常满意	31.4	21.6	26.7

从企业生产环境的角度来看，超过半数的科技人才对河北省的薪酬福利持满意的态度，在剩余人数中有超过一半的人才持一般态度。在工作环境方面，有1/3的科技人才认为河北省的工作环境一般，40%对工作环境持比较满意的态度。在职业发展前景方面，大多数科技人才持比较满意和一般的态度。在这三方面中对薪酬福利不满的人最多，其次是工作环境，对职业发展前景不满意的科技人才最少。

表7-6 河北省创业环境之企业生产环境主观评价

总体感受	薪酬福利/%	工作环境/%	职业发展前景/%
很不满意	3.1	2.4	1.6
比较不满意	8.6	5.1	3.9
一般	26.7	31.0	30.6
比较满意	34.5	40.0	40.0
非常满意	27.1	21.6	23.9

第三节 河北省科技人才对创业环境满意度较低的原因

一、现行政策支持力度不够

在进行科技人才所在地市对其吸引力调查时，有71.4%的科技人才表示十分重视人才政策环境，这说明政策扶持是吸引科技人才的重要因素。但调查数据显示，有超过三分之一的科技人才对河北省科技政策扶持力度持一般及不满意的态度。这表明虽然河北省已出台多项科技产业计划、构建多个科研平台项目来加速科技人才创业的进程、优化科技人才创业环境，但是与科技人才发展所需的政策扶持力度还存在一定的差距，不能很好地满足科技人才的创业需求。有36.4%的科技人才认为当前政策存在不适合他们目前所面临的问题或者对某些科技创新企业或者员工不适用等问题。这说明河北省在提高政策扶持力度的同时，还应该因地制宜、因人制宜地制定灵活的政策，并提升政策的强度。

二、经济投入力度不足

经济条件对科技人才创业的制约作用显而易见，经济实力不足会引起科技人才的区域性流动，造成人才资源短缺，使得创业中难以招聘到人才。不发达国家的科技人才流向发达国家，经济不发达地区的人才流向经济发达地区，均显示出科技人才对经济投入的需求。经济支持所能够提供给科技人才创业的物质条件，会直接影响创业的进程。调查数据显示，在调查科技人才对财税优惠方面的满意度时，有 42.7% 的科技人才持一般及不满意的态度，有 42.4% 的科技人才对河北省的金融环境持一般及以下的态度。新形势下，科技发展需要坚实的经济支撑，科技人才作为国家人才资源的重要组成部分，需要有良好的经济环境作为保障。经济投入不足就容易造成人才流失，进而制约科技创新。

三、服务体验不佳

在调查科技人才对于创新创业环境的需求时，有 84.7% 的科技人才表示环境因素很重要，由此可以看出创新创业环境与氛围对于科技人才创新创业具有较大影响。河北省在大力促进科技的发展时，对科技人才创业过于重视管理，忽视了服务体验感的重要性。营造良好的服务氛围是吸引科技人才的重要动力。调查问卷显示，有 36.5% 的科技人才对河北省的政务服务持一般及以下的态度，有 39.6% 的科技人才认为河北省的金融服务一般，有 39.2% 的科技人才认为河北省的就业服务还有很大的上升空间。服务体验不佳会阻碍科技人才在河北省继续发展，创业意愿也会大打折扣，河北省在提高服务质量方面还有很大的空间。

四、法律保障力度不足

在法制建设不完善的社会环境中，人们往往缺乏法制观念，给科技人才的创新创业工作增加了困扰。在完善的社会法制环境中，用法律加强自我保护的意识能够使科技人才全身心地投入到科研项目中，并有效地保护自己的研发成果，这就为科技人才的创新创业成功提供了巨大的支持，保障其能够快速、顺利地进行创新创业活动。调查问卷数据显示，有 38.8% 的科技人才认为河北省的知识产权保护措施较弱，对于科技人才的人文关怀落实情况不够乐观，科技人才往往缺乏心理方面的安全感。没有安全感的科技人才，很难进入创造状态或最佳创造状态。如果有了坚实的安全感，知道自己的科学研究受国家重视，而且国家非常支持自己的创新创造，科技人才就会放心大胆地进入创造状态。思想意识上有法律观念，也会促使科技人才的科研行为更加自觉和自由。拥有充足的人文关怀，科技人才的创新创业愿望会变得更加强烈，创造心理也会变得更加舒畅，成功几率也会大大增加。河北省现行法律或制度体系中关于科技人才的知识产权保护欠佳，导致河北省的科技人才创新热情较低，创新创业工作发展速度较慢。

第八章　河北省科技人才政策与实施效果

科技人才政策是指国家、政党、相关机构等在一定时期出台的涉及科技人才的培养、引进、使用、管理等活动的系列法规、措施、条例、办法的总称。京津冀协同发展、产业转型升级、创新驱动背景下，河北省政府高度重视人才工作，制定了一系列的科技人才政策，取得了显著成效。但与北京、天津等发达省市相比，人才集聚效应还是差强人意。本章对河北省的科技人才政策进行了梳理和评估，并与其他省市的人才政策进行了比较。通过梳理、评估分析和比较，提出进一步完善人才培养、引进、使用和流动政策的措施。

第一节　河北省科技人才政策回顾与梳理

人才工作内容复杂、涉及面广，人才政策制定是否合理、执行程度是否到位，是决定人才政策成效的关键。在分析人才政策时，我们重点对主要人才政策进行分析，发现人才政策的体系中存在的主要问题。根据人才政策的几个功能模块将河北省人才政策划分为人才引进、人才使用、人才评价、人才激励、人才创新创业和人才保障六大类。作为河北省人才政策主要基调之一的《河北省中长期人才发展规划纲要（2010—2020）》指出"围绕河北省现代服务业和先进制造业的重点领域，培养和引进一批领军人才和创新团队"。到2020年，人才总量达到1247万人左右，其中党政人才稳定在35万人左右，国有企业经营管理人才达到9万人左右，非公企业经营管理人才达180万人左右，专业技术人才达223万人左右，技能人才达500万人左右，农村实用人才达到300万人左右。围绕《规划纲要》，各项政策逐步实施，共同推动着河北省科技人才的快速发展。

一、科技人才引进政策

(一)引进海外高层次人才政策

1. 引进对象

2017 年,河北省颁布的《"外专百人计划"实施办法》提出,围绕河北省重点发展的技术领域、专业学科以及战略支撑产业紧缺急需的创新创业人才作为重点引进对象。从 2010 年开始,每年引进 5 至 10 名,用 5 至 10 年时间支持和引进 100 名左右能够突破关键技术、带动新兴产业、发展高新技术的海外高层次人才。"外专百人计划"要求,应在海外高水平大学取得博士学位,年龄不超过 65 周岁,并必须是在国外著名高校、科研院所担任过相当于教授、研究员职务的专家学者;在国际知名企业和金融机构担任过中高级职务的专业技术人才和经营管理人才;拥有自主知识产权或掌握核心技术,具有国外自主创业经验,熟悉相关产业领域和国际规则的创业人才;河北省急需紧缺的其他高层次创新创业人才。2015 年引进海外高层级人才 17 人,2017 年引进 10 人。

2. 入选"百人计划"的海外高层次人才的待遇

河北省"外专百人计划"分为长期项目和短期项目。长期项目要求外国专家及团队引进后在省内连续工作 3 年以上,每年不少于 6 个月。短期项目要求外国专家及团队引进后在省内连续工作 2 年以上,每年不少于 2 个月。对引进海外高层次人才实行协议工资制,不受本单位工资总额和科研经费成本的限制。对作出突出贡献的海外高层次人才可实行期权、股权和企业年金等中长期激励措施,为其提供出入境、居留便利;提供社会保障;及时解决住房。引进的海外高层次人才,购买自用商品住房的,用人单位可给予一定的购房补贴;未购买自用商品住房的,用人单位须为其提供临时周转住房一套,或提供相应的租房补贴;妥善安置配偶及子女;搭建创新创业平台;为充分发挥人才作用创造条件。河北省每年安排专项资金用于"外专百人计划",按规定程序拨付到用人单位。对按计划引进的"外专百人计划"专家,长期项目给予每人不超过 100 万元的安家费,短期项目给予每人不超过 50 万元的安家费。根据工作需要,经用人单位向从事科研工作、特别是从事基础研究的外国专家给予科研经费补贴,其中长期项目不超过 100 万元,短期项目不超过 50 万元。

（二）引进高层次创新创业团队"巨人计划"政策

1. 引进对象

"巨人"是指在创新创业团队的主要支撑下，由团队核心领军人才组织管理、一大批技术管理人才集聚起来的高成长性科技型企业、高新技术企业或研发机构。2009 年河北省提出"高层次人才引进计划的意见"，2011 年"巨人计划"为高层人才提出具体实施措施。从 2010 年开始，用 5 至 10 年时间，支持和引进 100 名左右能够突破关键技术、带动新兴产业、发展高新技术的海外高层次人才。在税收、投融资、项目专项、安居和医疗等方面给予重点政策倾斜。"十二五"时期，培养引进 100 名左右创新创业领军人才，在领军人才的凝聚下打造 100 个左右创新创业团队（简称"巨人计划"）。2018 年，河北省启动了"巨人计划"第三批评选，有 50 家创新创业团队及其领军人才入选。随着 2012 年"巨人计划"开始实施并深入推进，目前已遴选出 150 家创新创业团队及其领军人才，他们在推动科技创新和产业发展上发挥着重要示范引领作用，为河北省转型升级、绿色崛起提供了有力支撑。

2. 享受待遇

财政税收支持措施。根据冀办发［2011］41 号《关于实施高层次创新创业人才开发"巨人计划"的意见》，对评为"巨人"的创新创业团队及其领军人才，省财政给予 200 万元创新创业支持资金，主要用于改善科研条件或开展研发活动，资助出国培训进修和参加国内外重要学术技术交流活动等。3 年内所得税形成的地方财政收入，根据情况给予一定比例的返还奖励。评为"巨人"的团队当年给予一次性支持资金 100 万元，其余 100 万元视今后年度考核情况，对如期完成目标任务的每次拨付一定数额的支持资金，各地同时配套相应的资金支持。年薪在 10 万元以上的，其个人所得税形成的地方财政收入，3 年内奖励给个人。领军人才享有充分的用人自主权和项目经费支配权，购置仪器设备、耗材试剂和开展学术交流活动等。财政资金、直接融资和银行货款给予优先支持。在项目立项审批、经费资助、成果转化方面给予重点支持，落实安居和医疗相关待遇。在项目落户地提供 100 平方米左右的周转房，财政给予 3 年周转房租金补贴；在环首都 14 县（区）范围内没有住房的，免费提供为期 3 年 100 平方米左右的周转房；其随迁配偶就业、随迁子女入学和定居落户等事项，由当地政府妥善安置。

(三)院士引进工作

1. 引进对象

引进驻冀工作两院院士。

2. 享受待遇

对引进的驻冀工作院士，省财政给予每人 1000 万元科研经费补贴和 200 万元安家费。海内外顶级高层次人才团队带技术、带成果、带项目来河北省创新创业和转化成果的，省财政给予 500 万元至 2000 万元支持资金。并出台《关于深化人才发展体制机制改革的实施意见》(冀发[2016]28 号)、《关于进一步做好院士智力引进工作的意见》(冀办字[2017]21 号)等一系列政策。

2020 年 9 月 11 日，河北省科技厅、省教育厅、省人社厅、省财政厅联合印发通知，鼓励承担省级以上科技计划(专项、基金等)项目的单位开发科研助理岗位吸纳高校毕业生就业。高等学校、科研院所、企业、社会组织等承担省级以上科技计划(专项、基金等)项目的单位，在所承担的各类省级以上科技计划(专项、基金等)项目中，要积极吸纳高校毕业生参与科研相关工作，拓宽大学生就业渠道。同时，要创新工作机制、加强统筹、主动作为、积极开发科研助理岗位。

二、科技人才培养政策

(一)河北省省管优秀专家政策

1. 选拔对象

省管优秀专家推荐对象具有明确的要求，热爱社会主义祖国，拥护党的基本路线，在政治上、思想上、行动上与党中央保持一致，有良好的职业道德和社会公德。专业技术上拔尖，在学术和技术界有较高声望，具有高级专业技术职称，年龄不超过 60 周岁。同时，还应是河北省自然科学、哲学社会科学、管理科学和工程技术方面的学科带头人，是全省高层次人才队伍中的拔尖人才。每 4 年选拔一次，4 年为一个管理服务期。省管优秀专家总量控制在 200 名左右，并视发展情况适当增加。2018 年，省管专家在推荐选拔上更突出爱国奉献要求，能够对接服务省委重大战略。着力从自然科学、工程技术等领域推荐选拔一批支撑创新驱动发展的战略科技人才，从各类企业实体中推荐选拔一批直接助力产业转型升级的科技领军人才，从现代农业、现代服务业等行业推荐选拔一批带领乡村振兴的科技服务实用型人才。

2. 享受待遇

中共河北省委河北省人民政府出台了《关于加强省管优秀专家队伍建设的意见》（冀发〔2006〕11 号），由省委、省政府颁发"河北省省管优秀专家"荣誉证书，并予以表彰，优先推荐人大代表、政协委员，并享受一定数额的津贴。

（二）"三三三人才工程"

"三三三人才工程"是河北省启动于 2003 年的人才培养项目：在全省培养30 名左右 45 岁以下、专业技术水平在国内领先，在全省保持学科优势的学术、技术带头人，为"工程"第一层次人选；培养 300 名左右 45 岁以下，在全省各学科、技术领域有较高学术、技术造诣，作出突出贡献或成绩显著的科技骨干，为"工程"第二层次人选；培养 3000 名左右 40 岁以下，具有发展潜能的优秀年轻人才，为"工程"第三层次人选。截至目前，河北省"三三三人才工程"计划仍在实施，2019 年河北省发布了《关于开展 2019 年度河北省"三三三人才工程"人选选拔工作的通知》（冀人社字〔2019〕158 号），深入实施人才强冀工程，共入选 244 人，加快实现河北省人才梯队建设。

1. 选拔对象

选拔对象主要面向全省国有企业、事业单位、非公有制组织以及中直驻冀单位中青年专业技术人员。"工程"瞄准国际、国内科技前沿，重点选拔能引领和支撑河北省重大科技、关键领域实现跨越式发展的高层次中青年专业技术人才。2019 年度河北省"三三三人才工程"人选选拔对象除上述要求外，主要是从事自然科学、哲学社会科学研究或从事技术开发、应用、推广的中青年专业技术人才。其中，获得国家有突出贡献的中青年专家、享受政府特贴专家、"百千万人才工程"国家级人选、省管优秀专家称号的不再参加"三三三人才工程"一、二层次选拔，获得省政府特殊津贴专家（含省有突出贡献的中青年专家）称号的，符合条件的可参加一层次人选的选拔。

2. 享受待遇

入选"国家百千万人才工程"人选以及"工程"一、二层次人选的，按照有关规定由省财政发放工作岗位补贴。管理期内的"工程"人选特别优秀者，在申报享受国务院政府特殊津贴专家、省政府特殊津贴专家时，可以不占其所在市、部门的申报控制数额。管理期满的"工程"人选，在申报享受国务院政府特殊津贴专家和省政府特殊津贴专家时，经本专业知名专家推荐，可不占当年申报控制数额。"工程"人选所在单位定期安排体检、组织学术休假等，对人选的配偶、子女随迁调动、就学等给予照顾。

(三) 河北省青年拔尖人才支持计划

1. 选拔对象

根据《河北省青年拔尖人才支持计划实施办法》(冀办字 [2013] 19 号) 的规定,河北省青年拔尖人才支持计划,重点支持年龄在 35 岁以下、具有较高学术造诣和专业水平、具有很好发展潜力和紧缺急需的青年拔尖人才。支持计划从 2013 年开始实施,每两年选拔一次,每次遴选 120 名左右 35 岁以下自然科学、哲学社会科学和文化艺术等重点学科领域的青年拔尖人才,给予重点培养支持。截至 2020 年,河北省青年拔尖人才支持计划仍在实施,累计入选青年拔尖人才计划人员达到 960 人。

2. 享受待遇

资金支持方面,由省财政拨付专项资助资金,自然科学领域每人每年 10 万元,哲学社会科学、文化艺术领域每人每年 3 万元。同时给予政策倾斜,在青年拔尖人才申报国家级重大工程建设项目或重大科技专项时给予全力支持,申报省级相关项目时给予政策倾斜。由用人单位提供良好的科研、生活条件,给予重要岗位进行锻炼培养。结对帮带,每名青年拔尖人才,确定 2 至 3 名同行业同领域的院士、省管优秀专家等省内知名专家定期对其进行专业指导,吸收其参与重大项目,强化对其进行创新规律和创新方法的培训,以促进青年拔尖人才快速成长。

(四) "英才计划"

"英才计划"即中学生科技创新后备人才培养计划,由中国科协、教育部于 2013 年在全国 15 个省市率先启动实施。"英才计划"目的是选拔一批品学兼优、学有余力的中学生走进大学,在自然科学基础学科领域的著名科学家指导下参加科学研究、学术研讨和科研实践,使中学生感受名师魅力,体验科研过程,激发科学兴趣,提高创新能力,树立科学志向。进而发现一批具有学科特长、创新潜质的优秀中学生,并以此促进中学教育与大学教育相衔接。建立高校与中学联合发现和培养青少年科技创新人才的有效模式,为青少年科技创新人才不断涌现和成长营造良好的社会氛围。2017 年河北省"英才计划"在石家庄启动,来自石家庄一中、石家庄二中和石家庄外国语学校等的 20 名中学生入选"英才计划"。中国科协办公厅、教育部办公厅公布《2021 年"英才计划"工作实施方案》,河北师范大学入选试点高校,学生培养周期为一年。培养周期结束后，学生可报名参加下一年度的培养，导师将给予优先考虑。对学生的培养原则为：兴趣导向与名师引领相结合。培养方式以导师培养、中学培养和科学实践与交流活动相结合。

三、科技人才激励政策

2014年6月，河北省人力资源和社会保障厅印发了《河北省高层次人才资助项目管理办法》(冀人社发[2012]7号)的通知。河北省高层次人才资助项目(以下简称项目)是指由河北省人力资源和社会保障厅(以下简称省人社厅)批准，或经由省人社厅上报批准设立的项目，主要包括"百千万人才工程"和省"三三三人才工程"人选、省"百人计划"人选、博士后和留学人员等高层次人才受资助在河北省开展科学研究、技术创新、产品研发、人才培养和企业培育等工作的项目。

在激励科技人才方面，2019年，河北省发布《关于开展2019年度河北省"三三三人才工程"人选选拔工作的通知》(冀人社字[2019]158号)就相关待遇规定：被确定为第一、二层次人选，列入省级人才培养对象，由"三三三人才工程"领导小组颁发证书，在四年培养期内由省财政为一层次人选每人每月发放300元，二层次每人每月发放200元工作津贴，免征个人所得税。"三三三人才工程"一层次人选通过评审，可以认定为河北省政府特殊津贴专家。二层次人选管理期内符合条件的优先推荐选拔省政府特殊津贴专家。"三三三人才工程"各层次人选优先选派出国培训。《关于加强省管优秀专家队伍建设的意见》(冀发[2006]11号)，规定每月享受一定的工作津贴；享受公务员医疗保险待遇；每年集中组织一次健康体检，每两年安排15天左右的健康休养；退休年龄可延长至65周岁；建立完善"两院"院士对省管优秀专家的学术指导、培养和科研项目合作机制；积极为省管优秀专家开展科研活动创造条件和提供资金支持；建立学术休假制度。每年享受15天学术休假。支持参加国际学术交流活动，到国外知名大学学习深造。

(一)河北省政府特殊津贴专家政策

河北省政府特殊津贴专家政策选拔的是在自然科学、哲学社会科学领域从事科研工作，在技术研究与开发中具备某种专业特长，在河北省经济社会发展重点领域、重点行业提供重要科学理论依据，产生良好的经济和社会效益，并符合一定条件的人才。评委会评审通过的人选经省政府批准后，以省政府名义颁发《河北省政府特殊津贴专家》证书，在职期间每人每月享受工作津贴200元以及医疗保险、专家休假疗养等其他待遇。河北省人力资源和社会保障厅于2021年3月17日出台《河北省人力资源和社会保障厅关于开展2021年度河北省政府特殊津贴专家选拔工作的通知》（冀人社字〔2021〕51号），提出2021年度省政府特殊津贴专家推荐人选的范围是河北省企事业单位（含中央驻冀单位、非公有制经济组织）从事科学研究、技术应用和综合管理工作并取得突出业绩、作出重要贡献的在职专业技术人员，且近5年取得突出业绩、成果和贡献，得到本地区、本系统、本行业专家认可，一般具有高级职称的专业技术人员。落实省委、省政府有关文件要求，2021年度河北省政府特殊津贴专家以业绩和贡献据实评审，选拔人数不超过100名。

（二）河北省省管优秀专家政策

为鼓励省管优秀专家多作贡献、多出成果，被列入多个管理服务期或在管理服务期内退休的省管优秀专家享受如下待遇：其一，连续列入多个管理服务期的省管优秀专家，每次列入均给予一次性奖励5000元。其中，连续列入4个以上管理服务期的，由省委、省政府颁发"资深省管优秀专家"金质奖章和荣誉证书。其二，在管理服务期内或期满考核时退休的省管优秀专家，在财政拨款事业单位工作的，在享受100%退休费的基础上再增加本人标准工资的15%，由各级政府人事部门会同财政部门办理；在自收自支事业单位工作的，由单位给予不低于20000元的一次性奖励，退休后不再提高基本养老金计发标准；在国有及其控股企业工作的，由企业为其建立企业年金，办理补充养老保险，并给予不低于15000元的一次性奖励，退休后不再提高基本养老金计发标准；在非公有制单位工作的，可以参照执行。各级政府劳动和社会保障、国有资产管理部门，要加强对企业省管优秀专家社会劳动保险情况监督检查，确保省管优秀专家有关待遇的落实。

省管优秀专家的工作津贴、体检休养以及列入多个管理服务期的一次性奖励等费用，由省财政列支。对从省外引进的省管优秀专家，各级组织、人事、教育等部门本着优先照顾的原则，为其解决夫妻两地分居、子女上学、就业等问题。

四、科技人才聘用政策

2016年河北省人力资源和社会保障厅、省财政厅印发《河北省优秀专家出国培训管理办法》(冀人社发〔2016〕16号),开展优秀专家出国培训工作。推荐范围包括全省各企事业单位(含非公有制单位和中央驻冀企事业单位)符合条件的专业技术人员。河北省优秀专家出国培训分短期、中期和长期三类。短期培训时间为3个月,每人资助6万元,主要针对技术和管理上的前沿课题。中期培训为6个月,每人资助8万元,主要针对应用性、技术性和开发性研究的重要课题。长期培训为12个月,每人资助12万元,主要针对理论性、基础性和前瞻性研究课题及重大技术课题。资助经费由省财政和工作单位按照3∶1的比例分担。支持参加国际学术交流活动,到国外知名大学学习深造。

五、科技人才考核政策

河北省对诸多科技人才均采取年度考评和期满考核的方式。首先,由被支持人制定支持期内个人科研发展规划,作为评价的基础依据,每年进行年度考评,并定期进行期满考核。评价的重点在于考察被支持人工作是否按进度进行,是否能够保证足够的研究时间;正在从事的课题方向是否具有原创性,是否真正瞄准国际前沿;从研究进展看是否具备处于国际前列的发展潜力等。同时注重实际成果的产出,根据科技人才的领域采取分类评价的方式,重点从科研诚信、创新成果、持续创新能力三个方面进行考核,评价指标有:国内外同行评价情况、观点的原创性及学术价值、学术论文水平、成果应用的前景、研究团队建设运行情况等。

在考核省管优秀专家方面,《关于加强省管优秀专家队伍建设的意见》(冀发〔2006〕11号)提出,应建立业绩考核制度。省管优秀专家在管理服务期内要制定专业技术工作目标和年度计划。管理服务期内的年度工作业绩考核由设区市和省直有关部门会同专家所在单位于每年第四季度进行年度考核报告报省委组织部。省委组织部对管理服务期满的省管优秀专家集中进行考核,根据成果和业绩情况,提出是否延续管理服务的意见并报省委人才工作协调小组审批。没有新业绩和新成果的,不再列入省管优秀专家管理服务序列,不再享受相关待遇。

大力引导专家开展咨询服务。以各级专家咨询服务组织为载体,通过技术咨询、技术服务、项目合作、成果转化、人才培训等多种形式组织省管优秀专家,深入开展经济建设和社会发展服务活动,积极探索有偿服务的有效途径和机制。认真贯彻落实《中央组织部、中央宣传部、中央统战部、人事部、科技

部、劳动保障部、解放军总政治部、中国科协关于进一步发挥离退休专业技术
人员作用的意见》中办发［2005］9号文件精神，重视发挥离退休省管优秀专家
的作用。实行党政领导干部联系专家制度。省和设区市领导干部都要联系一名
省管优秀专家，与他们交朋友，定期倾听他们的意见和建议。各级组织人事部
门要发挥"人才之家"作用，不断拓宽与省管优秀专家的联系渠道，改进服务
的方式方法，增强服务工作的针对性。

　　在对于"英才计划"的学生考核方面：对学生进行中期评价和年度评价。
首先，中期评价将在2021年7月底前，省级管理办公室、高校以学科为单位
组织学生进行中期汇报，解答学生问题，明确下半年培养目标，协调解决培养
中的问题。同时由导师团队结合学生日常培养情况对学生进行评价，不合格者
退出培养，由高校、省级管理办公室汇总后报全国管理办公室。其次，年度评
价在2021年11月，学生提交课题报告、培养报告（包括读书报告、文献综述、
实验记录、小论文等）、成长日志、导师评价等材料。全国管理办公室从科学
兴趣、学科基础知识、创新及科研潜质、综合能力、英语交流能力等方面对学
生进行全面考察，评选出年度优秀学生、合格学生和参加国际竞赛及交流活动
候选学生。评价为合格和优秀的学生授予培养证书，评价为不合格的学生不授
予培养证书。

六、科技人才保障政策

　　在科技人才保障方面，河北省出台了有关引进人才住房相关的保障政策。
允许高校、科研机构和大型骨干企业利用自有存量土地、自有资金自主建设人
才公寓、人才周转用房等配套服务设施，或使用自有资金购买、租用商品房出
租给高层次人才居住；省财政统筹使用政府债券资金，在转型综合改革示范区
等引进人才聚集的地区建设人才公寓、人才周转房；所建住房实行统一装修，
统一配备家具、家电、网络等配套设施，达到"拎包入住"标准。人才公寓产
权归政府或单位所有，只租不售，长期周转使用。在保障省管优秀专家方面，
连续列入多个管理服务期的省管优秀专家，每次列入均给予一次性奖励5000
元；在管理服务期内或期满考核时退休的省管优秀专家，在财政拨款事业单位
工作的，享受100%退休费的基础上，再增加本人标准工资的15%，由各级政
府人事部门会同财政部门办理；在自收自支事业单位工作的，由单位给予不低
于20000元的一次性奖励，退休后不再提高基本养老金计发标准；在国有及其

控股企业工作的，由企业为其建立企业年金，办理补充养老保险，并给予不低于15000元的一次性奖励，退休后不再提高基本养老金计发标准。省管优秀专家的工作津贴、体检休养以及列入多个管理服务期的一次性奖励等费用由省财政列支。对从省外引进的省管优秀专家，各级组织、人事、教育等部门本着优先照顾的原则，为其解决夫妻两地分居、子女上学、就业等问题。

七、科技人才创新创业政策

根据人力资源社会保障部《关于支持和鼓励事业单位专业技术人员创新创业的指导意见》（人社部规〔2017〕4号）文件精神，出台《河北省支持和鼓励事业单位专业技术人员创新创业实施办法》（冀人社规〔2017〕22号），其中提到的创新创业包括以下四种形式：（1）专业技术人员到企业挂职或者参与项目合作。（2）兼职创新或者在职创办企业。（3）离岗创新创业。（4）事业单位设置创新型岗位，并规定从事创新创业的专业技术人员（以下简称"创新创业人员"）属于高校、科研院所等事业单位在编在册工作人员，兼任领导职务的专业技术人员应当辞去领导职务后再以专业技术人员身份创新创业。除高校、科研院所之外的事业单位专业技术人员，符合创新创业条件的，也可以提出申请。

对创新创业人员提供的支持措施主要有：离岗创新创业人员，离岗期间工龄连续计算，按国家和省里的规定正常调整档案工资；创新创业人员与原单位在岗人员享有同等参加职称评审、项目申报、岗位竞聘、培训、考核、奖励等方面权利，创新创业期间取得的业绩成果应当作为其职称评审、岗位竞聘、考核等的重要依据；在创新科技成果转化中贡献突出的，参加专业技术职称评审时可实行绿色通道评审，聘任时可不占本单位岗位；事业单位在核定绩效工资总量时，离岗创新创业人员计入工作人员总数，核定的绩效工资由所在单位统筹使用；创新创业专业技术人员每年因创新创业所得收入而缴纳的个人所得税超过本人基本工资2倍的，凭完税证明提出申请，原单位可在该缴税年度内发放其1倍的基本工资作为奖励；缴纳的个人所得税额超过本人基本工资5倍以上的，凭完税证明提出申请，原单位可在该缴税年度内发放其2倍的基本工资作为奖励。所需资金由核定的所在单位绩效工资总量中统筹解决；与事业单位解除人事关系的离岗创业人员，若离岗前具有正高级专业技术职称或博士学位，办理解聘手续后两年内需要重新到省内同行业事业单位的，按照"工作需要、岗位空缺、专业对口"原则，经主管部门和同级事业单位人事综合管理部门同意后可直接选聘。

在创新创业人员工资、社会保险和福利待遇方面：离岗创新创业人员，事业单位应停发其基本工资、绩效工资及各项福利待遇，其他创新创业人员工资福利待遇由事业单位与专业技术人员协商约定；创新创业人员在保留人事关系期间退休、丧葬抚恤等事项，由原单位按在岗人员的规定执行。

创新创业人员的社会保险和住房公积金管理应当按以下办法执行：离岗创新创业人员保留人事关系期间，养老保险关系由原单位保留，继续按原规定参保缴费，并按规定享受相应待遇，其缴费基数、比例、资金承担方式等与原单位在岗同职称人员一致，单位缴纳部分由原单位承担，个人缴纳部分由本人承担；继续在原单位参加城镇职工基本医疗保险和生育保险，按规定缴纳保险费，单位缴纳部分由原单位承担，个人缴纳部分由本人承担；工伤保险由创新创业人员所创办或就职的企业按照《工伤保险条例》及所在地规定依法参加，缴纳工伤保险费；离岗创新创业保留人事关系期间，失业保险关系由原单位继续保留，继续参加原单位失业保险，并按规定享受相应待遇，其失业保险缴费基数、比例等与原单位在岗人员一致，单位缴费部分由原单位承担，个人缴费部分由本人承担；创新创业人员所创办或就职的企业按照《失业保险条例》和河北省的规定依法参加失业保险，缴纳失业保险费；住房公积金关系保留在原单位，单位和个人应按时、足额缴存住房公积金，个人缴费部分由本人承担。

第二节　基于宏观数据的科技人才政策实施效果评价

一、科技人才集聚分析

(一)硕博人才比例持续增加

随着经济的不断发展，河北省的硕博人才总量正在不断增大。科技人才总量是指一定时期内一个国家或地区各类科技人才的数量总和，总量越大，表明这个地区的科技活动越频繁、科技创新能力越强。随着教育和科技的不断发展，河北省培养和引进的科技人才数量有了很大提高，截至 2018 年硕士人才比例为 0.66‰。

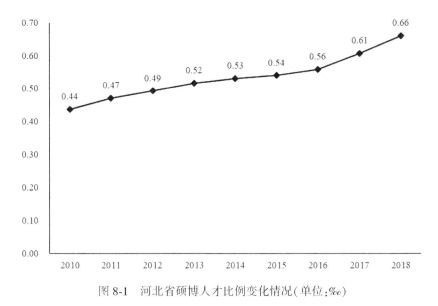

图 8-1 河北省硕博人才比例变化情况(单位:‰)

数据来源：2010—2019 年《河北经济年鉴》。

(二)三产业就业比例不断优化

河北省劳动力就业人员按产业划分：从 2000 年到 2018 年，第一产业就业人员数量总体呈下降趋势，第二、三产业就业人数总体呈上升趋势。到 2013 年，第二产业就业人员数量超过第一产业，成为就业人员数量最多的产业，达到 1438.07 万人。2015 年，第三产业就业人数超过第一产业，2018 年，第三产业就业人数超过第二产业，成为就业人数最多的产业。

(三)研究及技术人员不断增长

由表 8-1 可知，2012—2018 年河北省总人口数从 7241 万增长到 7556 万，总体上呈稳步上升趋势。就业率保持在 55% 左右，相对比较稳定。其中，从事科学研究和技术开发的人员从 2012 年的 12.21 万人增加到 2018 年的 19.30 万人，六年间科技人员总量增加了 7.09 万人。总体上来看科研人员的增长速度还是比较快的，但在就业人员中的比重仍然较低，科研人员占就业人员的比重由 2012 年的 0.31% 上升到 2018 年的 0.46%，增长幅度较小，增长速度较慢。

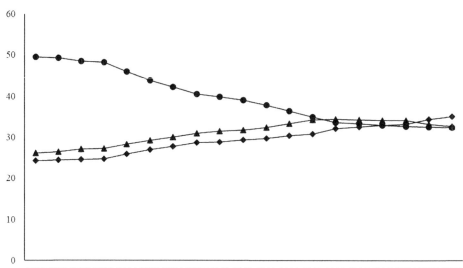

图 8-2　河北省三产业就业比例变化情况(单位:‰)

数据来源:2010—2019 年《河北经济年鉴》。

表 8-1　　　　　**2012—2018 年河北省科学研究及技术人员就业情况**

年份	总人口 (万人)	就业人员 (万人)	就业率 (%)	科研人员 (万人)	科研人员占 就业人员比重(%)
2012	7241	3962.42	54.72	12.21	0.31
2013	7288	4085.74	56.06	14.76	0.36
2014	7333	4183.93	57.06	16.22	0.39
2015	7384	4202.66	56.92	17.27	0.41
2016	7425	4212.50	56.73	17.60	0.42
2017	7520	4206.66	55.94	18.72	0.45
2018	7556	4196.09	55.53	19.30	0.46

数据来源:2010—2019 年《河北经济年鉴》。

(四)科技人才结构不断优化

通过对表 8-2 的分析,不难看出河北省科技人才的来源主要有三个:规模以上工业企业、高等院校及科研机构，其中规模以上工业企业是其最主要的来源。河北省的科技人才分布比较广泛，但主要分布在规模以上工业企业、高等院校和科研机构，且近年来其在规模以上工业企业、高等院校和科研机构的分布逐步趋向合理。2018 年的统计数据显示，河北省的科技人才总量为 117524 人，其中规模以上工业企业科技人才 85972 人，高等院校科技人才 11987 人，科研机构科技人才 9853 人，分别占科技人才总量的 73.15%、10.21% 和 8.38%。其余的 9712 人来自其他行业，占科技人才总数的 8.26%。

表 8-2　　　　　　　　　　**2018 年河北省科技人才分布**

项目	总计	规模以上工业企业	高等院校	科研机构	其他
人数（人）	117524	85972	11987	9853	9712
占比（%）	100	73.15	10.21	8.38	8.26

数据来源：2010—2019 年《河北经济年鉴》。

二、投入产出分析

(一)投入力度增长

河北省的人才投入主要有三种资金来源：政府资金、企业资金和当年科技活动经费。如表 8-3 所示，2012—2018 年河北省科技财政投入总量呈现出逐年提高的趋势，到 2018 年河北省科技财政投入总额达到 77.04 亿元，但依旧低于全国平均水平。

表 8-3　　　　**2012—2018 年河北省科技财政投入情况及全国平均水平**

年份	2012	2013	2014	2015	2016	2017	2018
科技财政投入（亿元）	33.2	44.74	49.76	51.32	45.5	69.08	77.04
科技投入占财政投入比（%）	0.9	1.1	1.13	1.1	0.81	1.0	1.04
全国平均水平（%）	3.5	3.5	3.6	3.5	3.3	3.4	3.3

数据来源：2010—2019 年《河北经济年鉴》。

一个地区的 R&D 经费支出是衡量该地区科技人才竞争力和贡献率的重要指标。从 R&D 经费支出情况可以看出该地对科技人才投入的情况。如图 8-3 所示,2012—2018 年河北省 R&D 经费支出从 245.8 亿元增加到 499.7 亿元,总量增长较快,增长幅度较大,且呈现出加速增加的趋势。

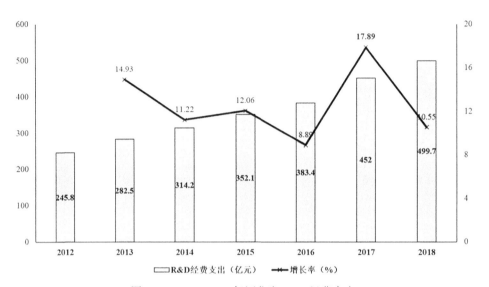

图 8-3　2012—2018 年河北省 R&D 经费支出

数据来源:2010—2019 年《河北经济年鉴》。

相较于京津两地,河北省的 R&D 经费支出还是相对较低,这与其经济发展水平和人才结构是密不可分的。如表 8-4 所示,2012—2018 年京津冀 R&D 经费支出合计由 1669.70 亿元增加到 2862.90 亿元,增长幅度较大。其中,北京从 1063.40 亿元增加到 1870.80 亿元;天津从 360.50 亿元增加到 492.40 亿元;河北从 245.80 亿元增加到 499.70 亿元。虽然从总量上看,三地经费都有明显增加,但是由于基数太小,河北省在京津冀三地 R&D 经费支出总额中所占的比重增加较为缓慢。虽从 2012 年的 14.72%增加到 2018 年的 17.45%,但仍不足三地总额的五分之一。在京津冀协同发展的过程中,河北省在科技人才投入方面仍处于劣势,对科技人才的投入仍需加大。

表 8-4　　　　　　　　**2012—2018 年京津冀 R&D 经费支出**

年份	全国 （亿元）	京津冀合计 （亿元）	北京 （亿元）	天津 （亿元）	河北 （亿元）	河北占京津冀 比重（%）
2012	10298.40	1669.70	1063.40	360.50	245.80	14.72
2013	11846.60	1895.60	1185.00	428.10	282.50	14.90
2014	13015.60	2047.70	1268.80	464.70	314.20	15.34
2015	14169.90	2246.30	1384.00	510.20	352.10	15.67
2016	15000.00	2405.00	1484.60	537.00	383.40	15.94
2017	17606.10	2499.00	1595.00	452.00	452.00	18.09
2018	19677.90	2862.90	1870.80	492.40	499.70	17.45

数据来源：2010—2019 年《河北经济年鉴》。

（二）产出快速提升

科技人才的产出主要表现在科技成果和技术市场成交额上。其中科技成果包括专利申请数、专利授权数、发表科技论文数和出版科技著作四项，河北省科技人才的产出主要表现在专利的受理和批准数量上。

1. 河北省的科技成果

如表 8-5 所示，2018 年河北省科技成果颇丰，专利申请 83785 件，同比增长 22482 件，其中发明专利 18954 件，占专利申请总量的 22.62%。同年专利授权 51894 件，同比增长 16546 件，其中发明专利授权 5126 件，占专利授权总量的 9.88%。发表科技论文 46170 篇，出版科技著作 1645 种，这两种著作均较上年在总量上有所增长。2018 年四项科技成果在总量上都有很大提升，其中专利授权数增长幅度最大，其他三项科研成果均呈稳步增长态势。

表 8-5　　　　　　　　**2012—2018 年河北省科技成果统计**

年份	专利申请量（件）		专利授权量（件）		发表科技论文 （篇）	出版科技著作 （种）
	总计	发明专利	总计	发明专利		
2014	12865	4888	1909	673	43005	1204
2015	15159	5258	3456	1133	44427	1384
2016	20022	7078	3883	1209	46603	1757

续表

| 年份 | 专利申请量(件) | | 专利授权量(件) | | 发表科技论文 | 出版科技著作 |
	总计	发明专利	总计	发明专利	(篇)	(种)
2017	61303	13982	35348	4927	48674	1743
2018	83785	18954	51894	5126	46170	1645

数据来源：2010—2019 年《河北经济年鉴》。

在京津冀协同发展的过程中，河北省的科技人才产出量远低于京津，科研成果数量也远远赶不上经济发展迅速的京津两地。如表 8-6 所示，2014—2018年京津冀三地的专利申请数在总量上都有大幅提升，且京津两地的增长速度远远高于河北地区。2018 年京津冀专利申请合计 42.80 万件，其中北京 23.60万件，天津 12.40 万件，河北仅 6.80 万件，只占京津冀合计的 15.89%，不足1/5。并且从 2014 年到 2018 年，虽然河北省的专利申请总量从 3 万件上升到了 6.8 万件，增长速度较快，但其所占比重却没有相应提高，反而呈下降的趋势。

表 8-6　　　　　　　　**2014—2018 年京津冀专利申请量**

年份	全国 (万件)	京津冀合计 (万件)	北京 (万件)	天津 (万件)	河北 (万件)	河北占京津冀 比重(%)
2014	236.12	23.10	13.80	6.30	3.00	12.99
2015	279.85	28.00	15.60	8.00	4.40	15.71
2016	346.48	35.10	18.90	10.70	5.50	15.67
2017	369.78	38.80	21.20	11.20	6.40	16.49
2018	432.31	42.80	23.60	12.40	6.80	15.89

数据来源：2010—2019 年《河北经济年鉴》《北京统计年鉴》《天津统计年鉴》。

2. 河北省的技术市场成交额

技术市场成交额是指在该地技术市场管理办公室认定登记的技术合同(技术开发、技术转让、技术咨询、技术服务)的合同标的金额总和。它能很直观地反映出该地科技人才的产出情况，是能够很好地衡量科技人才竞争力的重要指标。

如表 8-7 所示，河北省的技术市场成交额增长速度较快，从 2012 年的 37.82 亿元快速增加到 2018 年的 275.98 亿元。自 2012 年以来，随着河北省经济的发展，河北省的技术市场不断完善，技术市场成交金额也在逐年增加。这种变化趋势表明，河北省的技术成果在促进河北省经济发展中的作用越来越重要。

随着经济的不断发展和人才机制的不断健全，京津冀地区的技术市场成交额也呈现出明显的增长态势。如表 8-7 所示，纵向上看，从 2012 年到 2018 年京津冀地区的技术市场成交额从 2728.65 亿元增加到 5919.40 亿元，增长幅度较大。其中，北京技术市场成交额从 2012 年的 2458.50 亿元增加到 2018 年的 4957.82 亿元；天津从 2012 年的 232.33 亿元增加到 2018 年的 685.59 亿元；而河北省的技术市场成交额仅从 2012 年的 37.82 亿元增加到 2018 年的 275.98 亿元。横向来看，2012 年河北省的技术市场成交额仅占京津冀合计的 1.39%，到 2018 年这个比重达到 4.66%，增长了 3.27%，这与科技的发展进程是相符的。从总体上看，2012—2018 年间，河北省的技术市场成交额在总量上呈现出先降后升的态势，其在京津冀总量中所占的比重也呈现出先降后升的趋势，这说明河北省科技人才政策效果日益显著。

表 8-7 　　　　　　　　**2012—2018 年京津冀技术市场成交额**

年份	全国（亿元）	京津冀合计（亿元）	北京（亿元）	天津（亿元）	河北（亿元）	河北占京津冀比重（%）
2012	6437.07	2728.65	2458.50	232.33	37.82	1.39
2013	7469.13	3159.44	2851.72	276.16	31.56	1.00
2014	8577.18	3554.97	3137.19	388.56	29.22	0.82
2015	9835.79	3996.87	3453.89	503.44	39.54	0.99
2016	11406.98	4552.61	3940.98	552.64	59.00	1.30
2017	13424.22	5127.25	4486.89	551.44	88.92	1.73
2018	17697.42	5919.40	4957.82	685.59	275.98	4.66

数据来源：2019 年《中国统计年鉴》。

　　综上所述，通过对河北省科研成果和技术市场成交额的分析能够发现，河北省的科技创新能力和科研成果转化能力在不断增强，但与京津相比，河北省的科技创新能力和科研成果转化能力仍显不足。河北省可以从加大科技创新和增加技术市场成交额两个方面来推进河北省的科技发展。

第三节　基于微观个体的科技人才政策实施效果评价

一、科技人才政策落实情况

(一) 政策支持力度仍需加强

　　通过对"您是否享受了所在地的人才政策"和"没有完全享受的原因是什么"两个问题的结果分析可知，河北省人才政策的落实效果并不理想。在 1500 份有效问卷中，只有 70.2% 的人认为自己享受了相关的人才政策，29.8% 的人认为自己没有完全享受人才政策。认为自己没有完全享受人才政策的人中，36.8% 的人认为是由于政策缺乏宣传力度，23.7% 的人认为是因为人才政策审理手续繁杂，19.7% 的人认为没有享受人才政策的原因是政策缺乏吸引力和相关部门没有执行。通过对"所在地人才政策对您发展有没有作用"问题的结果分析可知，34.9% 的人认为人才政策推动了个人发展，30.2% 的人认为有明显帮助，25.1% 的人认为有帮助但不大，9.8% 的人认为没有影响。科技人才政策落实仍然存在较大提升空间。

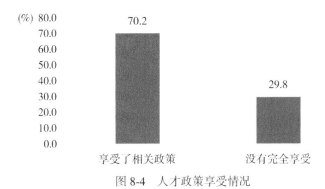

图 8-4　人才政策享受情况

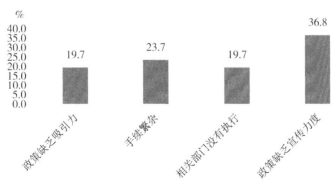

图 8-5　没有完全享受人才政策的原因

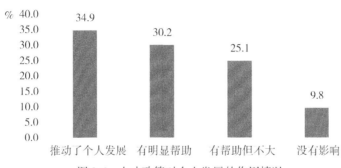

图 8-6　人才政策对个人发展的作用情况

政府部门是颁布和实施人才政策的重要主体，通过上述数据可以发现，河北省政府部门在颁布和实施人才政策的过程中，政策执行流于表面，缺乏执行力度和相关保障体系，没有真正落实到每一个个人；不够重视人才政策的实施质量，过于复杂的人才政策审理手续削弱了人才申请政府扶持的积极性，降低了人才政策的吸引力，人才政策对吸引人才集聚的作用不大；存在相关部门没有执行人才政策的现象，直接影响了人才政策的落实情况。

（二）人才政策效果地域差异较大

通过调查，将"您是否享受了所在地的人才政策"问题中选择没有完全享受的人和所在地进行对比可知，在 1500 份有效问卷中，有 29.8% 的被调查对象认为自己没有享受当地人才政策。从地域分布来看，沧州市、保定市、雄安新区、邯郸市的人才政策落实效果较差，被调查对象认为未享受人才政策的占比分别为 22.37%、18.42%、14.47%、14.47%。石家庄市、唐山市、邢台市、衡水市、承德市、廊坊市、张家口市的人才政策落实效果相对较好，没有享受到人才政策的人占比均不超过10%，秦皇岛市的人才政策落实效果最好，没有人认为自己没有享受到当地的人才政策。河北省人才政策落实情况存在地域分布不均的情况，地域之间差距较大，长此以往容易造成河北省人才分布不均，进一步扩大河北省经济发展差距。

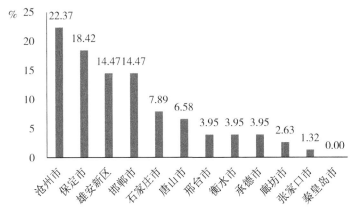

图8-7　未享受人才政策人员占调研地区样本量的比重

(三) 覆盖范围不够全面

通过对调查问卷中"您认为所在地实施的诸多科技人才政策措施中最成功的做法是什么"问题结果的分析可知，绝大多数人认为河北省在引进优秀人才、加大教育投入和毕业生留冀数量、培养已有科技人才、采用合理的考核及激励手段留住现有人才、实施人才政策改革、优化科技人才发展环境等方面取得了较大成功。有 0.78% 的人选择不清楚河北省人才政策的成功之处。

河北省的人才政策措施主要集中在科技人才的个人发展方面，政策的实施达到了较好的效果，对河北省引进和培养科技人才具有重要的积极作用。通过调查可知，除个人发展政策以外，科技人才关注的人才政策还有住房、子女教育、福利待遇、配偶工作、户籍等其他方面的问题。由此看来，虽然河北省的人才政策实施较为成功，但是存在政策覆盖范围不够全面的问题，需要重视与个人发展相配套的其他保障措施的颁布和实施。

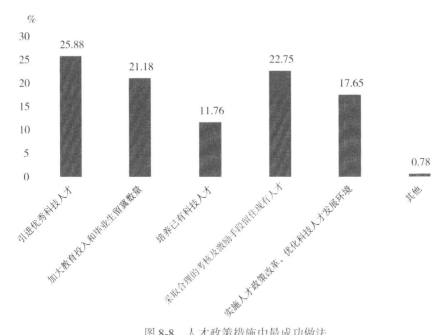

图 8-8 人才政策措施中最成功做法

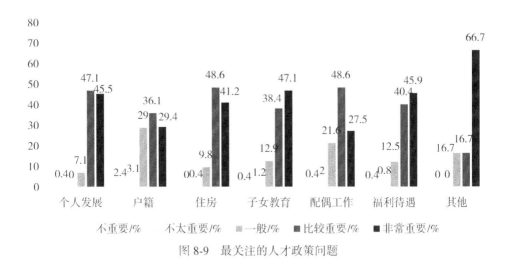

图 8-9 最关注的人才政策问题

二、科技人才政策仍存在的薄弱环节

(一) 人才政策了解程度低、获取途径少

分析问卷调查相关数据可知,调查对象中 26.7% 的人认为自己对河北省

的科技人才政策非常了解，53.5%的人认为自己了解相关人才政策，18.6%的人对河北省的人才政策不是很了解。这说明河北省科技人才对相关政策内容十分了解的占少部分，超过一半的人只是了解过科技人才政策的某些内容。此外，调查对象主要通过政府机构、网络及报刊等大众媒体、本单位人事部门、朋友或同事等途径来了解河北省的科技人才政策。其中，借助政府机构来了解科技人才政策的人占比最多，占比31%，其次是网络及报刊等大众媒体及本单位人事部门。河北省科技人才政策的宣传途径还比较单一，有待多元化。多数人通过政府机构了解科技人才政策是对政府机构工作的肯定，但是另一方面也反映出调查对象对通过其他途径获取人才政策的相关信息的认可度不高。河北省政府在拓宽科技人才政策宣传渠道的同时，也要提高宣传组织或者机构的可信度，增加人们对其他宣传途径的信任程度。

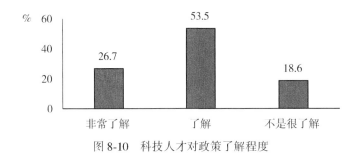

图 8-10　科技人才对政策了解程度

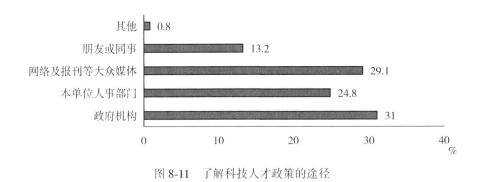

图 8-11　了解科技人才政策的途径

(二) 人才培养政策有待加强

图 8-12 对河北省人才培养政策需要加强的方向进行分析，有 43%的调查对象认为河北省人才培养政策应加强对于适应新技术能力的培训，有 21.3%

的调查对象认为需要加强个人职业发展的培训，有 18.6% 的调查对象认为应该加强对本职工作能力的培训，有 15.9% 的调查对象认为应该加强对塑造个人价值观、人生观的培训。经过分析可知，"河北省青年拔尖人才支持计划""三三三人才工程"等河北省现有的人才培养政策对科技人才适应新技术能力的培训还存在缺陷，科技人才对自身的要求较高，希望自己能够通过参与培训，快速接受新技术。同时，科技人才对个人职业发展和做好本职工作的需求也比较凸显，对精神层面培训的需求程度较低。

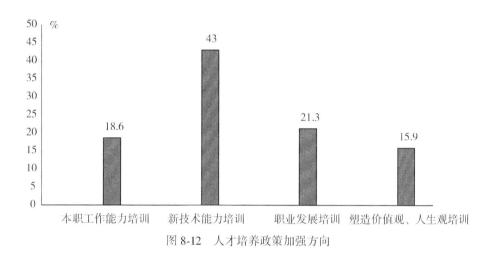

图 8-12　人才培养政策加强方向

(三) 人才激励政策的侧重点

河北省的科技人才激励政策还存在较多不足，并且被认为是河北省科技人才政策中最需要完善的部分。图 8-13 对河北省人才激励政策的侧重点是否合理进行分析，认为领导的工作追求和偏好为河北省人才激励政策的侧重点不合理的人最多。40.4% 的调查对象认为将经济发展产生的科技人才需求作为河北省人才激励政策的侧重点是最合理的，有 50.6% 的调查对象认为将人才个体能力与资历作为河北省人才激励政策的侧重点是比较合理的。因此，河北省科技人才激励政策的侧重点应该有所调整，对于科技人才的激励应该从科技人才自身的需要以及个体能力和资历出发，而不应该从领导的偏好出发。只有这样才能更好地满足河北省科技人才发展的需要，激发科技人才创新创业的动力，进而吸引人才、留住人才。

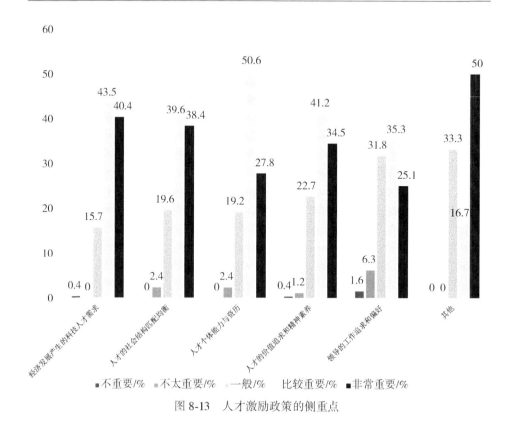

图 8-13 人才激励政策的侧重点

（四）人才政策有待完善领域较多

根据调查问卷搜集的数据对河北省科技人才政策的现存问题及完善途径进行分析。73.6%的调查对象认为河北省人才政策程序不合理，办理烦琐且资金到位不足不及时，落实困难；72.1%的调查对象认为相关政府部门办事效率低；62.4%的调查对象认为政策享受对象资格认定困难；65.5%的调查对象认为政策宣传不到位，不太了解。其中人才政策程序不合理、办理烦琐且资金到位不足不及时、落实困难是当前河北省人才政策最突出的问题，严重影响河北省科技人才政策的执行效果。在应对措施中，73.6%的调查对象认同更多样的人才开发基金投入，70.9%的调查对象认同更周全的人才流动服务体系，46.9%的调查对象认同更开放的人才引进门槛。因此，在河北省科技人才政策的完善过程中，需要简化办事流程、放宽人才资格认定标准、拓宽政策宣传渠道、增加资金投入、完善人才流动服务体系，从而改善河北省科技人才政策实施效果，提升科技人才对河北省科技人才政策的满意度。

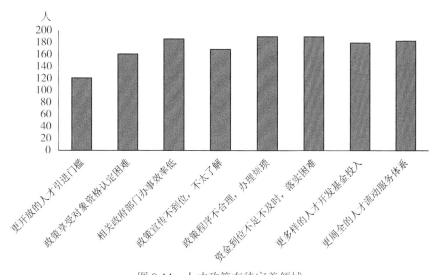

图8-14　人才政策有待完善领域

第四节　河北省科技人才政策与其他省市比较借鉴

一、河北省与北京市科技人才政策比较分析

北京市和河北省始终重视科技人才队伍的建设与发展，本节从人才引进与集聚、人才激励、人才培养等多个方面提出了建设人才队伍的发展目标。北京市作为我国科技创新的先进地区，在科技人才队伍建设方面具有丰富的经验，通过对比(参见附录1)北京市与河北省人才政策的不同寻找政策差距，进而从中提取出值得借鉴的相关经验。

(一)北京人才队伍结构建设

北京市人才政策注重人才队伍结构的均衡发展。"新世纪百千万人才工程"政策将科研经费资助分为四类，对不同类别的研究领域分别给予经济扶持，避免了不同领域之间发展不均衡的现象。"北京市百千万人才工程"主要针对基础研究人才给予科研经费支持，同时排除了已经入选"国家百千万人才工程""北京市新世纪百千万人才工程"和"北京市高层次创新创业人才支持计划"的人才，避免了对相同人才的重复扶持，扩大了北京市人才扶持范围。基础研究是推动科技创新成果应用于经济建设实践的重要因素，北京市为基础研究人才制定专门的经济扶持政策，使人才政策更具有针对性。

与北京市相比，河北省的人才政策缺少针对性，对不同研究领域的人才实施同样的人才政策，没有加以区分、针对不同领域人才量身定制合适的扶持政策，容易出现人才队伍结构失衡、研究领域发展不均的现象，不利于河北省经济结构的均衡发展及经济实力的提高。

(二)人力资源市场建设

北京市重视当地猎头队伍的建设，着力于打造国际化、复合型、领军型的猎头人才队伍。近年来，北京市加大了猎头机构的人才引进和培养力度，设置了专门奖项激励在猎头行业作出突出贡献的人才，为猎头人才办理居住证提供便利条件，设立优惠政策吸引海外猎头人才到京工作，联合高校、企业等平台开展猎头队伍学术交流活动和进修活动。北京市借助猎头队伍的力量扩大了北京市人才政策的传播渠道，降低了人才引进的机会成本，从而提高了引进人才的效率。

河北省人才了解相关引进政策的途径较为单一，更多依靠政府平台，政府缺少对优惠政策的宣传使得人才了解政策的成本较高。这在一定程度上影响了河北省人才引进政策的效果，不利于河北省人才队伍的建设。

(三)梯度人才培养机制

北京市重视全年龄段各层次的人才队伍建设，有针对性地开发科技创新人才的创造潜力。针对青少年科技人才，北京市持续推进"雏鹰计划""翔翔计划"，鼓励中小学生积极参加青少年科技创新大赛，培养青少年科技创新思维及意识，提高其科技创新能力和应用实践能力。针对重点高校人才，北京市推行"大学生创业引领计划"，在重点高校开展创业教育，引领和鼓励大学生自主创业，通过重点高校人才的创新实践活动带动北京市经济高质量发展。针对普通高校人才，北京市加强应用型学科教育，积极探索校企合作的培养模式，建立高校学生实践训练基地，重点培养普通本科高校人才的实践能力。同时北京市还建立了残疾人创业基地，支持残疾人开展创新创业活动，最大限度地开发了北京市人力资源。

与北京市相比，河北省的人才政策更多注重人才引进，却忽视了对人才的管理和培养工作。河北省的省管优秀专家政策、"三三三人才工程""青年拔尖人才支持计划"把人才培养的重点放在中青年人才的支持和开发上，缺少对引进人才管理、培养这些后续工作的相关政策，以至于人才培养管理有较大的问题。河北省忽视了对青少年优秀人才和其他弱势群体科技创新的政策扶持，未能最大限度地开发河北省的人才发展潜力。

二、河北省与天津市科技人才政策比较分析

天津市认真贯彻落实习近平总书记关于人才工作的一系列重要论述，始终高度重视人才引进、人才集聚、人才激励和人才培养工作，积极发挥科技人才的创新能力，鼓励科技人才参与到天津市改革和各项事业的发展中去。天津市围绕"海河英才"行动计划、天津市杰出人才培训计划、"131"创新型人才培养工程等政策，优化科技人才发展环境，为天津市经济社会发展奠定了坚实的人才基础。

通过对比河北省和天津市的人才政策我们可以发现两个地区存在相同之处，即两地区对于人才重视程度高，其人才政策均围绕引进、集聚、激励和培养展开，且都取得了一定的成效。此外，河北省和天津市的人才政策也存在不同之处(参见附录2)。

(一)人才引进和集聚方面

在人才引进方面，天津市人才引进政策对引进对象的层次划分更加细化，将科技人才划分为顶尖人才、领军人才、高端人才、青年人才、创业领军人才、高端创业人才、创新型企业家，处于不同层次的人才其享受的优惠政策存在差异。并且天津市将创业人才细分成不同的类别，对创业型人才的重视程度较河北省更高。在创业资金支持方面两地区也存在不同之处，河北省财政给予每家创新创业团队及其领军人才200万元资金支持，天津市则设立引进创新创业领军人才专项资金，每年2亿元，对批准引进的创新创业领军人才给予一次性经费资助300万元，相较而言天津市对创业领军人才的资金支持力度更大。因此，创新创业人才在天津市进行创业，其获得成功的可能性比河北省更高，与河北省相比天津市人才政策的吸引力更大。最后，天津市人才引进和集聚的路径更加多元化，坚持依托科技型企业集聚创新型人才、依托高校科研院所集聚研发人才，积极拓展"海外引进一批、国内引进一批、主动培养一批、柔性集聚一批、载体吸附一批"五条路径加快培养引进人才，形成了覆盖经济社会发展重点领域、梯次衔接的人才资源开发体系。而河北省的人才引进和集聚的路径较为单一，很大程度上无法依托高校及科研院所集聚研发人才，人才大多依靠引进且难以被长期留住。

(二) 人才激励方面

从数量上看，天津市的人才激励政策要多于河北省，天津市能够正确地认识到激励政策对人才创新能力发挥的重要作用。从内容上看，天津市的人才激励政策对人才的奖励资助水平要高于河北省，科技人才在进行研究时，可减少其后顾之忧，提升科研效率。此外，河北省在人才激励政策中虽然包含了增加休假时间的条目，但天津市制定的人才激励政策中，除了奖励科技人才奖金外，还设置了不同的奖项，科技人才达到政策要求之后可以获得相应的荣誉称号，如"海河工匠""天津市技术能手""创新之星"。根据马斯洛需求层次理论可知，获得荣誉称号能够增加科技人才精神世界的满意程度，对其激励作用更加有效。第三章对河北省科技人才政策完善情况进行了分析，结果表明河北省科技人才激励政策最需完善。该结果也反映出河北省人才激励政策存在不足之处，难以满足科技人才的需要，需要引起政府部门重视。

(三) 人才培养方面

天津市人才培养政策，不仅包括对专家、企业家和青年学者等人才的培养，还设立专项资金对高层次人才进行资助。同时，天津市注重建设创新平台，保证"海河英才"行动计划(津党发[2018]17号)的实施，谋划建设海河实验室，为攻关"卡脖子"关键核心技术提供平台，形成一批占据世界科技前沿的优势技术。此外，天津市注重对创业型人才的培养。天津市"项目+团队"支持服务计划(津人才[2019]18号)一方面能够促使创新项目落地，推动科技成果转化，增强经济发展的活力；另一方面推进创新领军人物组建创新团队，实现创新人才队伍的扩充，从而打造一批促进经济社会发展的主力军。

2020年华为公司天津鲲鹏生态创新中心与天津师范大学共建天津师范大学鲲鹏师资人才联合培养基地，共同推进天津市师资人才培养产业发展，搭建产学研结合平台，构建长效合作机制，充分发挥各自科研优势，加强人才培养的合作，提高自主创新能力。由此，河北省应该借鉴天津市人才培养政策的经验，关注高层次人才的资助问题，重视对创业型人才的培养并逐步增设科研实验室，为河北省科技人才提供更好的平台，促进人才集聚。最后，河北省地区需要加强校企合作力度，拓宽人才培养的资金来源，实现政府、企业、高校的三赢。

三、河北省与河南省科技人才政策比较分析

河南省始终重视发挥高层次专业技术人才在推动经济社会发展中的重要作用。作为河北省的邻省，河南省近年来在人才政策的制定以及执行方面有较多成效，其深入贯彻落实《中共河南省委河南省人民政府关于深化人才发展体制机制改革加快人才强省建设的实施意见》，在人才引进、激励、培养等多个方面为河北省提供了许多值得借鉴的经验(参见附录3)。

(一)人才引进方面

创新柔性引才方式。鼓励高校、科研院所建立"人才驿站"，支持用人单位采取兼职挂职、技术咨询、项目合作、海外工程师、周末教授等方式，集聚国内外专家智力。实施专家服务基层行动计划，通过技术指导、决策咨询、项目合作、联合攻关以及推广新技术、新品种、新工艺、新方法等形式，引导和支持高层次专家向人才注地流动。在高等院校、科研院所和企事业单位大范围推行特聘教授、特聘研究员、特聘专家制度，建立常态化、滚动支持机制，集聚国内外杰出人才来豫创新创业。以河南籍和在豫工作过的高端人才为重点，实施"乡情引才工程"，完善豫籍高层次人才信息库，打造引才新品牌。

(二)人才激励方面

河南省建立了完善的人才激励机制，主要体现在以下几个方面：第一，健全的人才评价体系，突出创新能力和社会贡献评价标准，对业绩特别突出的拔尖人才，可破格或越级评聘高级专业技术职务。第二，建立了关键技术岗位竞聘制度，让有真才实学的专业拔尖人才能够脱颖而出，担当重任。第三，深化了分配制度改革，实行向关键专业技术岗位和重要专业技术骨干倾斜的分配制度，落实技术要素按贡献大小参与分配政策，对高层次人才可实行协议工资、项目工资等灵活多样的分配办法。

(三)人才培养方面

河南省重视引才育才载体建设，加强省、部(院)合作，积极吸引世界500强企业、大型央企以及境内外知名院校、科研机构和知名创新型企业在豫设立研发机构。河南省充分发挥留学回国人员创业园、引智试验区、院士工作站、博士后科研流动站(博士后科研工作站、创新实践基地)、专家服务基地等载体招才引智功能；着力加强国家和省重点实验室、工程实验室、工程技术(研究)中心、协同创新中心等重要平台建设。

四、河北省科技人才政策面临的瓶颈

与以上三省市相比，京津冀协同发展带给河北更多的发展机会，但与此同时也给河北省的经济发展带来了前所未有的巨大挑战。在这种境况下河北省要认清现实，找到自身在提升人才竞争力方面存在的问题，扬长避短，积极探索经济发展的新出路。与京津相比，河北省的人才竞争力相对较弱，人才政策面临的问题主要有以下几点：

(一) 人才政策不完善

政策上的差异是河北省人才竞争力低下的现实障碍。虽然河北省已经开始实施诸多人才政策且制定了较多全新的适合于河北省自身的人才政策，但与北京市、天津市及河南省相比，很多人才制度依旧欠缺，这在一定程度上阻碍了河北省人才的发展，减缓了河北省的经济发展速度，不利于河北省的长期可持续发展。

与北京市、天津市相比，河北省的人才政策缺少针对性，对不同研究领域的人才实施同样的人才政策，没有针对不同领域人才量身定制合适的扶持政策。具体来说，近年来河北省制定了一系列人才引进政策，实施了多种人才计划，以挂职锻炼和周末工程师等柔性引才为最主要的实现形式。这些人才政策的实施在一定程度上减缓了河北省人才短缺的现状，但并没有从根本上解决河北省的人才短缺问题。究其原因，河北省的人才政策侧重于人才的引进，却忽视了对人才的保留和激励；只注重人才的短期使用，忽略了人才的长期维护。总体来说，河北省的人才政策缺乏有效规划，无法与京津的人才政策接轨、实现有效对接，这是导致河北省科技人才竞争力低下的主要原因。

另外，长期以来河北省受户籍制度影响，京津冀之间的人才流动相对困难，这就在很大程度上限制了人才在京津冀区域内的自由流动。众所周知，优质的教育资源对各类人才都有很大的吸引力，教育等公共服务资源不完善是导致河北省人才竞争力低下的重要原因，阻碍着河北省的经济发展。由于医疗和社会保障制度的差异以及各类社会保险跨省接续存在的困难，人才跨省流动的成本较高，这就导致京津冀之间人才尤其是高科技人才流动的数量相对有限，在一定程度上阻碍了各类人才在京津冀之间的自由流动。

(二) 人才引进与培养机制不健全

与北京市、天津市以及河南省相比，河北省人才引进制度是较为单一的，更多依靠政府颁布优惠政策，缺少对优惠政策的宣传途径，人才了解政策的成本较高，在一定程度上影响了河北省人才引进政策的引进效果，不利于河北省人才队伍的建设。而北京市就重视当地猎头队伍的建设，加大猎头机构的人才引进和培养力度，使得北京市可以很好地借助猎头去扩大北京市人才政策的传播渠道，降低了人才引进的机会成本。对比天津市可以发现，天津对其人才引进对象的层次划分更加细化，将科技人才划分为顶尖人才、领军人才、高端人才、青年人才、创业领军人才、高端创业人才、创新型企业家，处于不同层次的人才其享受的优惠政策存在差异。并且，天津市将创业人才细分成不同的类别，在创业资金支持方面给予不同的待遇，其对创业型人才的重视程度比河北省高，对创业领军人才的资金支持力度则更大。

再对比河南省：河南省以创新柔性引才方式去鼓励高校、科研院所建立"人才驿站"，支持用人单位采取兼职挂职、技术咨询、项目合作、海外工程师、周末教授等方式吸纳人才，集聚国内外专家智力，实施专家服务基层行动计划。在高等院校、科研院所和企事业单位大范围推行特聘教授、特聘研究员、特聘专家制度，建立常态化、滚动支持机制，集聚国内外杰出人才来豫创新创业。

在人才培养方面：河北省更多注重人才引进，忽视了对人才的管理和培养工作。人才引进方面，培养和引进是河北省获得人才的两种主要方式，但人才培养的周期通常较长，且存在时滞现象，这就很容易导致培养出来的人才不适应市场需求，进而出现大量人才资源闲置，导致人才资源的浪费。鉴于此，河北省在高科技人才的获得上通常采取引进的方式，不仅能快速高效地获得所需的人才，还能为区域经济发展增加新的血液，从而促进区域经济的协同发展。但是目前河北省的人才引进机制尚不健全，存在诸多问题。首先，河北省的人才引进尤其是高层次人才的引进仍以政府为主体，企业的主体作用没有被激发出来，大多数企业缺乏引才聚才的动力。与北京市相比，河北省的省管优秀专家政策、"三三三人才工程"、"青年拔尖人才支持计划"把人才培养的重点放在中青年人才的支持和开发上，却缺少对引进人才的管理、培养这些后续工作的相关政策，以至于人才培养管理有较大的问题。忽视了对青少年优秀人才和其他弱势群体科技创新的政策扶持，未能最大限度地开发河北省的人才发展潜力。北京市重视全年龄段各层次的人才队伍建设，有针对地制定有关青少年科技人才、重点高校人才、普通高校人才等的不同的政策，并积极探索校企合作的培养模式，建立高校学生实践训练基地，重点培养普通本科高校人才的实践能力。天津市人才培养政策不仅包括对专家、企业家和青年学者等的培养，还设立专项资金对高层次人才进行资助。同时，天津市注重建设创新平台，注重对创业型人才的培养。河南省重视引才育才载体建设，加强省、部（院）合作，积极吸引世界 500 强企业、大型央企及境内外知名院校、科研机构和知名创新型企业在豫设立研发机构。

（三）人才队伍建设不合理

河北省的劳动力资源比较丰富，但劳动力的质量和素质整体较低，普通技术人才数量较多，但掌握专业知识的高科技人才严重短缺，人才队伍建设不合理导致人才配置产生结构性问题。这是河北省目前在经济发展中面临的一个严重的现实问题，需要引起足够的重视，进而加强对人才的管理。

河北省高科技人才队伍建设不足。这是由其高教资源和培养方式决定的，人才培养是增加人才数量、提高人才素质的重要方式，是提升人才竞争力的重要途径。但河北省更多注重人才引进，忽视了对人才的管理和培养。受多种因素影响，京津冀三地的高教资源分布严重失衡，其中北京市拥有中国一流大学 28 所，全国百强大学 19 所，位居 2020 中国各地区一流大学综合竞争力排行榜首位；天津市拥有中国一流大学 2 所，全国百强大学 3 所，位居第 11 位；河北省拥有中国一流大学 0 所，全国百强大学 1 所，位居第 19 位。由此可见，高教资源分布不均使得河北省高科技人才队伍建设困难、结构不合理。反观北京市依托于众多高校，重视全年龄段各层次的人才队伍建设，有针对性地开发科技创新人才的创造潜力。天津市对人才队伍的建设注重创新平台构建。河南省也重视引才育才载体的建设，加强省、部（院）合作。综上所述，供不应求的高科技人才往往会流向经济发达和科研环境良好的京津两地，这就导致了河北省的高科技人才流失，河北省面临着高科技人才队伍建设困难的现状。

（四）公共服务资源供给不足，优质资源分配较少

京津冀三地经济发展水平差异较大，河北省的区域经济发展环境相对较差。虽然在经济总量上，河北省与京津两地差距不大，但在人均地区生产总值上却相差悬殊，这是导致京津冀三地公共服务资源配置不均衡的主要原因。

河北省的公共服务资源不完善主要表现在高等教育资源的分布上。总体来说，京津拥有丰富的优质高等教育资源，河北省的优质高教资源却相对较少。河北省的公共服务资源不完善还表现在医疗等社会保障资源的分布上。总体来

说，京津拥有丰富的医疗资源和优厚的社会保障政策，河北省在此方面的资源明显较少。从三地医院数来看，截至 2018 年年底，北京拥有医院 701 所，天津 401 所，河北省 1547 所，分别占京津冀医院总数的 26.5%、15.1% 和 58.4%。从三地医院诊疗人数来看，北京 16349.7 万人次，天津 7146.8 万人次，河北省 11842.9 万人次，分别占京津冀医院诊疗总人数的 46.3%、20.2% 和 33.5%。由此可见，河北省虽然医院数量较多，但诊疗人数相对较少，这种反差与其医疗资源的数量不相符，从另一个侧面说明了河北省医疗水平相对较低，高等医疗资源相对匮乏。河北省还面临的一个阻碍人才流动的难题是人才的配套制度和落地机制不健全，户籍和医疗保险等社会保障政策不能与京津实现有效对接，这就在一定程度上阻碍了人才的自由流动，从而制约了京津冀区域经济的协同发展。要想实现三地人才的自由流动，就必须加快户籍制度和医疗保险制度改革，完善户籍、社保等人才相关配套制度，使三地在户籍和医保等方面实现有效对接，解决困扰人才的现实问题，促进人才的自由流动。

第九章　河北省进一步优化科技人才发展环境的对策

所谓对策研究就是指为解决特定问题进行的特定决策研究。本书对科技人才发展环境问题的研究基本上是从宏观和微观调研层面展开的。从这一层面上来看，科技人才发展是制度与生产要素相互作用的结果，科技人才发展环境的优化直接影响着科技人才集聚与经济高质量增长。如果想以更加合理、更加理想的方案来推动科技人才发展，则应该充分考虑到各种制度变量因素和非制度变量因素的优化。近年来，河北省科技人才发展机制不断完善，进一步推动了人才集聚和领军人才的成长，为加快科技创新发展、缓解资源环境压力、推动产业升级作出了巨大贡献，同时科技人才发展仍存在总量供给与结构性方面的矛盾，劳动者素质、劳动生产率、人才开发服务水平等方面仍有待进一步提升。

第一节　深化经济体制改革，转变经济发展方式

一、深化供给侧结构性改革，提升第三产业发展质量

经济的良性运行及高质量发展是优化河北省科技人才发展环境的物质基础，根据经济发展的新形势，为提高有效供给，发挥劳动力、土地、资本、制度创造等要素的作用，必须进行供给侧结构性改革，为传统制造业的转型升级寻找新的路径。2020 年新冠肺炎疫情之后经济发展首先要打破传统的产业发展模式，抓住国家创新驱动战略机遇，发掘产业优势和龙头企业的带动作用。河北省要不断调整自身的产业模式，适应经济发展的需要。其次，打造综合性的发展模式是有必要的。一方面，传统产业与高技术融合的发展模式是值得借鉴的，传统产业在规避自己的劣势时必须吸收新的技术，提升产业的生产效率

与技术水平；另一方面，实现制造业与服务业融合的发展模式，继而充分发挥制造业的优势，使得制造业生产过程中能够更加精准地把握消费者的需求，消除信息不对称的问题，方便制造业把握市场动向。此外，服务业也可以更好地了解产品的生产全过程，保证为消费者提供高质量的产品，提升产品与服务质量。

第三产业的蓬勃发展为科技人才发挥自己的创新创业才能提供了良好的市场环境，科技人才创新能力的发挥又有利于第三产业捕捉市场痛点，打造自己的核心技术。河北省地区第三产业的比重虽然在逐年增加，但重数量而轻质量的问题在经济的发展过程中开始逐渐显露。由此，河北省地区的相关产业必须提前制定发展规划，瞄准自己的目标市场；同时要培育本产业的核心竞争力，在提高产品附加值的同时进一步拓宽自己的产品市场，为提升第三产业发展质量、发挥科技人才优势做铺垫。此外，第三产业发展质量的提升也需要政府发挥作用，对第三产业发展给予更多的支持，在税收方面制定优惠政策，为第三产业的升级营造良好的环境。

二、提高民营企业实力，增加科技创新投入

2019 年年底，河北省地区民营企业的就业人数达 431.8 万人，民营企业在经济发展中的活力不断增强，对经济发展的推动作用越发强大。但是民营企业在发展过程中的融资环境和市场环境不容乐观，尤其是 2020 年新冠肺炎疫情之后，民营企业的发展要更为艰难。河北省政府应该关注民营企业的切实需要，对民营企业在政策和资金上给予一定程度的倾斜，以便更好地扶持民营企业。同时，政府在对民营企业进行扶持时也应该有重点、有主次，对于发展较好、实力较强的民营企业应该给予更多的政策和技术方面的支持，一方面使得民营企业在发展过程中更加便利，切实享受政策的优惠；另一方面，在技术发展层面，政府可在民营企业引进高新技术方面提供一定程度的支持，减免税收或提供一些市场信息从而更好地实现对民营企业的帮扶。对于发展较困难的企业，政府可以更多发挥宏观调控作用，合理地调配资源，帮助企业打开市场，提高产品的销售额。最后，政府也需要积极鼓励民营企业进行创新活动，保持企业发展的活力，增强企业发展过程中的竞争力。民营企业实力的增强也可以为科技人才的创新活动提供更加优质的平台，实现技术和人才的交流。同时，民营企业也需要增加对科技创新资金的投入，为科技人才的创新活动提供物质

保障，从而提升科技人才的产出效率，发挥科技人才的创新能力。

第二节　建立健全人才引进政策体系，增加高端人才供给

一、优化人才引进政策，实现人才引进机制的灵活化

通过制定合理的人才引进政策，实现引进人才类型和引进方式的法制化，以健全的法律为后盾，保障科技人才的相关权益，规定其应该履行的义务，推进科技人才工作的规范化进程。在选择引进人才类型方面，要以现实为依据，引进的科技人才应该是能够满足河北省地区经济发展需要的高素质人才，而不是一刀切、不加区别地引进各类人才。在引进方式方面，需要促使人才引进机制的灵活化，区分科技人才引进政策的适用对象，从不同的角度出发将政策适用对象分为普通人才和专业人才。在人才引进的过程中对于不同类别的人才及其优惠政策也要有所区分，从而鼓励普通人才的高水平发展、保护高层次人才应有的权益。同时，河北省也需要提升自身对科技人才的吸引力，搭建海外科技人才引进平台，提升河北省科技人才的整体素质。

二、建立科技人才引进反馈机制，加强引进人才的后期管理

目前，河北省人才引进政策的侧重点在于"引进谁"和"如何引"，反而忽视了对引进人才反馈机制的建立，对引进人才的后期管理方面存在不足。因此，必须要发挥好制度优势，制定规范化的针对引进人才后续培养的政策。此外，河北省各个地区也可以发挥自身的主观能动性，为不同的引进人才制定精细化的个人发展规划，充分发掘引进人才的潜能。在科技人才的后期管理中，要重视对科技人才的再培训，各个组织要了解人才所需及市场所需，为科技人才开设更加实用的课程，针对不同的科技人才设置相关课程，对于高校科技人才可以由高校教授牵头，带动高校科技人才进行学术研究的积极性，避免学术资源的浪费。对于企业中的高技术人才，可以由企业主要部门的高管为组织者，为企业中的高技术人才提供经济社会发展形势、理论及实操方面的指导，在指导过程中向科技人才传输一些有关市场经济的知识，使得科技人才的创新活动更加符合市场和企业需求，让科技人才更好地为社会经济发展和技术进步服务。

三、完善科技人才引进政策的配套体系，满足科技人才发展需要

对于引进的科技人才应该建立配套的服务保障体系，发挥人力资本优势。第一，建立多元化的科研投入机制。科技投入保障科技人才的创新活动，河北省可以发挥政府、民间团体和企业等主体的作用，构建多元化的科研投入机制，建立科研基金，拓宽增加科技投入经费的渠道，为科研活动提供物质保障，满足引进人才的科研需要。第二，建立促进科技成果转化的服务体系。科技成果的转化对地区经济发展具有重要贡献，科技成果转化服务体系是科技成果转化的纽带。建立技术成果转化平台，提供技术信息的需求、供给、交易为一体的成果转化服务，营造良好的科研创新软环境。第三，建立人才考核机制。人才引进的核心是发挥科技人才的才能，为此，有必要建立严格的人才考核机制，可以定时对科技人才的资格进行审核，保持科技人才的科研活力，激励其发挥自身潜能，进行创新创业活动。

第三节　建立促进创新创业长效发展政策，
提升人才创新能力

一、完善创新创业保障体系，防止人才流失

首先，河北省政府要增加对创新创业人才的社会保障力度，提升科技人才的参保意识。政府应通过电视、报纸、传单等媒介积极宣传参加社会保险的必要性，鼓励人才在企业中进行参保，同时保障科技人才申请社保的待遇，根据实际情况简化审批程序，维护科技人才在医疗保险、工伤保险等保险中的合法权益，从而向科技人才展现出参与社会保险的必要性。其次，推进创新创业保障体系的改革创新，根据社会经济发展的需要找到适合保障河北省科技人才权益的发展路径以提升科技人才的创新能力。保障政策的改革创新不是一蹴而就的，政府在革新保障政策时也需要做好准备工作，可以通过广泛征集科技人才意见的方式获取有效信息，保证保障政策的改革创新有利于满足科技人才的实际需求，以此更好地防止人才流失。最后，为科技人才的创新创业活动制定专项保障制度。政府可以为科技人才的创新创业活动设立专项补贴，拓宽专项补贴资金的来源，增加专项补贴资金的金额，并且建立有效的监督机制，保障创新创业资金专款专用，从而提升创新创业政策的保障

能力，提高科技人才的创新能力。

二、落实创新创业教育政策，提高政策利用度

建立促进创新创业的长效发展政策就要重视对高校人才的教育和培养，因此，要落实高校中的创新创业教育政策，为创新创业提供后备力量。当前，高校的创新创业工作不仅仅是为了解决高校毕业生的就业问题，而是进入了一个新的发展阶段。在具体落实高校创新创业教育政策的过程中，第一，要做好宣传工作，提高高校学生对创新创业教育政策的认知度，促使高校学生主动了解创新创业的相关知识。第二，对于创新创业教育政策不能仅仅停留在宣传阶段，各高校也需要提高创新创业教育政策的利用度，丰富创新创业教育课程的内容及授课形式，高校应聘请或培养专业的教师对创新创业课程进行全面讲授，并且积极变换授课形式，增加学生对创新创业知识的理解，激发学生的创新创业激情。第三，高校落实创新创业教育政策时应该将政策内容具体化并与学生的切身利益结合起来，可以通过将参与创新创业活动时所获得的奖项换算成学分的方式来增强学生的创业热情，推动创新创业知识向创新成果转化。

第四节　营造高质量教育环境，加强科技后备人才培养

一、增加教育投入，打造一流高校，培养学生创新能力

高水平的大学是各类科技人才的摇篮，要想优化河北省科技人才的发展环境，打造一批高层次的科技人才，必须要建设一流的大学，而建设一流大学需要发挥政府和企业的作用。一方面，政府要增加对河北省的教育投入，高校内部的发展以及对学生的培养都需要资金支持，高校必须制定合理的人才培养方案，建设多种类型的实验室，营造更高质量的教学环境；通过提高教师薪酬福利和引进名校教师相结合的方式，激发教师授课的积极性的同时提升教学素质，将政府的教育投入用在实处，实现高校和企业的相互对接。培养的高水平科技人才不仅需要其在学校中积累过硬的理论基础，也需要社会实践、国际交流等多种形式的实践活动，不断地磨练自己，提高自身的素质，增强社会竞争力。与高校合作的相关企业在此过程中能够利用高校的研究成果，为企业的创新活动提供新的研究方向与思路，增强企业科技创新活力。另一方面，高校可

以通过举办创新竞赛的方式，培养学生自主创新的意识，激发学生参与创新活动的积极性。在具体组织创新竞赛的过程中，学校要本着公平、公正的原则，对于学生提出的具有发展潜力的想法给予一定的资金支持，为学生的创意实施增加可能性。同时，负责创新创业活动的教师要给参赛学生提供一些参赛指导，为在创新活动中遇到困难的学生提供帮助，使得学生的创新活动更富有价值，符合经济活动的需要。最后，学校的各个社团组织要做好创新创业竞赛的宣传工作，让学生更好地了解相关的创业活动，提高同学们参与竞赛的可能性和积极性，从而在高校中形成良好的创新氛围，锻炼学生的创新能力。

二、鼓励创新创业，建设众创空间

在高校中鼓励学生进行创新创业，既能够营造出良好的创新创业氛围，又可以使毕业生就业渠道得以拓宽。建设完善的众创空间可以为高校学生的创新创业活动提供较好的保障，众创空间的建设一方面可以集思广益，为学生进行头脑风暴提供场所，另一方面可以在高校中更好地宣传创新创业活动，让学生们更加具有创新创业的积极性。为此，学校及社会中各个主体应在建设众创空间的过程中发挥自身的作用。首先，学校应该设立专项资金，保证众创空间的建设以及之后的正常运营，同时，对于专项资金的使用必须做好记录和监督，确保专项资金能够用到众创空间的发展之中。其次，除了提供资金支持，学校也可以针对毕业生的创新创业活动提供一次优惠政策，如：该校毕业生若进行创新创业活动，可在一年内免费使用众创空间中的办公室等其他配套设施，以此为学生的创新创业活动提供支持，增加高校毕业生创业成功的可能性。最后，众创空间的建设及发展仅仅依靠学校的力量是有限的，应该充分发挥政府的支持作用，为高校的创新创业互动提供一定的财政支持，减轻学校的财政负担。此外，社会中的龙头企业也可以为高校学生提供一些有用的市场信息或创业机会，使得学生的创新创业活动更具生机与活力。

第五节　改善居民生活环境，增强人才归属感

一、保护生态环境，打造绿色家园

实现人与自然的和谐相处才能实现经济的高质量发展，这符合科技人才对

更好生活品质的追求，能够满足科技人才的生活需要，增强科技人才的满意程度及归属感。河北省在保护生态环境、打造绿色家国的过程中需要政府、企业和个人贡献自己的力量。第一，政府部门要发挥宏观调控作用，合理配置社会资源，为企业生产活动的优化升级提供支持，制定关于生态环境的相关政策以保护生态环境。第二，企业必须承担起应有的社会责任，在企业文化中加入保护环境、绿色发展的理念，规范员工的行为，积极推动生产技术的升级，实现企业新的发展模式。同时企业应对排放的废水废气进行加工处理，减少废气废水的排放。第三，个人也需要从自身做起，养成良好的行为习惯，不随地吐痰、不乱扔垃圾、少用或者不使用塑料袋，积极在社区中宣传环保理念，参加环保志愿活动，在保护生态环境的同时打造文明的城市形象。

二、完善公共交通，提升智能交通水平

交通问题伴随着人和物的移动产生，随着经济、社会发展日益成为影响居民幸福感的重要因素，严重的交通拥堵问题阻碍城市运转效率的提高，降低了居民的生活满意度，同样影响着科技人才的发展环境。河北省居民的主要出行方式已经由原先的步行、骑自行车逐步向电动车和汽车转变，在个体出行方式变化的过程中，公共交通并没有相应地发展起来，公交分担率增长缓慢。因此，政府及社会主体需要共同发力，完善河北省的公共交通，提升智能交通水平。政府要从科技角度出发，制定合理的疏解策略方案，根据地区发展需要建设城市快速路疏解交通拥堵，对道路建设、停车场建设和公交线路进行调整。此外，各地区广播电台可以增设交通专线，利用好大数据以及互联网技术，搜集实时车流量、公交、出租车、停车位等数据并进行及时播报，为居民的出行提供便利。最后，要在全社会大力提倡绿色出行，一方面要鼓励居民出门乘坐公交车、步行或者骑自行车；另一方面，各地区要完善配套设施，建好非机动车车道，综合提高河北省公共交通水平。

三、优化医疗资源配置，提高医疗服务水平

对于河北省医疗环境的优化，可以采取以下几点措施：第一，深化医药卫生体制改革，进行医院管理体制的改革是提升医疗水平的重要举措，在用人方面，实施竞聘上岗，坚持人尽其才的原则，保证每个医护人员在各自岗位上发挥最大的优势，同时整合医院的医疗人员，实现对人力资源的充分利用，提高医院的医疗服务水平。第二，引进培育优质医疗人才。随着社会的发展，人们对优质医疗资源的需求程度不断增加，要想满足科技人才及其他公民的高层次需要，就要引进三甲医院的优秀医疗资源，邀请专家进行医疗技术指导，发展现代医疗技术。此外，要重视医疗人才的培养，专家教授应该倾囊相授，帮助住院医师的发展，培养一批高水平的医疗人才。第三，简化医疗保险报销程序，提高报销比例。一方面，政府应该根据公民需要简化医保报销程序，保证公民可以实现符合报销标准的医疗费用及时报销，提高相关工作人员的办事效率，在具体报销过程中应该更具灵活性，以人为本。另一方面，可以适当提高医保报销比例，切实解决"看病贵、看病难"的问题，增加科技人才对河北省医疗服务的满意程度，优化科技人才发展环境。

四、发挥政府职能，严格控制房价

衣食住行是人们得以生存的基本需要，控制好房价，解决科技人才的住房问题尤为关键。在优化河北省科技人才发展环境的过程中必须发挥政府的主体作用，政府要从整体上做好宏观调控，把握全局、严格控制房价，增加科技人才在生活方面的满意程度。过高的房价不仅会阻碍经济发展，也会降低科技人才的生活满意度，因此政府需要严格控制河北省房价的增长速度，保证其增速稳定在合理区间内。同时需要把握好"房子是用来住的不是用来炒的"这一基本要求，在制定针对房地产的调控政策时以民为本，督促房地产厂商提高住房质量，建立有利于房地产业稳定发展的长效机制。此外，政府也需要发挥好法律的强制力和保障力，以立法的形式明确住宅的居住属性，从而约束市场上出现的"囤房""炒房"现象，减少投资性投机需要，避免扰乱市场秩序的行为产生，实现房地产行业健康、长效发展，保证公民尤其是科技人才的住房需求能够实现。

第六节　推进差异化服务，完善人才激励政策体系

优化河北省科技人才的发展环境，就要为科技人才提供差异化服务并以其为基础完善科技人才激励政策体系，使得不同的科技人才都能够满足自身发展需要。主要涉及以下几个方面：第一，设置具有差异化的薪酬待遇结构。在设置科技人才的薪酬待遇时应保证科技人才的薪酬待遇在同行业竞争中具有优

势，并且在企业或者高校内部竞争时也能够保证其优势。科技人才的工资薪酬应该包括固定工资部分和浮动工资部分，在保证科技人才基本需要的前提下增加科技人才创新的动力。对于承担不同工作、技能水平不同的科技人才在设置薪酬待遇时，既要体现科技人才薪酬待遇的差异程度，激发科技人才工作的积极性和主动性，又不能形成过大的差异致使员工不满，破坏企业内部的团结。第二，制定具有差异化的科技人才表彰奖励政策。一方面，政府可以降低科技人才获奖的门槛，简化一些获奖限制条件，加大科技人才评奖活动的力度，使得科技人才的获奖机会提高，提升科技人才从事创新活动的热情和荣誉感；另一方面，在确定奖项时应该适当地增加奖励金额，吸引科技人才积极参与创新活动，对于科技人才提供的不同科技成果，在进行奖励时应该有所区别，从而调动科技人才相互竞争的积极性，促使全社会创新氛围的形成。

第七节　创新人才管理模式，保持政策的比较优势

构建数字化人才管理模式，开发科技人才潜能，优化人才发展环境。传统人才管理模式具有"自上而下"的特点，不可避免地出现信息通路不畅、会议频繁低效、加班成瘾、晋升速度缓慢等问题，从而导致人才流失、企业运营成本增加、工作效率低下等问题。随着科技水平不断提升，数字化时代已经到来，在全民数字化的大背景之下，人才管理模式也需要与时俱进，不断创新。因此，推进传统人才管理模式的变革，构建数字化人才管理模式，对优化科技人才的发展环境具有重要意义。企业在推进传统人才管理模式改革、推行数字化管理模式的过程中一要保持企业内部信息的通畅，充分应用"互联网+"。可以从招聘环节开始，实现足不出户精准聘取需求人才，提高招聘效率，对科技人才来说也可精准定位工作岗位，从而更好地发挥自身优势。此外，企业应在绩效管理、人才盘点与发展、全职业生涯学习、组织效能与员工敬业、共享服务与员工体验等六大场景中逐渐落实数字化人才管理模式，通过实践帮助企业在数字化转型中获得真实提速，实现创新人才管理模式的效益最大化，逐步开发科技人才的创新潜能。提升企业内部信息流通速度，一要简化会议流程、减少开会次数，会议主题要鲜明，重点要突出，提高开会效率，节省工作时间；二要提高工作效率，减少加班次数，关心科技人才的身心健康，减少公司不必要的成本；三要保证人才晋升渠道的通畅，企业增加科技人才晋升的机会，提

升科技人才的福利待遇，鼓励科技人才为企业发展作出更多的贡献，从而调动科技人才工作的积极性和主动性，优化人才发展环境。

第八节　提供创业支持，鼓励科技人才创业活动

一、拓宽融资渠道，建立完善初创企业融资平台

企业融资困难是河北省初创企业生存环境艰难的原因之一。拓宽融资渠道、构建完善的融资平台能够提升河北省初创企业的存活概率，从而为河北省科技人才的创业活动增加信心。解决初创企业融资困难的问题需要政府放宽金融管制，实现融资体系的多元化。初创企业难以从国有银行获取融资的原因之一是信用较低，因此，政府应该出台相关政策，鼓励民营贷款机构的发展，利用民营贷款机构信贷门槛低的优势，增加科技型企业的贷款融资渠道。政府可以作为第三方担保人为科技型初创企业提供担保服务，同时减少创新型创业人才的贷款利息。此外，政府应该为科技型初创企业提供专项贷款服务，针对创新型初创企业的特点重新设置担保条件，依据其知识产权的评定价值提供专项贷款，深入推进专利质权押款，改善其融资环境。

二、实施鼓励研发的税收优惠政策，激发人才创业动力

对于科技型初创企业，政府应该实施鼓励研发的税收优惠政策，减轻其创业过程中的压力。对于科技型初创企业的税收优惠政策可以借鉴对民营企业实施的税收优惠政策，但是也应有所区别。除了对科技型初创企业的企业所得税进行优惠减免外，还应该对在科技型初创企业从事科技研发的员工的个人所得税进行一定程度的减免，这样既可以减轻科技型初创企业的财务压力，还能够激发员工的创新积极性。此外，应根据科技型初创企业的科技成果转化率建立返税制度，若科技型初创企业新产品销售收入与去年相比有所增加则对其进行一定程度的退税优惠。有关科技成果转化率的衡量标准及返税比例的确定，需要综合考察科技型初创企业的实力。

三、健全知识产权保护制度，保障科技人才权益

健全知识产权保护制度不仅能够保障科技人才创业所获得的权益，而且可

以提升创新型企业的技术创新水平。第一，加强执法队伍建设，保证执法力度。依法积极推进行政执法队伍建设，稳定与发展执法队伍，确保执法人员数量；提升河北省对于知识产权的保护力度，监管人员履行自身职责，加强对侵犯知识产权突出问题的专项整治；对于认真履职的执法人员进行奖励，每年安排专项经费用于改善办案条件，奖励办案人员。第二，提高知识产权服务能力，创新服务方式。鼓励民营企业建立高水平、专业化的知识产权服务机构，促进河北省知识产权服务水平的提升。同时政府需要发挥自身的职能，保证知识产权服务市场的合理运行，设置知识产权发展专项资金，营造良好的知识产权氛围。企业和政府机构同时发力，为河北省科技人才的创新活动提供高质量的知识产权服务，保障科技人才的权益。

第九节　明确政府及企事业单位责任，落实人才保障措施

一、明确政府责任，增强人才保障力度

在优化河北省科技人才发展环境的过程中政府扮演着重要的角色，承担着不可或缺的职责。第一，政府需要确保科技人才保障工作的落实，保证科技人才保障工作有人做。政府要组织人才保障工作交流会，相互分享各地区人才保障工作中总结出的成功经验以及失败教训，以提升地区人才保障工作的效率。此外，上级工作部门除了给下级工作部门分配任务之外，还应该对下级工作部门的具体工作进行指导，保证下级工作部门按照统一的原则及规章制度开展相应的人才保障工作。第二，政府应该保证科技人才保障工作的开展具有一定的计划和目标，在制订人才保障工作计划时需要分别制订宏观和微观计划。宏观计划起到指导性作用，微观计划便于各个地区具体开展工作。制订人才保障工作计划能够保障河北省人才保障工作有条不紊地开展，同时也能够充分了解到河北省科技人才的现状，从而提升人才保障政策措施落实的可能性。第三，人才保障工作的落实离不开政府部门监督功能的发挥。人才保障工作在具体开展过程中难免会出现滞后性，这就使得河北省科技人才的利益难以得到保障，降低了科技人才对政府人才保障政策的满意度。开展监督工作的过程中政府部门需要在内部进行协调，客观认识部门及自身的职责，从而合理分配监督任务，高效完成人才保障工作监督任务。

二、明确企事业单位责任，强化人才保障服务

在落实人才保障措施方面，除了要明确政府责任、发挥政府作用之外，还需要发挥河北省企事业单位的作用。企事业单位是大多数科技人才进行创新创业活动的平台。企事业单位做好科技人才保障工作能够提升本单位的吸引力，吸纳科技人才进入本单位，促进单位创新活动的开展，提升单位的创新能力及竞争力。因此，河北省的企事业单位应该充分了解科技人才的需求，将科技人才的需求作为自己落实人才保障工作的重要参考。为了保证科技人才保障工作的落实，企事业单位可以成立科技人才保障工作小组，专门管理人才保障工作。工作小组机构设置以及人员确定应该以单位制度为依据，在具体开展工作的过程中如果出现问题，可对工作小组的成员进行调整。同时，河北省企事业单位工作小组应该和政府形成有效的对接，及时反映本单位科技人才保障工作的落实情况，为政府调整人才保障政策提供依据，使相关政策发挥好保障作用。

第十节　加强政策宣传力度，减少政策享受阻力

一、补齐政策宣传短板，实现宣传方式多样化

当前河北省存在人才政策宣传不到位的情况。人才政策宣传过程中存在时效性低、全面性差的问题，导致部分科技人才无法了解与切身利益相关的人才政策。现有的政策宣传方式没有达到预期的效果，难以实现政府设置的既定目标，亟待改善。要实现人才政策宣传方式的多样化，就要采用新旧媒体相结合的方式，增加科技人才获取人才政策信息的渠道，提高科技人才对人才政策的知晓率。同时增加对新媒体的利用，新媒体具有数字化、交互性、个性化、超时空性等特点，在信息时代新媒体成为我们获取信息的重要途径。目前，政府部门主要通过政务部门官网发布科技人才的相关政策，宣传方式较为单一。政府需要增加政策宣传的媒介，在选择媒介时应该严格把关，选取具有公信力的大众传媒。一方面，具有公信力的大众传媒具有庞大的用户资源，用户中包含科技人才的可能性更大，政府选择该类型的大众传媒能够实现自己预想的政策宣传效果；另一方面，公信力大的大众传媒在用户中具有良好的形象，媒体从

业人员的素质较高，用户对此类大众传媒宣传的政策信任度更高，达成政策宣传目标的可能性更强。

二、减少政策享受阻力，扩大政策覆盖面

河北省人才政策在实际落实过程中效果不佳，部分科技人才认为由于人才政策审理手续繁杂、政策缺乏吸引力和相关部门没有执行力等原因导致自己没有享受到当地的人才政策。科技人才享受人才政策受阻将降低地区对科技人才的吸引力，必须引起政府部门重视。政府部门在保证工作质量的前提下应该适当简化人才政策审理手续，提高工作效率，节约彼此的时间成本，降低科技人才享受相关政策时的阻力与成本。此外，政府在制定人才政策时要坚持以人为本，通过多渠道获取信息，了解和掌握科技人才的实际需要，使政府出台的人才政策和科技人才的需求更加匹配，提升科技人才对河北省人才政策的满意度。政府部门需要履行自己的职责，监督相关部门做好检查工作，对科技人才举报的问题进行调查、取证，按时考核执行政策部门的工作，保障人才政策的执行，保证科技人才享受政策优惠，扩大人才政策的覆盖面积。

第十一节　加强人才预测与政策调查，推进政策的高效化及优质化

河北省人才政策利用效果不佳，一方面是由于人才政策宣传途径较为单一、科技人才获取信息的渠道不畅；另一方面是由于人才政策缺乏吸引力，可被科技人才接受和利用的人才政策较少。因此政府有必要加强人才预测和政策调查，提升政策的动态性和连贯性。第一，必须实现人才政策的高效化。政府部门需要在人才需求预测方面投入更多的人力、物力，把握科技人才的现实需要，落实好人才政策利用效果的监察工作，明确人才政策的覆盖规模及人才政策对科技人才的发展形成的影响。以此为依据进行人才政策调整，从而增强人才政策的动态性和连贯性，使人才政策更好地服务于科技人才发展。第二，必须实现人才政策结构的优质化。当前河北省人才政策结构有待优化，河北省人才政策具体划分为人才引进与集聚政策、人才激励政策、人才培养政策、人才使用政策、人才评价政策及人才保障政策。在实现人才引进与集聚政策、人才激励政策、人才培养政策、人才使用政策、人才评价政策及人才保障政策协同

发展的基础上，重点突出人才引进与集聚政策、人才激励政策、人才培养政策，进一步完善人才培养政策，增强对引进人才的后期管理，充分开发利用人力资本。同时，要提升激励政策的数量及质量，增强河北省的人才吸引力，推进人才引进与集聚工作。

第十二节　建立健全科技投入体系，支持科技创新活动

一、优化科技投入结构，提升科技创新水平

科技投入的构成要素包括人、物、财三个方面，人力资源、物力资源和财力资源共同构成科研投入这一整体。河北省更侧重对科技创新活动给予财力支持，而在人力资源和物力资源的支持方面还存在短板。在人力资源投入方面主要包括引进科技人才、实现科技人才的集聚。增加科技人力资源的投入需要完善科技人才引进政策，提高对高精尖的科技人才的政策优惠，增加对科研成果的奖励补贴。此外，应当降低科技人才引进门槛，增加一般人才的引进数量，为一般人才的深造提供平台，助力一般科技人才向高精尖人才的转变。在物力资源投入方面主要包括科技人才进行研发及创新活动所需的土地、建筑物、机器设备、仪表、工具、运输车辆和器具、动力、原材料等。政府需要咨询科技人才的意见，保证科技物力资源投入的质量，满足科技人才进行科研及创新活动的需要。同时，要增加科研平台的数量，提升科研院所的规模，为科技人才的创新活动提供良好的物质基础，推动地区科技创新水平的提升。

二、丰富科研经费投入来源，增加非财政经费投入

河北省科研经费以政府投入为主，庞大的科研经费投入对政府造成了较大的财政压力，随着科研人才开展研发及创新活动所需科研经费的逐步增加，河北省丰富科研经费投入来源、增加非财政科研经费投入越来越有必要。企业作为科技创新的最重要主体，承担着科技创新投入的责任。企业对科技创新的投入应该贯穿于创新产品研发、生产、销售的全过程。企业需要发挥自身的优势，实现创新环节和生产环节的紧密衔接，积极推进科技成果转化，推动科研经费投入的效用最大化。除了企业投资之外，金融贷款投入也不可或缺，只有加大金融机构对科技创新的信贷力度，鼓励开发和深化各类支撑科技创新的金

融项目，提高对科技企业尤其是中小型科技企业的金融信贷支持，才能为科技创新主体的持续发展奠定必要基础，减轻科技创新主体的科技创新风险。

第十三节　发挥中间型组织的作用，推进人才开发与流动

中间型组织是人力资源开发和流动的中间组织，对政府、企业和大学三方起到优化支持、衔接调节的作用，是人才开发和流动的催化剂。相较于京津两地，河北省中间组织的衔接作用没有得到充分发挥，还有较大的提升空间。

一、营造投资氛围，鼓励天使投资发展

天使投资机制是创业活力的重要推动力量，对分散创业者创业期的风险具有一定成效。河北省能够为科技人才创新创业活动提供帮助的孵化基地和天使投资人数量较少，增加孵化基地和天使投资人对河北省人才开发效果具有积极影响。政府部门可以出台天使投资人支持办法，鼓励成功创业者转做天使投资人，增加天使投资人的数量。除此之外，还可以根据天使投资规模设置奖励办法，可按照相应的比例冲抵天使投资人所在企业应缴纳的企业所得税及个人应该缴纳的个人所得税，或依据天使投资额度将天使投资人的个人所得税按一定的比例奖励或者返还给本人。在增加天使投资人的同时，鼓励天使投资人出资与政府部门合作共建众创空间，为科技人才创新成果孵化提供基地，有效实现天使投资人和科技创新者有效对接。

二、支持猎头公司发展，加快人才流动

猎头公司作为人力资源开发的专业服务机构，是专业人才和高精尖人才的专业捕手，政府、企业和大学可以通过猎头公司实现人才的流动及更新。首先，要支持猎头产业的发展。河北省要实现"汇聚天下人才"就要发挥猎头公司的作用，及时掌握科技人才的信息。为落实河北省科技人才发展战略，应该将河北省现存的猎头公司进行整合，引导猎头公司集聚，提升猎头公司的整体实力，打造高端人才服务集聚平台和供应链体系。除此之外，可以探索政府猎头的组织形式，发展"政府主导+市场主体"的猎头发展机制，政府可以为猎头公司提供资源支持、资金支持以及相应的服务支持，出台猎头公司发展政策，提升猎头公司的服务水平。猎头公司为政府服务，按照政府人才发展战略要求

及时捕捉人才，实现地区科技人才的充分利用和及时流动。

第十四节　破解人才区位瓶颈制约，创新人才工作机制

　　制定负面清单，转变人才管理观念。制定负面清单是创新人才机制的有效路径之一，能够实现人才工作机制的法制化、市场化和科学化。利用负面清单，可以界定河北省人才主体、市场与政府、公民权利和公共权力之间的关系，约束政府的行为，避免在人才工作中出现行政化现象。通过做减法的方式激发科技人才的创新活力，使得每个人才主体都可以凭借自身的实力享有权利，释放被束缚的活力。通过制定负面清单促使政府将更多的精力投入到知识产权保护、规范市场秩序等方面，减少政府对人才管理的过度干预行为。此外，要坚持依法办事，应当为科技人才的创新活动留足空间，凡是合法的创新活动，都应该给予鼓励和支持，转变人才管理的陈旧观念，从而激发市场活力，提高人才创新的动力。

　　注重和谐因素构建，维护创业生态系统。科技人才的发展需要构建一个开放包容的环境，人才除了拥有杰出的才华之外，还具有各自鲜明的特点和个性。因此，人才的成长环境应该具有更高的包容性。打造容错、容异、包容张扬个性的人才团队才能保证创新之源绵绵不绝。可见，和谐因素的系统构建对人才培养、环境改善至关重要。同时，我们也需要结合社会各界力量，构建创业生态系统，提供更加人性化的环境，使得科技人才能够适宜发展。要以构建服务体系为着眼点、拥有良好氛围、满足科技人才需要的发展环境，为河北省创新创业发展提供不竭源泉和动力。

第十章　结论与展望

随着经济发展方式的快速转变，我国经济逐步由高速度发展阶段进入高质量发展阶段，这对经济发展的质量提出了新要求，这一过程中科技人才发挥的作用也越来越重要。自 2006 年《国家中长期科学和技术发展规划纲要(2006—2020)》提出建设创新型国家以来，2017 年党的十九大报告进一步提出"加快建设创新型国家，瞄准世界科技前沿，强化基础性研究，实现前瞻性基础研究、引领原创性成果重大突破"的新要求。科技创新已经成为我国实现快速发展、形成强大竞争优势的关键一环，新时代我国面临百年未有之大变局和日趋激烈的全球竞争，转变经济发展方式、淘汰落后产能、提供高端产品供给、推动新产品研发、激发企业内部创新活力以及实现经济双循环、增加经济增长的活力等方面都离不开科技人才。如何更好地激发科技人才的创新活力成为提升人才竞争力和国家综合国力的核心问题。本书主要关注河北省科技人才发展环境，以及如何优化河北省科技人才发展环境的问题，力求促进河北省科技人才集聚，发挥科技人才的规模效益，推动河北省经济高质量发展。

人才发展环境会对科技人才集聚、产业转型升级和经济发展产生重要影响。目前，河北省面临着科技人才规模小、分布不合理、使用效率低下和人才流失严重等诸多问题，这些问题都严重影响了河北省科技人才的集聚和创新能力的提升，进而制约了河北省产业结构的优化升级。

科技人才创新环境是个人发展需求中的重要组成部分，是激发科技人才创新创业活力的重要因素。目前河北省科技人才多数分布在企事业单位，创新创业积极性较低，极少数人具有创新创业行为。究其原因离不开河北省创新创业政策及相关服务落实不完善、科技人才难以获得各种创新创业服务方面支持的现状。此外，河北省对科技创新的投入力度较小，创新创业氛围不浓，这导致科技人才本身的创新创业意识较为淡薄，这些都是制约河北省创新能力提升的主要因素。因此，研究河北省科技人才创新创业环境的满意度和优化路径对河北省进一步引进和培养科技人才、扩大科技人才规模、提升科技人才质量、激励创新活力、推动河北省产业高端化等问题都具有重要意义。

第一节 研究的主要结论

一、河北省科技人才快速增长，但结构不合理，创新能力不高

本书首先对河北省科技人才现状与特征进行了分析，发现虽然河北省是人口、劳动力资源和人才大省，但从事科技创新活动的人数并不多。截至 2019 年年底，河北省 R&D 人员共有 18.31 万人，占全国 R&D 人员总量的比重仅为 2.57%，其结果必然是创新水平层次不高、创新能力不足。河北省的人才数量远远低于北京市，在高端人才方面，千人计划及以上层次的人才仅有 41 人，而北京市千人计划及以上层次的人才数量为 1275 人，双方相差了 31 倍。调研发现，河北省男性科技从业人员(67.84%)明显多于女性(32.16%)；河北省科技人才多数集中在 30~39 岁这一年龄段(21.18%)，青年科技人才资源比重相对较高；保定市科技人才比重占全省比重为 13.7%，主要是由于保定市高校相对较多，距离北京、天津较近，廊坊市和张家口市科技人才数量(6.3%)最少。可以看出，河北省内科技人才分布不均，科技人才主要集中于冀中南和冀东地区，冀北科技人才储备略显不足；从人才迁移角度看，河北省科技人才多数是通过公开招聘(21.6%)和政府人才引进的方式(18.4%)迁入，但依旧存在结构性短缺现象，特别是高端人才(18.4%)稀缺，国际化水平较低，有海外学习经历和海外工作经历的科技人才占比仅为 9% 和 8.2%。同时可以看到，河北省科技人才主要服务于省内重化工产业，但这一现象在 2019 年以后有所改善，科技人才逐渐向第三产业发展。从河北省公布的数据及问卷调查数据来看，河北省科技创新能力无论从数量还是质量上都与其他省市存在一定的差距，这其中的原因主要是缺乏科技创新创业人才、科技人才创新创业积极性不高。河北省目前科技型人才(52.16%)相对短缺，低于全国平均水平(59.29%)；产业结构与人才就业结构偏离，第一产业的结构偏离度平均为 −0.6881，第二产业偏离度系数平均值为正，且趋近于 0 的速度较为缓慢，第三产业结构偏离度与第一产业结构偏离度线无交叉点，与第二产业结构偏离度线有交叉点，且第三产业相较于第一、第二产业更趋近于 0，这意味着第三产

业科技人才配置相对合理，整体上优于第　和第二产业。信息技术、软件技术、石油化工、装备制造、生物制药等高新技术产业科技人才严重不足，财会、师范、医药、广告等行业人才相对过剩。由于缺乏科技创新产业和吸引科技人才的项目，再加上政策不完善、时效性差、科技人才流失严重等一系列问题，河北省科技创新、经济发展和人才集聚形成了恶性循环，亟待解决。

二、河北省科技人才发展环境指数波动上升，但在全国处于中等偏低水平

科技人才发展环境是吸引科技人才集聚的重要因素，由硬环境与软环境、宏观环境与微观环境交织而成，包括人才发展所依赖的内外部环境，涉及经济、社会、文化、人口、地理位置等多个方面。从客观评价来看，本书以人才发展环境指数为目标，以经济发展环境、社会生态环境、文化科创环境、人口活力环境、规模效益环境五大子环境为准则，选取了 30 项评价指标科学地确定权重，而后采用目标规划法求出人才发展环境指数，并以此对河北省科技人才发展环境进行评价。发现河北省人才发展环境综合评价指数自 2000 年以来一直处于波动上升的态势。各项二级指标中，社会生态环境、文化科创环境和人口活力环境不仅上升速度快，而且明显高于其他两项二级指标。这说明河北省科技人才发展的人文环境、生态环境较好，但科技人才效率较低，规模效益环境指数最小，上升速度最慢。横向比较来看，河北省科技人才发展环境综合指数在全国排名第 20 位，经济发展环境在全国排名第 24 位、社会生态环境排名第 14 位、人口活力环境排名第 23 位，文化科创环境排名第 18 位，规模效益环境排名第 9 位。从调查结果来看，37.6% 的人认为就业环境对科技人才发展环境影响最大，其次是创新创业环境（34.1%）和人才政策环境（32.2%）。调查对象中有 25.1% 及 24.7% 的科技人才认为人才激励政策和人才保障政策"最差，最需要完善"；有 40.8% 和 39.6% 的科技人才认为人才流动政策和人才激励政策"比较差，也需要完善"，河北省人才保障政策和人才引进政策也需要进一步完善。相较于其他省份，河北省经济发展水平较低，2018 年科研经费投入（1.39%）不足，不能很好地为科技创新提供经济支持，这导致科技人才在创新过程中获得先进设备的可能性降低且难以获得充足的资金支持，科技人才创新效率不高、企业创新活力不够。生活环境方面，河北省能够满足科技人才的基本生活需求，但自然环境污染严重，商业设施及基础设施陈旧落

后、公共服务均等化尚需推进、交通不便利、公路修整效率低下，不能满足人们对高质量生活的追求。同时，河北省教育质量有待提升，2018年河北省高等院校数量为122所，但仅有一所国家重点高校，高质量人才培养受限，且培养的人才与河北发展需求存在脱节、错位现象。2018年河北省人均图书拥有量仅为0.36本，社会文化环境也有待进一步提升。从人才发展内部环境看，河北省科技人才晋升速度比较慢(11.4%有过晋升)，薪酬福利水平不高(满意者仅占3.1%)，对科技人才的激励效果有限；研发开发人员集聚度不高，创新创业活力不足；企业环境较差，无法为科技人才提供良好的平台，抑制了科技人才的发展。

三、河北省科技人才发展环境区位优势明显，但科技人才满意度群体差异大

河北省科技人才发展环境特征的成因不是唯一的。宏观层面，地理位置因素是其中的一个重要原因，河北省位于我国东部沿海地区，京畿重地，毗邻京津，建有完整成熟的交通网络，其沿海港口是"北煤南运"的重要运输节点，这些优势给河北省带来了巨大的发展机遇，但同时也给河北省的发展带来了巨大的压力。在与京津协同合作、发展的同时，河北省始终处于弱势地位，优质资源不断流向京津两地，经济、社会发展中难以抵挡京津的"虹吸效应"，同时，与其他省市相比又没有开发可利用自然资源，第三产业发展程度低。由于科技人才资源短缺，在产业转型升级中又难以实现科技创新产业快速集聚发展，致使河北省在京津冀处于相对落后的位置。虽然每年的科研经费投入绝对量始终保持增长趋势，但相对量仍低于全国平均水平。河北省是科技人才大省，但并非科技人才强省。由于京津两地的"虹吸效应"，河北省科技人才流失严重，此外，劳动力资源市场配置机制对河北省科技人才配置起到的作用较小，科技人才流动过程中流动成本较大、人才固化，致使人才规模效益降低，难以激发科技创新活力。研究发现，科技人才的性别、年龄、受教育程度、海外学习与工作经历、社会资本等都对科技人才发展环境满意度具有显著影响，学历越高者对河北省科技人才发展环境越不满意；具有海外学历的科技人才对河北省科技人才发展环境满意度较小；在国家机关工作的科技人才相较于在企事业单位工作的科技人才对河北省科技人才发展环境满意度更高。

四、河北省人才集聚模式为"经济-教育-宜居主导型"

本部分通过2000—2019年的面板数据，利用固定效应模型，分别从经济发展水平、教育与科技因素、宜居程度以及社会保障四个维度，分析了河北省人才集聚机制以及影响因素。研究发现：第一，经济发展水平、工资水平和社会保障水平对河北省人才集聚具有显著的正向影响；对外开放程度对河北省科技人才集聚程度无显著影响；宜居程度尤其是空气质量和交通状况抑制了河北省科技人才的集聚效应。第二，河北省科技人才集聚相关因素中，空气质量、交通状况、房价水平等因素显著地影响着科技人才的集聚和流动，基于实证分析结果，从提升社会保障水平、改善空气质量以及搭建人才平台三个维度提出政策建议。需要对这些环境因素进行改善和提升，从而吸引更多人才流入河北。

五、河北省科技人才有一定的创业意愿，融资、税收、社保缴费返还等需求较大

河北省科技人才创新创业环境是河北省人才发展环境的重要组成部分。本书调查了1500位科技人才并对他们创新创业特征、需求和政策、服务等环境进行分析，发现半数科技人才有过创业经验，但整体来看他们创业意愿不强且创业行为较少。河北省科技人才创业类型主要是现代服务业以及高新技术产业，其中大部分创业企业类型为现代服务业；创办企业所属技术领域主要是创意文化产业；河北省科技人才创新创业动机主要是创造财富或者是拥有自己的公司而并非为了提高全省科技创新能力。从政策和服务方面看，每期接受创业服务人数总体呈上升趋势，但创业帮扶政策仍有待完善。从调研结果看，河北省科技人才创新创业具有以下特征：男性更倾向于自主创业，创业的科技人才年龄相对较小，学历越高创业意愿越小；且多数创业的科技人才没有海外留学经历。调研数据还显示，河北省科技人才最大的创新创业需求是外部环境。此外，河北省科技人才创业主要还面临资金缺乏、基础设备不足、找不到稳定的销路或市场、缺乏支撑业务的技术等困难，需要河北省加强对科技人才创业资金、固定资产支持和技术培训等方面的重视程度。创业环境对科技人才创业行为起决定性的作用，创新创业氛围、获取创业指导的难易程度、获取管理咨询服务的难易程度、获取金融贷款的难易程度和获取创业经费支持的难易程度对

科技人才创业行为具有显著的积极作用。科技人才的性别、年龄及受教育程度均对其创业行为也具有显著影响。

六、河北省科技人才政策不断完善，成效显著，有待纵深提升

本书进一步聚焦深入实施京津冀协同发展战略，分析了河北省聚才、引才、用才和评价、激励、服务等方面的政策机制现状，并基于宏观数据对科技人才政策实施效果进行了评估。河北省科技人才政策主要存在以下几个问题：一是人才政策不完善，其中河北省人才引进与激励政策侧重于人才引进和人才的短期使用，忽略了人才的保留和长期维护，缺乏有效规划，在京津冀一体化进程中无法实现与京津的有效对接；户籍、教育和医疗保险制度在一定程度上限制了河北省的科技人才引入及京津冀之间的人才流动。二是人才发展的体制机制不健全，在河北省的现阶段教育投入中财政投入始终占据主体地位，企业和金融机构对教育的投入较少，投入主体较为单一，教育机制不完善；由于人才培养周期较长，培养出来的人才往往不能及时适应市场发展的需求。三是河北省人才结构不合理，科技人才的供给和需求出现矛盾，产生了巨大的人才缺口，一方面，河北省高科技人才较少且流失严重，另一方面，受多重因素尤其是高校资源分布不均的影响，河北省高科技人才培养潜力不足。四是公共服务资源不完善。河北省的公共服务资源不完善主要表现在高等教育资源、医疗卫生资源和社会保障方面，相比京津两地或其他东部沿海省份，河北省教育质量有待提升，医疗水平较低，高质量医疗资源较少，河北省还面临着人才的配套制度和落地机制不健全的问题，这些都是阻碍京津冀实现人才有效对接的重要原因。

七、河北省人才工作重点：服务提升、经济支持、政策优惠、科创氛围、城市形象

本书通过分析河北省人才发展环境和科技人才创新创业环境，提出了河北省进一步优化科技人才发展环境的对策，主要有以下几方面：打破传统产业发展模式，有效连接传统产业和高新科技产业，实现制造业与服务业融合发展，深化供给侧结构性改革；提升第三产业发展质量，重视互联网作用，推进居民消费升级；支持民营企业发展，实施减免税收政策，提供有效市场信息，合理调配资源，积极鼓励民营企业进行创新活动，增强企业在发展过程中的竞争

力。优化人才引进政策体系，完善人才培养系统，创新人才培训模式，加强人才再培训力度，充分利用人力资本；建立促进创新创业的长效机制，完善创新创业保障体系，防止人才流失，落实创新创业教育政策；建立高质量的教育环境，培养青少年科技后备人才，提升人才创新能力；改善居民生活环境，包括经济、生态、医疗卫生和交通等环境，增强人才归属感；设置差异化薪资，制定差异化的科技人才表彰奖励政策，推进差异化服务，完善人才激励政策体系；创建数字化人才管理模式，保持政策的比较优势；完善人才保障措施，提升人才政策制度保障；加强人才预测和政策调查，提升政策的动态性和连贯性；建立科技人才引进反馈机制，加强引进人才的后期管理；鼓励高层次人才兼职从业，建立完善科技人才市场化流动与共享政策；破解人才区位瓶颈制约，激发人才创新创业活力。

第二节 不足与展望

（1）本书由于资料有限，所提及的科技人才发展环境主要是从河北省这一地区角度来研究的，对全国范围的涉及较少，如不同省市满意度差异、不同省市文化差异、不同省市经济发展水平差异等因素也是影响科技人才发展环境的重要变量。并且科技人才在不同区域对经济发展的影响存在一定差异，在今后的研究中还需要进一步对省际空间方面的发展环境差异进行深入研究。同时科技人才发展环境不仅可以从横向以各个省市为切割面进行定量分析和比较，还可以从纵向上对科技人才变动规律、空间集聚程度和发展阶段进行归纳，为不同区域科技人才发展提供参考依据。本书对城乡科技人才发展环境差异涉及较少，主要是对河北省科技人才在产业、空间、总量上的结构进行了研究，这一点还有待完善，尤其是对于存在明显城乡二元结构的河北省而言，科技人才在城乡之间的配置流动以及转移趋势关系到全省城市化的进程以及三农问题的解决。农村科技人才资源内部配置结构与城市科技人才资源内部配置结构也存在较大差距，如何根据这种差距来消除二元劳动力市场的隔阂等问题，在这一点上理论和实证研究是今后需要重点关注的。

（2）科技人才发展的理论研究和实证研究还有待完善。本书努力构建了科技人才发展环境的指标体系，可以算是一种尝试性的探讨，部分指标的设计还有待完善和科学化。在对区域科技人才发展环境水平进行综合评价的过程中，本书选取了多目标规划模型作为评价方法，虽然也得出了一些重要结论，为河北省如何评价科技人才发展环境以及如何提高科技人才集聚水平提供了一个参考，但研究方法也可以进一步探讨和完善。河北省科技人才发展环境评价中，通过与国内其他省市比较可以明显发现河北省存在的不足以及优化的方向，尤其是通过京津冀地区的比较可以看出如何增强河北在京津冀地区的人才竞争力。如果能够对区域科技人才发展环境做出动态评价和监测，就能够为及时调整人才战略、产业政策、空间格局等提供科学依据。

（3）对于进一步优化科技人才发展环境的方案设计还有待完善。通过国外科技人才发展和集聚的经验可以看出，产业结构调整、科技创新和人才政策是提高劳动力生产率、促进就业、优化科技人才发展环境的有效措施。河北省乃至全国科技人才发展环境状况都有待进一步优化。本书也针对当前的研究情况，得出了一些有益的对策。但是无论是在理论构思还是在可操作性方面还需要进一步深化。同时科技人才的职业构成与经济高质量发展的关联度研究有待深化，如果能够进一步深化计算河北省与全国各个区域差异的具体情况，如东部、中部、西部的差异则对比效果更好，更有利于从宏观上指导河北省和全国科技创新发展规划与科技人才发展战略。

附　　录

附录1：北京市人才发展政策

1.1　人才引进政策与集聚政策

(1)经济政策

政策名称	政 策 内 容
新世纪百千万人才工程(京人发〔2004〕100号)	个人资助对象为在北京从事专业技术工作的"新世纪百千万人才工程"国家级人选和市级人选；单位资助对象为根据《实施意见》制定并实施高层次专业技术人才培养计划的北京市单位。 培养经费资助分为：培训研修类(A类)、创新研发类(B类)、学术交流类(C类)、出版专著类(D类)四类及一个专项资助。
北京市百千万人才工程(京人社专家发〔2014〕190号)	在中国国籍、在北京市所属单位和行政区域内非公经济单位中从事基础研究工作的专业技术人员中推选市级人才，给予科研经费资助。每次20名。已入选"国家百千万人才工程""北京市新世纪百千万人才工程"和"北京市高层次创新创业人才支持计划"杰出人才和领军人才的，不再入选市级人选。
高聚工程(中科园发〔2015〕3号)	针对战略科学家、科技创新人才、创业人才、风险投资家和科技中介人才等各领域人才分别给与不同的经济支持政策。对以上各领域具有突出贡献人才给与100万人民币的一次性奖励。
高创计划(京组发〔2014〕3号)	按照分领域、分类别、分年度的办法，建设杰出人才、领军人才、青年拔尖人才三支队伍建设，对于杰出人才、领军人才、青年拔尖人才分别给予不同方式的经费支持。

政策名称	政 策 内 容
昌聚工程（京昌人才办发［2020］2 号）	高层次人才一次性资金支持 50～100 万元不等。高层次团队一次性资金支持 100 万元。作为核心成员、独立承担或第一完成人，获市级及以上重要奖项给予一次性 10% 的资金支持，最高不超过 50 万元。"昌聚英才卡"提供每人每年不超过 5 万元的专项服务保障资金，用于体检疗养、培训交流、进修补贴、交通补贴等方面。

（2）社会保障政策

政策名称	政 策 内 容
高聚工程（中科园发［2015］3 号）	对战略科学家、科技创新人才、创业人才、风险投资家和科技中介人才等各领域科技人才设立绿色服务通道，提供便捷高效服务，有限办理相关手续。对于符合规定的外籍人才可申请办理《外国人永久居留证》。可按规定参加北京市社会保险，由教育行政部门协助办理子女入托入学相关手续。
发挥猎头机构引才融智作用若干措施（京人社市场发［2018］266 号）	为符合条件的猎头人才办理"北京市工作居住证"，设立"长城友谊奖"奖励具有突出贡献的外籍猎头专家，为外籍优秀猎头人才办理人才签证和外国人永久居留身份证，吸引海外猎头行业人才到京工作。
昌聚工程（京昌人才办发［2020］2 号）	落户与居留、子女教育、医疗保障、住房保障、配偶就业等方面享受便利服务。凭"昌聚英才卡"享受企业注册、高新技术认定、人才政策解读、科技项目申报、社会保险办理等便捷政务服务。
持永久居留身份证外籍人才创办科技型企业的试行办法（京科发［2020］6 号）	"持有外国人永久居留身份证的外籍人才"在创办"科技型企业"方面享受国民待遇。

1.2　人才激励政策

政策名称	政策内容
关于优化人才服务促进科技创新推动高精尖产业发展的若干措施（京政发[2017]38号）	近3年累计获得7000万元以上（含）股权类现金融资的创新创业团队，可给予最高500万元的一次性奖励；近3年累计获得1.5亿元以上（含）股权类现金融资的创新创业团队，可给予最高1000万元的一次性奖励。制定优秀人才奖励措施，建立与个人业绩贡献相衔接的奖励机制，业绩贡献突出的可给予每年最高200万元的奖励。
大学生创业引领计划（京政办发[2014]45号）	联合基金会等金融机构拓宽贷款范围和融资渠道，为大学生创业提供资金支持，给予所得税优惠和政策鼓励；建立大学生创业园区，提供场地支持。由人力社保部门牵头，各部门互相协作，建立大学生创业服务平台。
昌聚工程（京昌人才办发[2020]2号）	高层次人才（团队）在昌平区工作期间，可长期享受配套激励政策。
发挥猎头机构引才融智作用若干措施（京人社市场发[2018]266号）	对为北京市政府机关、事业单位、企业和社会组织等各类用人单位提供精准服务的猎头机构给予精准化引才奖励。奖励内容包括政府重点支持单位和人才选聘项目、奖励猎头机构服务费50%但不超过50万元的单笔资金奖励、奖励用人单位资金奖励并可将支付的猎头服务费列入财政预算。
扶持残疾人自主创业个体就业暂行办法（京残发[2009]25号）	对持有《中华人民共和国残疾人证》，在法定劳动年龄内自主创业的残疾人给予最高2万元的一次性创业扶持资金，对租赁场地的，再给予最高2万元的场地租赁费扶持。扶持实物的计入扶持资金。

1.3　人才培养政策

政策名称	政策内容
翱翔计划	采取中学与大学联合培养的方式，在高中纳入研究性学习课程。翱翔计划与高校录取招生不直接挂钩，但高校自主招生会参考相关经历，进入大学后，项目对应高校和专业认可计划中取得的学分。旨在培养中学生研究兴趣。

政策名称	政策内容
雏鹰计划	采取"政府主导、学校实施、社会参与"的运行机制，由指导专家、骨干教师、志愿者组成工作团队，选定北京市 100 所中小学作为项目实验校，首都博物馆、北京天文馆、中科院蛋白质科学国家实验室、北京市临床医学研究所等单位提供实践支持。
北京学者计划（京政办发[2017]41 号）	通过专家推荐和归口推荐，选拔各领域居于领先地位的科技人才，针对不同领域人才设置不同培养周期，包括学术导师制度、学习进修制度和跟踪培养制度等。
大学生创业引领计划（京政办发[2014]45 号）	把创新创业课程列为必修课程，普及创业教育；对有创业意愿的大学生有针对性地开展创新创业培训活动。
发挥猎头机构引才融智作用若干措施（京人社市场发[2018]266 号）	实施猎头机构领军人才研修计划。依托著名高校、职业院校、大型企业、跨国公司，组织猎头机构骨干人才开展学术交流和研修活动。建立行业领军人才库，及时准确全面掌握猎头机构领军人才情况，提供后续跟踪服务。
华侨华人回国创业研习班	面对具有一定影响的海外科技集团负责人及华侨华人科技社团专业人士、海外高校校友会负责人开设研习班，有创业项目、拟来京发展者优先考虑。在北京食宿和考察费用由主办方承担，国际差旅费用自理。由清华大学继续教育学院承办。

附录2：天津市人才发展政策

2.1　人才引进政策与集聚政策

政策名称	政策内容
中新天津生态城人才引进、培养与奖励暂行规定（津生发〔2018〕31号）	包括引进对象、购房补贴、工作津贴、人才落户、未就业配偶生活补贴、子女教育、医疗保健等方面政策。
天津新技术产业园区南开科技园管理委员会文件（津园区管发〔2009〕11号）	鼓励企业采取各种方式和途径引进企业急需的高级人才、高级管理人才和高级技术人才，包括高级人才、高级管理人才、高级技术人才、管理人才、技术人才、高技能人才，不同人才一次性给予2000~10000元奖励。
引进人才"绿卡"制度（津政发〔2016〕11号）	设立A卡和B卡，A卡关注高端，主要面向本市重点产业、领域、项目、学科发展的"三高"人才发放，赋予引进人才落户、居留、出入境、医疗保健、子女入学等15项优惠政策；B卡注重普惠，主要面向来津工作研究生和大学毕业生，给予引进的大学生创业培训、创业小额担保贷款、创业房租补贴和社会保险补贴等7项支持政策。
海河英才行动计划（津党发〔2018〕17号）	引育高层次创新人才，包括顶尖人才、领军人才、高端人才、青年人才、创业领军人才、高端创业人才、创新型企业家，奖励资助50~1000万不等。
关于营造企业家创业发展良好环境的实施意见（津国资党〔2017〕92号）	加速聚集区域优势产业高层次人才，支持国内外领军人才来保税区创新创业发展，培养年轻一代企业家。改革人才落户制度，开辟战略性新兴产业领域领军企业人才引进绿色通道，为企业家引进急需型人才提供便利。加强对企业家的服务和政策支持，培育一批具有创新意识和能力的新型企业家。在创新型企业中培育一批创新工程师、创新咨询师和创新培训师。

政策名称	政策内容
引进创新创业领军人才（津政发［2009］7号）	设立天津市引进创新创业领军人才专项资金，每年 2 亿元；对批准引进的创新创业领军人才给予一次性经费资助 300 万元。
泰达校园人才工程	根据区内科技型企业及各类研发中心对高校毕业生及研发人才的招聘需求，积极与各高校开展对接交流，促成与高校建立"委托培养、定向培训"合作意向，吸引更多科研人才向开发区聚集。

2.2　人才激励政策

政策名称	政策内容
海河工匠评选（津政办发[2019]24 号）	面向战略性新兴产业、支柱产业、现代服务业等重点领域，对爱岗奉献、精益求精、追求卓越的高技能人才，按有关规定予以表彰，每年评选 10 名"海河工匠"，每人给予 20 万元奖励资助。
中新天津生态城人才引进、培养与奖励暂行规定（津生发[2018]31 号）	对在生态城工作期间取得正高级、副高级、中级、初级专业技术职称的非公企业人员分别给予 8000 元、5000 元、800 元、300 元奖励。对博士后工作站的在站博士后，给予每人每年经费补贴 15 万元。对落户生态城的各类科研院所，成功引进或新培养 5 名以上第 1 至第 5 层次人才一次性给予经费资助 20 万元。鼓励生态城非公企业柔性引才，对与我区用人单位有具体合作项目并产生实际效果的第 1 至第 4 层次人才，经人才工作领导小组批准分别给予一次性奖励 20 万元、15 万元、10 万元、5 万元。
天津市科学技术奖励办法（津政办函[2017]92 号）	为天津市科学技术进步、经济社会发展和"五个现代化天津"建设作出突出贡献的科学技术人员和组织给予奖励，颁发年度天津市自然科学奖、年度天津市技术发明奖、年度天津市科学技术进步奖、年度天津市国际科学技术合作奖等奖项。
天津新技术产业园区南开科技园管理委员会文件（津园区管发[2009]11 号）	在科技园企业内从事研发和成果转化的各类人才，获得国家或省部级项目经费资助的，按照获得资助经费额度的 5% 奖励项目第一主持人，最高额度为 20000 元。对获得"南开区十大科技创新人物""南开区专业技术拔尖人才"等区级荣誉称号的高级人才，在享受南开区奖励的基础上，给予一次性 2000 元奖励。

续表

政策名称	政策内容
天津市技术能手评选(津政办发[2010]6号)	是市政府授予优秀技术工人的荣誉称号，每2年评选1次，每次评选100名，给予市技术能手每人一次性2万奖励资助。
海河英才行动计划(津党发[2018]17号)	改革人才落户制度，放宽人才落户条件；自主选择落户地点；简化落户经办程序。

2.3　人才培养政策

政策名称	政策内容
天津市科技创新三年行动计划（津政发[2020]23号）	加快建设面向科技前沿的原始创新平台，谋划建设天津市实验室；以市级科技成果交易平台为核心，发展区域、高校院所、行业、服务四类技术转移机构，构建与国内外技术市场互联互通的技术转移网络，按照绩效对运营机构给予补助。
天津市杰出人才培养计划（津滨科协[2020]9号）	每两年评选一次，每次评选20人，对入选人才每次给予一次性专项经费和年度工作经费、生活津贴等资金支持。经过评选，授予南开大学材料科学与工程学院副院长卜显和等20人"天津市杰出人才"荣誉称号。
"131"创新型人才培养工程(津人社办发[2019]53号)	给予第一层次人选连续两年每年最高5万元经费资助，给予入选团队连级3年每年最高30万元经费资助。
天津市高层次人才培养专项资助实施细则(津人社办函[2021]38号)	本专项重点资助杰出人才、领军人才、领军人才团队、高端技能人才、青年后备人才、优秀博士后等高层次人才和团队。
天津市"项目+团队"支持服务实施办法（津人才[2019]18号）	重点培养一批高层次创新创业"项目+团队"，强化新动能引育和高质量发展的人才支撑，促进天津市自主创新重要源头和原始创新主要策源地建设，为17家企业申报人员培养资助项目18个，优化职称评审服务，简化申报程序，累计受理专业技术职称评定申请874人。
"千企万人"支持计划(津政办发[2014]74号)	用3到5年时间遴选支持1000家具有良好创新前景和发展潜力的企业，依托研发平台引进和培养1万名创新型高层次人才，市财政累计拨付专项资金3000余万元。

附录3：河南省人才发展政策

3.1 人才引进政策

政策名称	政策内容
关于加强我省基层专业技术人才队伍建设的实施意见（豫人社〔2017〕24号）	完善人才评价标准。淡化论文论著要求，提高履行岗位职责实践能力和工作实绩在职称评审中的权重，把在基层工作的病案病历、技术总结、技术报告、施工组织建设、监理大纲、预算书、专项施工方案等纳入职称评审范畴，建立符合基层实际的人才评价标准体系。探索并逐步向省辖市下放基层卫生计生专业技术人员高级评审权。 　　对农村教师、基层卫生计生专业技术人员申报职称，评价标准在城市标准的基础上适当降低要求，实行定向评价、定向使用。对组织派出参加援疆援藏援外、艾滋病驻村帮扶、抗震救灾等急难险重工作并达到规定期限要求的专业技术人员给予政策倾斜，免予业务考试并优先申报。基层一线急需紧缺人才，实行职称评聘"绿色通道"。
关于加强河南省高层次专业技术人才队伍建设的实施方案	开辟引才"绿色通道"。对引进的高层次人才、急需紧缺人才及业绩特别突出的人才，可不受单位结构比例和岗位限制，通过特设岗位、动态调整岗位设置等多种方式评聘专业技术职务；对具有高级专业技术职务和博士学位的人员，可采取直接考核的办法招聘，其无档案的，经过组织查证核实程序后其工资档次可实行无档案身份认定；在外省、市已具有相应专业技术资格的人员，来我省工作的，直接确认其资格；对符合条件的海外归国高层次人才，可直接考核认定其高级专业技术职务；对特殊人才实行"一人一策"。 　　鼓励离岗创新创业。鼓励高等院校、科研院所等事业单位在编在岗的专业技术人才携带自有科研项目和成果脱离原单位工作，到企业开展创新创业或自主创办企业。经单位批准同意，可在5年内保留人事关系，由原单位发放基本工资（岗位工资和薪级工资），并保留其参加职称评审、岗位等级晋升、社会保险等方面的权利。允许高等院校和科研院所设立一定比例的流动岗位，吸引有创新实践经验的企业高层次人才兼职。

政策名称	政策内容
河南省高层次人才认定工作实施细则(试行)(豫人社〔2018〕37号)	实施重大海外高层次人才引进工程,以中原"百人计划"为牵引,立足我省战略性新兴产业和新型业态建设发展,重点引进一批掌握国际先进技术、能够在关键领域实现突破、带动主导产业集聚发展的高端外国专家、技术领军人才(团队)。实施国际人才合作项目,依托我省重大科研项目和重大工程、重点学科、重点实验室、重点科研基地等,采取"项目+人才+资金"等形式,引进高端外国专家和专门人才(团队)。持续开展海外英才中原行、海外智力为国服务行等系列活动,到2020年,累计引进海外留学人才120000人次来豫开展服务活动,其中硕士以上海外高层次专业技术人才7500人次,博士400人次。
中共河南省委河南省人民政府关于深化人才发展体制机制改革加快人才强省建设的实施意见(豫发〔2017〕13号)	聚焦"三区一群"(郑州航空港经济综合实验区、郑洛新国家自主创新示范区、中国(河南)自由贸易试验区和中原城市群)等国家战略规划实施和战略平台建设,突出"高精尖缺"导向,坚持招才引智与招商引资、产业发展相统一,瞄准重点产业、重点领域和优势学科,统筹实施高层次人才重大工程,大力引进重点领域高层次和急需紧缺人才。 　　把柔性引才引智作为聚才用才的重要方式,通过兼职挂职、技术咨询、项目合作、客座教授、医师多点执业、"星期天工程师"等多种形式,大力汇聚人才智力资源。发挥高端人才猎头、行业协会、驻外机构和"人才特使"等引才作用,建立人才工作海外联络站和"北上广深"人才工作站,构建国际化引才服务网络。 　　对全职引进和我省新当选的院士等顶尖人才,省政府给予500万元的奖励补贴,其中一次性奖励300万元,其余200万元分5年逐年拨付。对院士等顶尖人才,在岗期间用人单位可给予不低于每月3万元的生活补贴;对国家"千人计划""万人计划"入选者、国家杰出青年科学基金获得者、"长江学者"等高端人才,在岗期间用人单位可给予不低于每月2万元的生活补贴。省财政设立中原院士基金,用于对院士等顶尖人才和国家"千人计划""万人计划"入选者等高端人才的科研经费支持等,经评估根据实际需要确定资助额度,用人单位可给予一定比例配套支持。对产业领军人才和团队带项目、带技术、带成果来豫创新创业和转化成果的,经评估由省级政府引导基金给予不超过全部股权20%的基金支持,当地政府可在土地保障、平台建设、科研项目等方面给予重点支持。对能创造重大经济效益和社会效益或带动重大创新平台落户的创新创业团队,一事一议,特事特办。

3.2 人才激励政策

政策名称	政策内容
河南省扶持新型研发机构发展若干政策（豫政［2019］25号）	支持新型研发机构开展职称自主评审试点。面向新型研发机构实施科学研究系列、工程技术系列正高级职称评审"直通车"政策，完善业绩突出人才破格申报正高级职称的模式。（责任单位：省人力资源社会保障厅、教育厅） 新型研发机构从省外引进的高层次人才符合相关扶持激励政策的，根据"从高、从优、不重复"的原则，享受住房安居、医疗保健、培训提升和子女入学等方面的优惠待遇。（责任单位：省委组织部、省人力资源社会保障厅、科技厅、财政厅、住房城乡建设厅、卫生健康委、教育厅、省政府外办、各省辖市政府、济源示范区管委会、各省直管县〔市〕政府） 对新获批的国家级创新平台载体，除按国家规定给予支持外，省财政一次性奖励500万元。对新型研发机构建设省重点实验室、省工程研究中心等省级科技研发创新平台的，按照相关政策规定予以奖励。（责任单位：省财政厅、科技厅、发展改革委、工业和信息化厅）
关于加强我省基层专业技术人才队伍建设的实施意见（豫人社〔2017〕24号）	推进基层事业单位实施绩效工资工作，对招聘高层次人才、急需紧缺人才的基层事业单位，在核定绩效工资总量时给予倾斜。落实乡镇工作补贴政策，进一步向条件艰苦的偏远乡镇和长期在乡镇工作的人员倾斜，保障基层专业技术人才合理工资待遇水平，逐步缩小地区间工资收入差距。加强基层科技成果转化工作网络建设，支持基层专业技术人才转移转化科技成果，严格落实成果转化收益分配有关规定。 坚持精神奖励和物质奖励相结合，建立以政府奖励为导向、单位奖励为主体、社会奖励为补充的基层专业技术人才奖励体系。对长期在基层工作、贡献突出的专业技术人才，按照国家和省有关规定优先给予表彰奖励。在推荐国家级专家人选和省杰出专业技术人才、享受省政府特殊津贴专家、省学术技术带头人、省职业教育教学专家等表彰奖励工作中，同等条件下，适当向基层专业技术人才进行倾斜，充分保护和调动广大基层专业技术人才工作热情和创新创业积极性。

续表

政策名称	政策内容
811青年人才工程(豫人社专技〔2012〕35号)	进一步完善工资分配激励机制,事业单位绩效工资分配要向学术技术带头人倾斜。各单位在推荐申报高一级专业技术职务和进行岗位聘任时,同等条件下,对学术技术带头人优先推荐、优先聘任上岗。国家级学术技术带头人在推荐享受国务院特殊津贴专家、国家有突出贡献的中青年专家时,不占其所在地区、部门的控制指标数。

3.3　人才培养政策

政策名称	政策内容
河南省扶持新型研发机构发展若干政策(豫政[2019]25号)	重点支持培育一批重大新型研发机构。(责任单位:省科技厅、财政厅、发展改革委、工业和信息化厅、教育厅,各省辖市政府、济源示范区管委会、各省直管县〔市〕政府) 　　鼓励新型研发机构建设科技企业孵化器、专业化众创空间等孵化服务载体。(责任单位:省科技厅、财政厅、发展改革委、人力资源社会保障厅、教育厅、自然资源厅、地方金融监管局、市场监管局,各省辖市政府、济源示范区管委会、各省直管县〔市〕政府) 　　鼓励新型研发机构将科技成果优先在豫转移转化和产业化。(责任单位:省科技厅、财政厅) 　　优先保障新型研发机构建设发展用地需求。(责任单位:省自然资源厅) 　　支持新型研发机构承担国家重点实验室、国家技术创新中心、国家工程研究中心等国家级创新平台载体及其分支机构建设任务。(责任单位:省工业和信息化厅、财政厅) 　　对符合规定的单位和非企业性质科研机构进行税收减免。(责任单位:省税务局、科技厅、郑州海关)

续表

政策名称	政策内容
关于加强我省基层专业技术人才队伍建设的实施意见(豫人社〔2017〕24 号)	突出基层经济、社会发展需求导向，支持地方高等学校、职业院校根据区域特点、产业发展规划，动态调整学科专业设置，创新培养模式，注重培养基层急需的高素质应用型人才。注重发挥各类人才培养载体作用，重点依托百万专业技术人才知识更新工程、811 青年人才工程、领军人才特岗工程、职业教育教学专家队伍建设工程等省重大人才工程，大力开展急需紧缺和骨干专业技术人才培养培训工作，特别注重从基层一线选拔专业技术人才到发达地区、知名培训机构进修培训，增强其创新能力和开放意识。继续实施基层卫生"369 人才工程"，着力解决基层卫生人才短缺问题。各地、各行业要结合实际组织实施各具特色的基层专业技术人才培养培训工程。 　　发挥继续教育对提升基层专业技术人才能力素质的主渠道作用，充分利用继续教育基地、各类教育培训机构和远程教育等资源，开展形式多样的继续教育活动，不断提升基层专业技术人才岗位适应、职业发展和实践能力；建立基层专业技术人才研修制度，定期选拔基层优秀专业技术人才到高等学校、职业院校、省级教师培养培训基地、医疗机构、科研院所等进修学习；推进继续教育制度与工作考核、岗位聘用、职称评聘等人事管理制度的有效衔接，加大对新晋中、高级专业技术职称专业技术人才专项培训力度。基层专业技术人才每年参加继续教育时间累计不少于90 学时，由用人单位保障其参加继续教育权利和学习期间各项待遇。
811 青年人才工程(豫人社专技〔2012〕35 号)	建立"811 青年人才工程"与国家"百千万人才工程"的对接机制，我省向国家推荐的国家级学术技术带头人候选人选，从省级学术技术带头人中产生；各省辖市和省直有关部门推荐的省级学术技术带头人候选人选，从省辖市(厅)级学术技术带头人中产生。 　　设立专项资金，用于资助省级以上学术技术带头人开展项目启动、科技攻关、发表论著等科研活动。各省辖市和省直有关部门要落实人才投资优先保证的要求，多渠道筹措资金，加大对学术技术带头人的资助力度。 　　采取高级研修和实践锻炼相结合、国内培养和国际交流合作相衔接的开放式培养方式，以国家专业技术人才知识更新工程、我省百万专业技术人才知识更新工程为依托，通过多层次、多领域、多渠道的高级研修班，加大学术技术带头人的培养力度。加强学术技术交流，支持学术技术带头人参加国际学术会议、出国(境)进修考察等。各地和各部门要制订切实可行的培养计划，并从经费上予以保证。

政策名称	政策内容
中原千人计划（豫组通〔2017〕44号）	遴选包括"中原学者"、中原领军人才、中原青年拔尖人才3个层次13类人才，共计划遴选200名左右。对有潜力成长为"两院"院士的中原学者，设立科学家工作室，配备专职中青年助手，实行有针对性的支持政策。对通过我省推荐培养成为国家最高科学技术奖获得者、两院院士、国家"特聘专家"（含国家外专特聘专家）、"万人计划"入选者、国家杰出青年科学基金获得者、特聘专家、全国杰出专业技术人才、国家百千万人才工程入选者、文化名家暨"四个一批"人才等高端人才，享受与引进人才同等的待遇。
博新计划（博管办〔2018〕104号）	以国家和我省实验室等重点科研基地为依托，在我省重大战略、战略性高新技术和基础科学前沿领域，每年择优遴选20名应届或新近毕业的优秀博士生予以重点项目资助，加速培养一批国际一流、国内领先的创新型青年科技人才。

附录4：河北科技人才创新创业调研报告

创新是引领发展的第一动力，是我国建设和实现现代化经济体系的战略支撑。基于京津冀协同发展平台，河北省具有整合区域科技创新资源，激发创新活力的后发优势。优化河北省科技人才创新创业环境，是激发河北省科技人才创新活力最直接最有效的途径。近年来，省委省政府对科技创新重视程度日益加强，政策成效显著，但同时也可以看到科技人才创新创业的积极性仍然不高，创新创业效果还有待提升。为此，课题组进行了大量实地调研，研究发现，促进科技人才创新创业，不仅可以发挥科技人才的潜能，提高河北省科技创新能力，还对推动河北省产业结构优化升级，实现科技人才集聚、扩大河北省就业规模、改善民生、促进机会公平、为实现河北省经济高质量发展具有重大意义。

一、河北省科技人才创新创业的现状调查

(一)创业次数多，所创企业难以成长壮大

本课题组调查数据显示，所调研的河北省科技人才中近一半具有创业经验，有41.96%的人表示自己正创业或参与过创业。其中，有69.16%的科技人才是首次创业，28.04%是第二次创业，2.80%是第三次创业。这也就表明有30.84%的科技人才有过创业经验，整体呈现出创业难度较大，创业频率较高的特点。而造成科技人才"创业难"的原因，一是经济因素，调研显示多数高层次人才因为缺乏资金而选择就业，虽然河北省政府加大了对高层次人才自主创业的扶持力度，但对于刚刚起步的创业人员来讲，单纯靠政府减免税收和向银行借贷资金，还不能消除他们的创业经济顾虑和困难。二是河北省目前的创新创业机制不完善，政府仍没有设立专门的创新创业部门为科技人才提供创新创业咨询等服务，没有出台相关的有效监管法律文件，对科技人才创新创业过程监管不到位，使得他们难以相信自己。三是高层次人才自身存在局限，从调查情况来看，超过一半的调研对象认为河北省有一定数量具有创业意愿但缺乏行动的人，表明河北省科技人才创新创业活力不够，具有创业意愿的人才难以向创业行为转变，并且对自己创业能力信心不足，缺乏应对风险的能力。

(二)创业类型多为服务业,高新技术产业比例低

河北省科技人才创业类型多为现代服务业。调查显示,河北省科技人才所创建企业中现代服务企业占77.6%,高新技术企业占20.6%,表明河北省目前创业类型仍停留在风险较大的服务业层次,高新技术产业的创业占比较低。从生产属性来看,河北省科技人才创业领域主要集中在创意文化产业,占比为31.8%,其次是电子与信息产业,占比为14.0%,第三为先进制造业,占比为11.2%,而生物工程和新医药、环境保护和现代农业及动植物优良新品种产业占比最低,分别占比2.8%、3.7%和5.6%。目前,河北省在生物工程和新医药、环境保护等方面创业较少,这表明河北省对这方面的创新创业重视程度不高,科技人才比较紧缺。

(三)创新创业动机趋向自身利益,而非提高创新能力

河北省科技人才创新创业的主要动机是创造财富或者是想有自己的公司。调研对象的创业动机可以概括为以下几种:创造财富、想有自己的公司、找不到满意的工作、创业同伴鼓动、政策支持,等等,其中,为了创造财富的科技人才占52.3%;39.3%的人是为了想有自己的公司,拥有自己的公司可以在社会中迅速提升自己的地位;而因找不到满意工作和所在单位支持而进行创新创业的仅占3.7%左右;此外,有少数科技人才进行创新创业的动机是由于河北省的政策支持、受到创业文化影响、想将自己的想法商业化或是受到创业同伴、亲戚朋友的支持等,但所占比例相比创造财富和想有自己的公司要小很多。

(四)新企业数量总体呈上升趋势,但激励力度仍有待提升

河北省每年接受创新创业服务的人员规模呈波动上升趋势。2014年,河北省本期接受创业服务人数为59675人,2016年达到波峰,接受创业服务的人数达140517人,2017年迅速下降至93564人,2018年略有增加,有95080人。接受创业服务人数可以从侧面反映河北省创业规模,接受创业服务的人数规模越大意味着新企业的数量越多。虽然河北省新企业数量也呈现总体上升趋势,但人才政策对创新创业的帮助并不明显。人才政策包括激励政策、保障政策、培养政策、使用政策等,调查显示,60%和59.6%的科技人才认为河北省人才激励政策和人才引进政策急需完善,58.4%和58%的人认为人才流动政策和人才保障政策有待完善,58.9%和57.6%的人认为河北省人才培养政策和人才服务政策需要改进与完善。在人才使用过程中,河北省现行人才政策"重引

进，轻激励"，导致本省科技人才外流严重，创新创业更是收效甚微。若是人才创业较为困难，则本省的高端产业就难以得到发展，再次制约科技创新能力提高，人才流失，创业效果再度下降，形成恶性循环。

（五）经济收入和职业发展空间成为个人发展最大障碍

调查数据显示，所有的被访者当中，42.7%的人对自己的职业发展前景很有信心；27.5%的人认为只要自己努力就会有好的职业发展前景；10.2%认为职业发展环境很好，但自身能力有限，无大作为；少数人不清楚自身未来的发展方向（9.0%），或是只要上级提拔（5.5%）就会有好的前景，甚至认为自己英雄无用武之地（1.6%），依然对自己的职业发展没有信心（3.5%）。而在这些被访者当中，超过一半的人认为经济收入（65.1%）和职业发展空间（60.8%）是阻碍自己个人发展的关键因素；34.9%的人认为职称对自己的发展影响较大；44.3%认为住房会最大程度制约自己的职业发展；还有一些人认为工作环境（35.7%）或是家庭（21.2%）是个人发展过程中最大的制约因素，还有11.8%的人认为公共服务才是个人发展过程中最大的制约因素。

二、河北省科技人才创新创业面临的困难

（一）政策支持力度不够，创新创业环境满意度低

科技人才创新创业政策是一个国家或地区制定的一系列政策所组成的激励体系，包括税收优惠政策、财政经费支持、金融贷款政策、人才保障政策等。政策支持力度直接影响着科技人才创新创业积极性和新创建企业的发展壮大。从调研结果来看，河北省科技人才对创新创业环境满意度不高，49.5%的科技人才认为不太容易得到创业指导；43.0%认为获得管理咨询服务较难；32.7%认为获取金融贷款服务不太容易，获取金融贷款较难；36.4%认为税收优惠政策效果不太理想，表示创业后，企业很难得到真正意义上的税收优惠；25%认为河北省的人才激励政策与人才保障政策不足。这些问题极大地打击了河北省科技人才参与创新创业活动的积极性。虽然河北省目前科技人才创新创业政策取得了一定成效，但由于政策缺乏长期性和可持续性，部分新建企业发展时间较短，往往在初创期就面临破产难题。

（二）投入不足，科技人才集聚难

国家统计局发布的《全国科技经费投入统计公报》显示，2019 年，全国科技经费投入力度进一步加大，研究与试验发展（R&D）经费投入保持较快增长、

投入强度持续提高，国家财政科技支出稳步增加，但仍存在区域投入差距较大的问题。以京津冀研究与试验（R&D）经费投入为例，北京经费投入超过千亿，经费投入高达 2233.6 亿元，占北京市生产总值的 6.31%，投入强度超过全国平均水平；其次，天津 R&D 经费投入 463 亿元，占天津市生产总值的 3.28%；而河北省虽然地区生产总值高于天津，但其 R&D 经费投入只有 566.7 亿元，仅占河北省生产总值的 1.61%，投入强度远低于京津冀平均水平，也低于全国平均水平 2.23%。从河北省内部来看，2019 年河北省财政科学技术支出情况显示，投入比例高于全省平均水平的有 5 个市（县），分别是定州市（2.2%）、衡水（1.41%）、唐山（1.23%）、石家庄（1.2%）、廊坊（1.16%）；R&D 经费投入显示，经费投入位居前三的分别是石家庄（149.8 亿元）、唐山（126.6 亿元）和保定（61.3 亿元），投入强度超过全省平均水平的有石家庄（2.78%）、辛集（2.13%）、保定（1.9%）、唐山（1.84%）、邯郸（1.65%）。经济条件对科技人才的影响显而易见，经济实力越好，科技经费投入也就越高，就越容易促进该地区科技人才集聚。科技人才创新创业需要发挥科技人才的规模效应，需要雄厚的经济实力支持，高层次人才往往选择流向经济发达地区，主要是因为这些省市科技创新投入强度大，创新创业机会多，成功几率大。大量的科技人才流失，储备不足，直接抑制了河北省科技创新能力提升。

（三）创新创业氛围不浓厚，评价引导机制不健全

当前，河北省已经进入了"双创"阶段，创新创业氛围俨然成为促进"双创"的有力支撑。但调查数据显示，有 23.4% 的人认为河北省创新创业氛围一般，3.8% 的人认为河北省创新创业氛围较差，甚至还有 1.9% 的被访者认为河北省没有创新创业氛围。整体上看，虽然河北省对高层次人才发展问题重视程度在上升，但还是没有形成科技人才创新创业优先发展的先进观念、社会氛围和市场环境。2020 年年底，北京大学发布"2020 年中国区域创新创业指数"，数据表明南北差距继续拉大，并且广东省和浙江省分别以总量指数得分为 100 和 96.77 的分数位居全国第一和第二位，长三角和珠三角等地区依旧是我国"双创"高地；中部省份崛起，河南省和安徽省分别位居全国第十名和第八名；而华北地区，只有北京和山东创新创业指数较高，河北省以 54.8387 的分数排在第十五位，这再次证明河北省科技人才创新创业环境仍有待提升。河北省在优化科技人才创新创业环境方面亟需修正和完善有关指标，从而为科技人才提供一个浓厚的、具有吸引力的创新创业氛围。

（四）科技人才创新创业服务不到位，服务效率难以保障

创新创业服务体系的建立并非易事，就目前来讲，河北省创新创业公共服务提供中行政性措施偏多，并没有形成相应的服务团队，以更好地为科技人才提供优质服务。调研显示，一部分新兴企业仍难以在首要时间获取政府的创新创业扶持。关于河北省政府的公共服务评价，调研数据显示，97.2% 的人认为公共服务不全面，不能满足创新创业的基本需求；52.3% 的人认为发展较快，需要进一步改善；24.3% 的人认为公共服务机构的专业水平较低；20.6% 的人认为公共服务机构办事效率较低；27.1% 和 38.3% 的人认为创业指导和创业技术支持不够；而认为创业培训、信息服务、公共实验设备和法律咨询服务不够的比重分别为 30.8%、15%、18.7% 和 9.3%。种种迹象表明，仅靠政府提供公共服务已经难以满足河北省科技创新日益增长的需求。以创业培训为例，截至 2018 年年底，河北省能够承担创新创业培训的中等职业学校有 195 所，技工学校共有 181 所，而中等职业学校专任教师数和技工学校专任教师分别仅有 25792 人和 10339 人；相比之下，河南有 606 所能够承担创新创业培训的中等职业学校，95 所技工学校，中等职业学校专任教师数有 48216 人。这表明河北省创新创业服务团队的机构规模相对有限，这在一定程度上影响了整个服务管理团队的发展，继而影响科技人才参与创新创业活动的积极性，阻碍河北省科技创新能力提升。

（五）外部融资难度大，筹资成本高

对科技人才创新创业最重要的就是创业资金。特别是在创业前期，产品的研发、团队建设以及市场开拓，这都需要投入大量的资金。首先，科技人才在创新创业时，受到初期发展规模的限制，自身的现金流无法满足技术或产品的研发，往往因资金流的限制导致产品研发中断，严重影响了河北省中小企业的长期可持续发展。以 2020 年河北、山西、北京、天津四个省市的自主创业贷款额度为例，对于自主创业且符合创业担保贷款条件的人员，河北省各经办银行发放最高额度为 15 万元，低于山西、北京和天津；合伙人共同创业，贷款总额不超过 90 万元。而山西省为鼓励创新创业，将个人创业担保贷款额度由 15 万元提升至 30 万元；北京市符合条件的个人借款人最高可申请 30 万元的创业担保贷款，在外省注册公司的最高可申请 20 万元创业小额便捷贷款；天津市个人创业担保贷款最高额度也为 30 万元，重点创业群体、"项目+团队"成员申请个人创业担保贷款的，最高额度上浮至 50 万元，以同一个"项目+团

队"成员共同申请个人创业担保贷款的，总额不超过 300 万元。其次，科技人才创新创业面临着较大的破产风险，在一定程度上打击了科技人才创新创业的积极性。就当前来看，科技人才在进行创新创业时，获取外部融资的机率比大型企业要小很多，多数人主要还是依靠自身的社会关系筹措资金，以此来支撑自身创新工作的开展。对于部分青年科技人才由于社会关系较弱，导致社会筹资困难。再次，创业贷款条件审核苛刻。虽然符合条件的小微企业法定借款人创业担保贷款额度最高不超过 300 万元，但随着银行对中小企业贷款所提出的条件越来越高，中小企业在贷款方面所面临的问题越来越多。调研显示，科技人才逐渐倾向于求助民间借贷，造成筹集资本的成本不断提高，在增加创新企业经济负担和破产风险的同时，也影响了河北省科技创新能力的提升。

三、对策建议

(一)统筹规划，营造良好的创新创业社会氛围

第一，加大宣传力度，活跃创新创业氛围。

针对河北省创新创业氛围不强的特点，应该采取措施实现氛围营造到位。首先，充分利用现代化手段，加大宣传力度。充分利用河北省软科学基金资助出版创新创业书刊、利用《河北日报》进行专栏长期报道、完善长城网等河北省网络平台，同时利用河北卫视、河北广播电台、讲师团宣讲、河北省官方微信和微博以及河北省高校和中小学等各类宣传阵地，有针对性地宣传关于科技创新创业工作的方针政策，以及创新创业典型工作案例和优秀人才创新创业成功事迹。其次，定期和不定期地召开科创工作座谈会、交流会、工作会，广泛宣传，积极动员，引导全社会共同关心、了解、支持科创工作，营造大众争创业、万众争创新的新局面。

第二，加大科技人才激励，尊重科创成果。

针对河北省目前科技创新能力不强、创新创业意愿不高、创业意愿难以向创业行为转变的现实问题，应该建立并实施科学有效的科技创新战略规划，珍惜科技人才，重新认识和正确使用科技人才。首先，要提高科技成果转化率，增强科技人才创新创业获得感和成就感。建立以职业能力和业绩贡献为主要依据、按照人才价值和市场供求关系决定工资报酬的分配机制，鼓励知识、信息、技术、管理等生产要素参与收益分配，探索年薪、股权、期权等多种分配方式。对有研究成果的科技人才给予较大的资金或股权奖励。其次，形成保障

知识产权和尊重科技人才成果的以人为本的社会氛围。对科技人才创新创业给予关注、支持、尊重和激励，把创新创业纳入到实现河北省经济高质量发展、社会和谐和文化繁荣的框架中，进而营造尊重劳动、尊重知识、尊重人才、尊重创造的良好氛围。再次，对新兴创新企业和科技人才减免个人所得税的税收，加大资金激励，通过构建市场机制，鼓励科技人才积极参与创新创业，按照人均1000元的标准，按照统筹调剂互用的原则，设立年均2000万的校企合作创新创业基金，促进校企合作、企业转型、创新创业孵化，鼓励企业专注于科技或相关产品研发，以充分发挥科技人才在技术创新中的主体作用。

第三，整合资源，强化创新创业教育培训力度。

针对河北省科技人才创新创业动机缺乏长远性和创业成长困难等问题，有必要进一步强化创新创业教育培训力度。首先，要深度整合教育培训资源，培养创新创业意识。充分利用党校、普通高校、省社科院、省讲师团、职业技能培训学校等各类教育培训阵地，通过理论课程、实践课程、咨询指导课程，开展"双创"教育培训，大规模培养各级各类创新创业项目。其次，要牢固树立"科技创新是第一生产力"的观念，完善有关政策，建立起以政府为主导、以用人单位为主体、以社会力量为补充的多元化创新创业投入机制。加大政府资金投入力度，利用科技创新专项资金对重大创新创业项目的培养给予经费优先保障和规划指导。同时，按照"谁培育、谁使用、谁享优惠"的原则，引导和督促企事业单位加大创新创业的经费投入。再次，鼓励计算机协会、机器人协会、电气学会、药品学会等社会团体进行投资，参与创新创业项目培育开发。将科技人才的职业能力、执业资格、学历、职称等与其就业聘用、任职岗位、工资报酬、团队合作、单位未来20年长期发展效益相挂钩，激发科技人才自主投资、参加创新创业教育培训的积极性。

（二）整合资源，加大投入，推进创新创业服务管理社会化

第一，创新科技人才目标管理机制，留住人才干事业。

根据课题组对河北省人才培养政策和人才服务政策需要的调查结果，河北省科技人才对河北省人才服务政策的满意度仍然不高，存在较大的需求缺口。主要是因为，在人才使用过程中，河北省现行人才政策"重引进，轻培养，轻激励"，导致本省科技人才难以集聚，甚至外流严重，创新创业更是收效甚微。为此，需要不断创新专业技术人才和经营管理人才目标管理机制，积极推行"定目标、定项目、定任务、定奖惩"的管理办法，坚持把新技术研发和推广运用、经济和社会效益的增长，作为人才绩效考核、职称评聘的重要依据，促使每位人才干有目标、干有舞台、干有责任、干有想头，踊跃投身河北省经济、社会发展大战场。

第二，强化管理服务队伍，提升服务能力。

针对目前管理机制不健全、管理服务团队缺乏的问题，河北省需要组建一支富有专业技能的创新创业管理干部队伍，促进科技创新管理新格局的出现。首先，应通过考试选拔，增加创新创业服务人员，规范创新创业服务机构的行为，保障科技人才的合法权益，从管理保障、办事效率上促进科技人才更加积极地参与创新创业活动。其次，政府应该加强自身的主体意识，建立市场机制下多元化创新创业服务体系，出台并落实创新创业服务政策，加强对创业管理制度的重视，全面完善公共服务，引导企业、非营利机构、志愿者团队、科技园区管理者等市场力量参与创新创业服务，并成立专门机构对其管理、指导和提供经费支持。再次，应加大对创新创业公共服务人员的培养，全方位培训其关于创新创业的专业知识，提高他们的专业水平，进而提高公共服务效率和质量。实行公务员逆向流动必考科技创新知识、事业单位人员新进必考科技政策。从创新成果方面，进一步完善了公务员内部交流和事业单位人员招聘办法。立足创新创业发展对管理服务人员需求的实际，以政府、企业双兼职的的方式，制定急需紧缺专业管理人才聘用的特殊办法。

第三，整合资源，推动科技人才创新创业工作社会化。

针对当前河北省科技人才创新创业服务管理情况，有必要进一步推进人才创新创业工作的社会化。通过树立开放、服务、和谐的服务理念，打破科技部门"单打一"抓科技创新工作的封闭观念，设立相应办公室主要负责整合各部门和各种社会资源，构建科创工作社会化网络，形成有关部门互相配合、社会力量广泛参与的科创工作机制。打破传统行政管理模式管理科创的观念，尊重市场运行规律和科创规律，实行科创资源市场化配置、价值化管理和社会化服务。打破科创评价和激励工作封闭化、神秘化的观念，引入竞争、择优机制，提高民主、公开程度，走社会化、开放式评价项目、选拔项目和奖励项目的路子。把科创工作放在构建和谐社会的大视野下去考虑，使科创管理服务与河北省创新创业的合理需求相一致，使科技人才队伍建设与河北省城乡社会发展相协调，根据国际经济发展水平与科技人才队伍的匹配人数来设定河北省人才队伍建设规模的目标，从而实现服务管理工作最优化和人才效益最大化。

（三）优化创新创业政策支持体系，激发科技人才创新创业活力

第一，以项目和投资为重点，吸引人才兴产业。

首先，根据《京津冀协同发展规划纲要》对河北省的发展要求，紧紧围绕省内骨干特色产业发展，突出战略性新兴产业、先进制造业、生态旅游、宜居城市、交通物流、新能源、绿色农副产品、乡村振兴等重点行业，加大政策扶持和资金投入力度。通过重点项目的引领，为科技人才创新创业提供产业支持和经济保障，解决科技人才创新创业的盲目性、滞后性、自发性。其次，优化人才行业布局，使创新创业紧跟时代要求，提高创新创业的战略布局，为企业成长壮大提供有利的人才环境。通过重点项目的优先投资支持，解决融资难问题。对于符合河北省发展的重点项目，政府和社会各界可以构建创业融资联合体，组织建立起完善的初创企业融资平台。同时，适当放松融资管制，放低银行贷款要求，降低科技创新创业人才贷款利息，增加科技人才创新创业专项贷款服务，重设贷款担保条件。再次，推行项目化管理，构建"专业技术人才培养"的新模式。对专业技术人员培训，采用分板块按专业组织培训，将专业人员进行专业分组，突出培训与项目建设、科研开发、跟踪服务相结合，实行长期的持续的项目化管理。

第二，与时俱进，强化政策效果评估，推动政策完善。

首先，针对目前创新创业中存在的问题，通过开展深入调研，广泛征集科技人才意见，建立起河北省科技创新环境动态评估体系。通过网络和服务平台等方式及时获取政策执行效果的信息，及时修订完善政策，最大可能保证相关政策能够满足创新创业需求。其次，建立有效的监督奖惩机制，以保证相关政策可以得到有效落实，保障科技人才创新创业的积极性。再次，建立以政府主导的科技人才创新创业的市场服务体系。就目前来讲，政府依然是推动科技人才创新创业或科技发展的主导力量，但不可否认的是政府这只看得见的手仍然存在因强调法制性、行政性、宏观性而导致缺乏灵活性、微观性的问题，要想提升创新创业效果，还需要通过政府和市场两只手的作用，可以借鉴长三角、珠三角经验，建立起以政府为主导，以市场为辅，以企业为依托，以科技人才为支撑的创新创业政策体系和管理服务机制。

第三，以合作共享为引领，建设高水平科研平台。

首先，打造京津冀协同创新平台，依托京津，打造创新河北。以雄安新区建设为契机和试点，大力破除不利于京津冀人才合理流动的机制障碍，使人才由"单位人"变成"社会人"，兼顾"筑巢引凤""他山之石可以攻玉"和河北省科技人才团队培养相结合。以河北省社会需要为导向，允许人才突破单位、地域、户籍等限制，在更大范围内合理流动，实现京津冀科技创新团队的合作共赢。其次，成立政府引导下的各类非营利性创新创业协会，为高层次创新项目研究、技术合作、信息交流提供服务平台，引导重大科技论坛、会议协商、成果展览、大型会展等重要科技活动成为河北省在京津冀的功能之一，帮助解决行政手段不好解决的科创问题，活跃京津冀科研市场，提升河北省科研资源占有量。再次，按照"北京培训、河北管理""合作创新，河北转化、河北展销"的工作思路，实施重点人才培训、重点项目培育、重点团队培养的"三培工程"，深化京津冀科研成果协同鉴定工作，改善流动共享机制，推动京津冀科创能力整体提高。依托北京政治、历史、文化优势；依托天津制造业、服务业优势；依托河北省生态宜居、绿色发展优势，把京津冀打造成生态宜居、人文气息浓厚、教育资源丰富、产业结构合理、就业岗位众多、科技人才有用武之地的世界级城市群。

附录 5：河北省科技人才发展环境调查问卷

尊敬的先生/女士：

您好！我们是全国创新能力评估调查员。为了解您的创业情况，为相关政策制定提供数据支持，我们特进行此次调查。本次调查将会耽误您一些时间，希望得到您的理解和支持。每个问题没有标准答案，您不用担心您的回答是否正确，只要把真实情况和想法告诉我们即可。调查结果仅供研究，我们将严格遵守《统计法》相关规定，绝不会泄露您的任何个人信息。感谢您的支持与配合！

创新能力评估课题组

一、科技人才属性特征

01. 您现在所在地是：_____省_____市_____县

02. 性别？

    1. 男   2. 女

03. 您的年龄：_____周岁

04. 您当前的学历为？

    1. 小学及以下   2. 初中   3. 高中（含中专）

    4. 大专及本科   5. 研究生

05. 您籍贯是否为河北省？

    1. 是   2. 否

06. 您是否具有非河北省的工作经历？

    1. 是   2. 否

07. 您是否有海外学习经历？

    1. 有   2. 没有

08. 您是否有海外工作经历？

    1. 有   2. 没有

09. 您来河北省的方式是什么？

    1. 公开招聘   2. 人力中介机构   3. 政府人才引进

4. 组织调动　　　　　　　5. 其他

10. 您目前所从事的行业是什么?

1. 采矿业　　　　　　　　　　2. 制造业

3. 电力燃气水的生产和供应业　4. 建筑业

5. 交通运输、仓储和邮政业　　6. 信息传输、计算机服务和软件业

7. 金融业　　　　　　　　　　8. 批发和零售业

9. 住宿和餐饮业　　　　　　　10. 房地产业

11. 租赁和商贸服务业　　　　　12. 科学研究、技术服务业和地质勘查业

13. 水利环境和公共设施管理业 14. 居民服务和其他服务业

15. 教育　　　　　　　　　　　16. 卫生社会保障和社会福利

17. 文化体育娱乐业　　　　　　18. 公共管理和社会组织

19. 农林牧渔业　　　　　　　　20. 医药生物化工

21. 咨询法律人力　　　　　　　22. 会计财务

11. 您的单位性质是什么?

1. 国家机关　　　　　　　　　2. 事业单位

3. 国有企业　　　　　　　　　4. 民营企业

5. 集体企业　　　　　　　　　6. 外资企业

7. 中外合资企业　　　　　　　8. 公私合营企业

9. 国防军事企业　　　　　　　10. 社会组织

11. 个体经营　　　　　　　　　12. 其他

12. 您目前所从事的职业是什么?

1. 国家机关、党群组织、企业、事业单位负责人

2. 专业技术人员

3. 商业、服务业人员

4. 农、林、牧、渔、水利业生产人员

5. 生产、运输设备操作人员及有关人员

6. 教师

13. 您参加工作的时间?(累积)

1. 0 年　　　　　2. 1~2 年　　　　3. 3~4 年

4. 5~6 年　　　　5. 7~8 年　　　　6. 9~10 年

7. 10 年以上

14. 您选择在所在地发展的主要原因是什么？（限选 3 项）

    1. 人才政策好　　　　　　2. 基础设施配套好

    3. 工作自主性强　　　　　4. 子女教育好

    5. 单位声誉好　　　　　　6. 地域优势

    7. 发展前景好　　　　　　8. 薪酬待遇高

    9. 工作稳定　　　　　　　10. 故乡情结和感情因素

    11. 家人团聚　　　　　　　12. 住房条件好

    13. 工作学术氛围好　　　　14. 其他

二、科技人才发展环境满意度评价

15. 请您对所在地的人才发展环境进行评价。

    1. 非常满意　　　　　2. 比较满意　　　　　3. 一般

    4. 不太满意　　　　　5. 很不满意

16. 您所在地市最吸引您的是什么？（请您勾选）

项目	没有影响	影响较小	一般	影响较大	影响很大	评价结果
经济环境	1	2	3	4	5	
就业环境	1	2	3	4	5	
生活环境	1	2	3	4	5	
教育环境	1	2	3	4	5	
创新创业环境	1	2	3	4	5	
人才政策环境	1	2	3	4	5	
自然环境	1	2	3	4	5	
社会文化环境	1	2	3	4	5	

17. 您对所在地生活环境满意吗？请逐一作出评价。

项目	很不满意	不满意	一般	比较满意	非常满意	评价结果
住房价格	1	2	3	4	5	

项目	很不满意	不满意	一般	比较满意	非常满意	评价结果
交通便捷	1	2	3	4	5	
医疗卫生	1	2	3	4	5	
基础教育	1	2	3	4	5	
商业文化设施	1	2	3	4	5	
政务服务	1	2	3	4	5	
金融服务	1	2	3	4	5	
科研创新氛围	1	2	3	4	5	
社会保障体系	1	2	3	4	5	
生态环境	1	2	3	4	5	

18. 您对所在地就业环境满意吗？请逐一作出评价。

项目	很不满意	不满意	一般	比较满意	非常满意	评价结果
财税优惠	1	2	3	4	5	
政策扶持	1	2	3	4	5	
金融支持	1	2	3	4	5	
产业配套	1	2	3	4	5	
就业服务	1	2	3	4	5	
创新创业氛围	1	2	3	4	5	
国际化水平	1	2	3	4	5	
重视人才氛围	1	2	3	4	5	
知识产权保护	1	2	3	4	5	

19. 请您对目前所在企业生产环境进行评价。（1~5分）

项目	很不满意	不满意	一般	比较满意	非常满意	评价结果
管理理念	1	2	3	4	5	

续表

项目	很不满意	不满意	一般	比较满意	非常满意	评价结果
薪酬福利	1	2	3	4	5	
工作环境	1	2	3	4	5	
工作内容	1	2	3	4	5	
工作稳定性	1	2	3	4	5	
员工关系	1	2	3	4	5	
职业发展前景	1	2	3	4	5	
绩效考核方式	1	2	3	4	5	
企业文化	1	2	3	4	5	
职业培训	1	2	3	4	5	
职位晋升	1	2	3	4	5	

三、人才政策满意度评价

20. 您对所在地人才政策的了解程度？

　　1. 非常了解　　　　　　2. 了解　　　　　　3. 不是很了解

21. 您对所在地人才政策的了解途径？

　　1. 政府机构　　　　　　2. 本单位人事部门

　　3. 网络、报刊等大众媒体　　4. 朋友或同事

　　5. 其他

22. 您认为所在地人才政策的力度怎么样？

　　1. 很大　　　　　　　　2. 比较大　　　　　　3. 一般

　　4. 较小　　　　　　　　5. 很小

23. 您认为所在地人才政策的执行效果怎么样？

　　1. 很好　　　　　　　　2. 比较好　　　　　　3. 一般

　　4. 比较差　　　　　　　5. 很差

24. 您是否享受了所在地的人才政策？

　　1. 享受了相关政策　　　　2. 没有完全享受

25. 没有完全享受的原因是什么？

  1. 政策缺乏吸引力 2. 手续繁杂

  3. 相关部门没有执行 4. 政策缺乏宣传力度

26. 所在地人才政策对您发展有没有作用？

  1. 推动了个人发展 2. 有明显的帮助

  3. 有帮助但不大 4. 没有影响

27. 您认为所在地的哪类科技人才政策需要完善？（请您逐一勾选√）

项目	最需完善	比较需要完善	一般	不需完善	最不需完善
人才引进政策	1	2	3	4	5
人才流动政策	1	2	3	4	5
人才使用政策	1	2	3	4	5
人才评价政策	1	2	3	4	5
人才激励政策	1	2	3	4	5
人才保障政策	1	2	3	4	5
人才培养政策	1	2	3	4	5
人才服务政策	1	2	3	4	5

28. 您认为所在地实施的诸多的科技人才政策措施中最成功的做法是什么？

  1. 引进优秀科技人才

  2. 加大教育投入和毕业生留冀数量

  3. 培养已有科技人才

  4. 采用合理的考核、激励手段留住现有科技人才

  5. 实施人才政策改革，优化科技人才发展环境

  6. 其他

29. 您认为所在地科技人才培养政策需要加强的方向是什么？

  1. 完成本职工作能力的培训 2. 适应新技术的能力培训

  3. 个人职业发展的培训 4. 塑造正确价值观和人生观的培训

30. 您认为所在地科技人才激励政策的侧重点是否合理？请打分。（1~5分）

  1. 经济发展重点的科技人才需求____分

  2. 人才的社会结构匹配均衡____分

3. 人才个体能力与资历____分

4. 人才的价值追求和精神素养____分

5. 领导的工作追求和偏好____分

6. 其他

31. 您最关注的人才政策问题是什么？请打分。（1~5 分）

1. 个人发展____分　　　　　2. 户籍____分

3. 住房____分　　　　　　　4. 子女教育____分

5. 配偶工作____分　　　　　6. 福利待遇____分

7. 其他____分

32. 您对所在地人才政策提出问题和改进的建议是什么？

1. 更开放的人才引进门槛　　2. 政策享受对象资格认定困难

3. 相关政府部门办事效率低　4. 政策宣传不到位，不太了解

5. 政策程序不合理，办理烦琐　6. 资金到位不足不及时，落实困难

7. 更多样的人才开发基金投入　8. 更周全的人才流动服务体系

四、科技人才个人发展评价

33. 您认为在个人素质提升方面最需要哪些保障？（多选，最多 3 个）

1. 资金支持　　　　2. 学习平台　　　　3. 学习机会

4. 学习时间　　　　5. 促进素质提升的制度措施

34. 您认为个人发展过程中最大制约因素是什么？（限选 3 个）

1. 职称　　　　　　2. 住房　　　　　　3. 经济收入

4. 职业发展空间　　5. 工作环境　　　　6. 家庭

7. 公共服务

35. 您认为自身能力在当前岗位发挥的程度如何？

1. 充分发挥　　　　2. 基本发挥　　　　3. 一般

4. 稍有发挥　　　　5. 基本没发挥

36. 您认为自己的职业发展前景如何？

1. 很有信心，前途光明　　　2. 环境很好，但自己能力有限，无大作为

3. 英雄无用武之地　　　　　4. 摸不清未来发展方面

5. 只要自己努力就有发展前景　6. 只要上级提拔就有发展前景

7. 没有信心，前途一般　　　8. 其他

五、科技人才创业环境评价

37. 是否自己创业或参与创业？

　　1. 是(继续作答)　　　　　　2. 否(结束调查，谢谢！祝您生活愉快！)

38. 当前的企业是您第几次创业？

　　1. 首次　　　　　　　2. 第二次　　　　　　3. 第三次

　　4. 第四次及以上

39. 您所创办(或参与)的企业类型是？

　　1. 现代服务业企业　　2. 高新技术企业　　3. 其他

40. 您创业的原因是什么？（多选，至少选2项）

　　1. 创造财富　　　　　　　2. 想有自己的公司

　　3. 创业文化影响　　　　　4. 想商业化自己的点子

　　5. 找不到满意的工作　　　6. 创业同伴鼓动

　　7. 受亲朋创业成功影响　　8. 为他人创造就业机会

　　9. 所在单位支持　　　　　10. 政府政策支持

　　11. 其他____

41. 您家人和亲属中有人在您创业之前创业吗？

　　1. 有　　　　　　　2. 没有　　　　　　3. 不清楚

42. 创业前，您的家庭收入属于哪个层次？

　　1. 高水平　　　　2. 中等偏上　　　　3. 中等水平

　　4. 中等偏下　　　5. 低水平　　　　　6. 不清楚

43. 目前您的企业所属技术领域是什么？

　　1. 电子与信息　　　　　　2. 生物工程和新医药

　　3. 新材料及应用　　　　　4. 先进制造

　　5. 航空航天　　　　　　　6. 现代农业及动植物优良新品种

　　7. 新能源与高效节能　　　8. 环境保护

　　9. 海洋工程　　　　　　　10. 核应用

　　11. 创意文化产业　　　　　12. 其他_____

44. 您解决创业资金的主要途径是什么？

　　1. 自己储蓄　　　　　　　2. 向亲戚朋友借款

　　3. 找有资金的合伙人　　　4. 向银行贷款

    5. 申请政府部门的资助   6. 向所在单位借款

45. 您现在企业创业的时间为多久？（指企业的司龄）

    1. 1 年内   2. 1~3 年   3. 4~5 年

    4. 6~9 年   5. 10 年及以上

46. 您认为您的企业处于什么阶段？

    1. 初创期   2. 成长与扩张期   3. 成熟期

    4. 不清楚   5. 不存在企业

47. 从萌生创业想法到启动创业，您花费了多长时间？

    1. 不到 1 个月   2. 6 个月以内   3. 1 年以内

    4. 1~3 年   5. 3~5 年   6. 5 年以上

48. 您认为下列哪些个人因素对创业成功具有重要影响？（多选，不超过 3 项）

    1. 工作经历   2. 教育背景   3. 家庭环境

    4. 个人运气   5. 所在地域

49. 您认为下列哪些个人品格对创业成功具有重要影响？（多选，不超过 3 项）

    1. 吃苦耐劳   2. 坚定执著   3. 敢冒风险

    4. 特立独行   5. 诚实守信   6. 宽厚包容

50. 您认为下列哪些个人能力对创业成功具有重要影响？（多选）

    1. 学习能力   2. 适应能力   3. 管理能力

    4. 对外合作交流能力 5. 团队合作能力   6. 资源整合能力

    7. 市场开拓能力

51. 您对目前所在地的创新创业环境的总体评价如何？

    1. 非常好   2. 较好   3. 一般

    4. 不是很好   5. 很不好   6. 不清楚

52. 您是否了解当地的创新创业政策？

    1. 非常了解   2. 了解   3. 不是很了解

    4. 不了解

53. 您认为所在地目前宣传创新创业的力度如何？

    1. 很大   2. 较大   3. 一般

    4. 较小   5. 不关注

54. 整体而言，您认为所在地的创新创业氛围怎么样？

    1. 氛围很好，感染力强   2. 氛围较好

3. 氛围一般　　　　　　　　4. 没有创新创业的氛围

55. 您觉得政府的政策支持对创新创业的影响有多大？

　　1. 很大　　　　　　　2. 比较大　　　　　　　3. 一般

　　4. 较小　　　　　　　5. 很小

56. 您在创业中获取下列服务的难易程度如何？（请您逐一勾选✓）

项目	非常容易	比较容易	一般	不太容易	很不容易
创业指导	5	4	3	2	1
管理咨询服务	5	4	3	2	1
金融贷款服务	5	4	3	2	1
财政经费服务	5	4	3	2	1
税收优惠服务	5	4	3	2	1
办公场地租金支持	5	4	3	2	1
科技资源共享和研发服务	5	4	3	2	1
人才引进	5	4	3	2	1
积极引进项目开展合作	5	4	3	2	1

57. 您认为阻碍很多人创业的主要因素是什么？（多选）

　　1. 对知识产权保护的担心　　　2. 没有创业项目

　　3. 没有足够的时间和精力　　　4. 不懂得如何融资

　　5. 缺乏商业管理技能　　　　　6. 缺乏创办企业知识

　　7. 缺乏产业和市场知识　　　　8. 来自家庭保持稳定工作的压力

　　9. 没有人指导创业　　　　　　10. 不了解创业服务体系

　　11. 害怕丢掉现有的福利和保障　12. 找不到合适的创业伙伴

　　13. 招不到合适的员工

58. 您创业时选择了下列哪些人一起创业？（可多选）

　　1. 大学同学　　　　　2. 中小学同学　　　　3. 在职教育校友

　　4. 以前的同事　　　　5. 家人、亲戚　　　　6. 合作伙伴

　　7. 自己　　　　　　　8. 其他_____

59. 您创业的伙伴中是否有人有创业经历？

1. 有　　　　　　　　2. 没有　　　　　　　3. 不清楚

60. 您认为，相对而言，哪个方面的优势对创业成功更重要？

　　1. 管理能力　　　　2. 研发能力　　　　3. 营销能力

　　4. 人际交往能力　　5. 地域

61. 下面这些人中，谁的意见和建议对您创业成功更有参考价值？（多选）

　　1. 家人、亲属　　　2. 其他创业者　　　3. 投资人

　　4. 政府官员　　　　5. 科技人员　　　　6. 创业服务者

　　7. 创业服务机构

62. 您认为最难获取且最希望获取的资金为？（最多选 2 项）

　　1. 天使投资　　　　　　　　　2. 风险投资

　　3. 民间金融资本(小额贷款/担保公司等)

　　4. 银行贷款　　　　　　　　　5. 亲朋好友的资助

　　6. 政府扶持资金　　　　　　　7. 其他

63. 哪些外部环境对您创业影响较大？（最多选 3 项）

　　1. 融资环境　　　　　　　　　2. 人才培养与引进环境

　　3. 公共服务环境　　　　　　　4. 设施平台服务(孵化器)

　　5. 财政税收环境　　　　　　　6. 市场环境

　　7. 产业(资源)配套环境　　　　8 人文(文化)环境

　　9. 生活居住环境　　　　　　　10. 中介服务等市场服务

　　11. 其他

64. 您创业中遇到的主要困难是什么？（最多选 3 项）

　　1. 资金缺乏　　　　　　　　　2. 研发人员短缺

　　3. 基础设备不足　　　　　　　4. 找不到稳定的销路或市场

　　5. 个人有技术但不会管理或将技术产业化

　　6. 缺乏中介和配套服务　　　　7. 缺乏支撑业务的技术

　　8. 政策门槛高　　　　　　　　9. 场地租金贵

　　10. 扶持政策申请审批手续烦琐　11. 人力资源招募困难

　　12. 没有困难　　　　　　　　　13. 其他困难

65. 您认为创新创业最需要的服务和政策支持有哪些？（最多选 3 项）

　　1. 创业辅导　　　　　　　　　2. 管理咨询服务

　　3. 金融服务　　　　　　　　　4. 财政经费支持

　　　5. 税收优惠政策　　　　　　6. 办公场地/租金支持

　　　7. 科技资源共享和研发服务　　8. 人才引进

　　　9. 其他

66. 您认为阻碍很多人创业的社会经济因素是什么？（多选）

　　　1. 技术转移行政障碍太多　　　2. 企业最低注册资金太高

　　　3. 贷款利率过高　　　　　　　4. 个人所得税过高

　　　5. 企业税负过重　　　　　　　6. 破产法规不利于重新创业

　　　7. 与政府打交道非常不容易　　8. 社会对失败很宽容

　　　9. 搞投机的创业者较多　　　　10. 大部分创业者都非常浮躁

　　　11. 员工福利支出太高

67. 您创业融资的渠道是什么？

　　　1. 工行、建行等国有大银行直接贷款

　　　2. 河北银行等地方性中小银行直接贷款

　　　3. 担保机构担保取得银行贷款

　　　4. 个人资产抵押取得银行贷款

　　　5. 创业投资机构资助或贷款

　　　6. 商业性创业投资机构的投资

　　　7. 合作方的投资

　　　8. 私人借款

　　　9. 小额贷款公司

　　　10. 没有融资

68. 您认为银行贷款难的原因是什么？

　　　1. 银行不愿因受理创业贷款

　　　2. 银行要求的信担保机构难以找到

　　　3. 贷款申请程序复杂、周期长

　　　4. 贷款利息负担较重

　　　5. 其他

69. 您对创业投资机构的作用有什么意见？

　　　1. 对创业投资机构不熟悉不了解

　　　2. 门槛高，找不上去

　　　3. 申请创业投资机构投资的程序比较复杂

  4. 创业投资机构人员业务不专业

  5. 创业投资机构对投资的回报要求过高

  6. 创业投资机构不愿承担风险

70. 您对所在地税收政策有什么看法？

  1. 税率比较恰当合理

  2. 对创业期的企业税收优惠周期太短

  3. 增值税/营业税过高

  4. 企业所得税过高

  5. 经营管理人员的个人所得税过高

  6. 税务人员服务周到

  7. 税务人员执行政策比较呆板

  8. 其他

71. 您对所在地社会保险政策有什么看法？

  1. 社会保险费率较为合理

  2. 社会保险费率过高

  3. 对创业期的企业缺乏社会保险费率的优惠政策

  4. 其他

72. 您对所在地经营场地租金高低的看法是？

  1. 租金比较合理

  2. 租金较高但可以承受

  3. 租金太高负担很重

  4. 政府对创业者提供的租金补贴力度不够

  5. 政府应采取措施降低租金

73. 您对所在地政府保护知识产权的态度有什么看法？

  1. 政府保护措施不断加强

  2. 政府越来越重视但缺乏有效措施

  3. 政府对侵权行为处罚力度不够

  4. 企业自身缺乏知识产权保护意识

  5. 对员工跳槽带来的知识产权损失缺乏法律制约手段

  6. 对知识产权保护不应该过于严格

  7. 其他

74. 关于所在地技术人员招聘您有什么看法？

    1. 能够招聘到所需的技术人员

    2. 难以招聘到理想的技术人员

    3. 技术人员流动性大

    4. 技术人员业务培训机会少

    5. 企业之间挖技术骨干现象比较普遍

    6. 留住技术骨干的成本较高

    7. 技术人员不安心技术工作

    8. 其他

75. 您对所在地政府公共服务有什么看法？

    1. 比较全面，可以满足创业基本需求

    2. 发展较快，但需要进一步完善

    3. 公共服务机构的专业服务水平较低

    4. 公共服务机构办事效率较低

    5. 创业指导不够

    6. 创业技术支持不够

    7. 创业培训不够

    8. 创业信息服务不够

    9. 公共实验设备提供不够

    10. 法律咨询服务不够

    11. 对创业者主动关心不够

76. 您认为哪些措施可以降低创业风险？

    1. 停薪留职几年

    2. 留职并保留基本工资福利待遇

    3. 对创业失败带来的损失给予必要的补偿性资助

    4. 在创业没有获得稳定收益之前，政府为创业者提供社会保险补助

    5. 提供免费的创业场地

    6. 增加获取风险投资的机会

    7. 提供专业化的创业指导与服务

77. 您对本所在地科技人才创业愿望与行动有什么看法？

    1. 有一定数量的人有创业愿望并积极创业

2. 有一定数量的人有创业愿望但缺乏行动

3. 只有少数人有创业愿望并积极创业

4. 只有极少数人有创业愿望并积极创业

78. 近三年企业是否聘请过外部专家帮助企业进行管理规范化建设？

　　1. 是(说明进行过哪些建设)

　　2. 否(请说明原因)

79. 您的企业现阶段是否需要开展管理规范化建设的提升工作？

　　1. 需要(说明需要哪些建设)

　　2. 暂不需要(请说明原因)

80. 您认为贵企业现阶段最需要着手解决哪些管理问题？

1. 财务管理	2. 生产管理
3. 营销管理	4. 战略规划
5. 人力引进与培养	6. 产品研发
7. 规范化建设	8. 资本运作
9. 股权结构与治理	

谢谢您的回答！

祝您生活愉快！

参 考 文 献

[1]叶忠海. 人才学概论[M]. 长沙：湖南人民出版社，1983.

[2]王银江，王通讯. 未来人才学[M]. 贵阳：贵州人民出版社，1988.

[3]谢奇志，汪群，汪应洛. 科技与管理人才人本模型的建立与应用[J]. 系统工程理论与实践，2000(6)：65-69.

[4]杜谦，宋卫国. 科技人才定义及相关统计问题[J]. 中国科技论坛，2004(5)：137-141.

[5]彼得·德鲁克. 创新与创业精神[M]. 张炜，译. 上海：上海人民出版社，2002.

[6]宋克勤，刘国强. 高科技创业企业成长要素与战略选择研究[J]. 技术经济与管理研究，2012(12)：35-40.

[7]朱杏珍. 人才集聚过程中的羊群行为分析[J]. 数量经济技术经济研究，2002(7)：53-56.

[8]张樨樨. 产业集聚与人才集聚的互动关系评析[J]. 商业时代，2010(18)：119-120.

[9]王小迪，陆晓芳. 高科技企业人力资源管理效能研究[J]. 社会科学战线，2012(4)：261-262.

[10]加里·贝克尔. 人力资本[M]. 陈耿萱，译. 北京：机械工业出版社，2016.

[11]约瑟夫·熊彼特. 经济发展理论[M]. 郭武，译. 北京：中国华侨出版社，2020.

[12]阿瑟·刘易斯. 增长与波动[M]. 梁晓民，译. 北京：中国社会科学出版社，2014.

[13]阿尔弗雷德·马歇尔. 产业经济学[M]. 肖卫东，译. 北京：商务印书馆，2019.

[14]西奥多·舒尔茨. 论人力资本投资[M]. 吴珠华, 译. 北京：北京经济学院出版社, 1990.

[15]Gertier. Local Social Knowledge Management：Community Actors, Institutions and Multilevel Governance in Regional Foresight Exercises[J]. Futures, 2004, 16(36)：45-65.

[16]Kemnitz. Growth and Social Security：The Role of Human Capital[J]. European Journal of Political Economy, 2000, 22(16)：673-683.

[17]Carr, Inkson. From Global Careers to Talent Flow：Reinterpreting "Brain Drain"[J]. Journal of World Business, 2005, 40(4)：386-398.

[18]Crush, Hughes. Brain Drain[J]. International Encyclopedia of Human Geography, 2009：342-347.

[19]Lucas, Derry. Significant Developments and Emerging Issues in Human Resource Management[J]. International Journal of Hospitality Management, 2004(23)：459-472.

[20]Mellahi. The Barriers to Effective Global Talent Management：The Example of Corporate Élites in MNEs[J]. Journal of World Business, 2010(45)：143-149.

[21]查奇芬, 张珍花, 王瑛. 人才指数和人才环境指数相关性的实证研究——以江苏省为例[J]. 软科学, 2003(5)：49-51.

[22]王海芸, 宋镇. 企业高层次科技人才吸引力影响因素的实证研究[J]. 科学学与科学技术管理, 2011(3)：72-75.

[23]胡艳辉. 河北省人才发展环境浅析[J]. 合作经济与科技, 2011(6)：4-5.

[24]李明杰. 政府发展人才对科技创新的重要性[J]. 科技经济市场, 2014(3)：111-112.

[25]吴娟频, 陈彩. 京津冀协同发展下河北省人才环境优化研究[J]. 湖北函授大学学报, 2017, 30(16)：98-100.

[26]王见敏, 康峻珲, 王杰. 基于 AHP 模型的人才发展环境评价分析——以贵州省为例[J]. 贵州财经大学学报, 2019, 198(1)：103-110.

[27]王雅荣, 易娜. 基于综合指数法的呼包鄂三市人才环境比较[J]. 西北人口, 2015, 36(1)：79-84.

[28]司江伟, 陈晶晶. "五位一体"人才发展环境评价指标体系研究[J]. 科技

管理研究，2015，35（2）：27-30.

[29]龚志冬，黄健元．托达罗模型拓展与修正：以南京市迁移流动人口为例[J].统计与决策，2019，35（4）：23-30.

[30]刘琳．成都市人才发展的影响因素分析与建议[J].成都行政学院学报，2020（2）：75-77.

[31]王宝林，柴亚岚．京津冀协同发展背景下河北省人才资源现状及回流对策[J].天津电大学报，2016，20（1）：60-62.

[32]崔丽杰．山东省科技人才生态环境评价及优化对策研究[D].曲阜：曲阜师范大学，2016.

[33]王艺洁．基于人才成长的科技人才根植意愿影响因素研究[D].合肥：中国科技大学，2017.

[34]孙健．高中学校人力资源管理策略分析[J].现代营销，2019（4）：127.

[35]王欣．河北省人才竞争力评价——基于灰色关联度分析[J].今日中国论坛，2013（13）：76，79.

[36]王志玲．京津冀协同发展背景下河北高校高层次人才队伍建设研究[D].石家庄：河北科技大学，2018.

[37]党嘉颖．河北省高技能人才流动意愿影响因素实证研究[D].石家庄：河北经贸大学，2019.

[38]岳建芳，陈伟，何米娜．河北省科技创业人才现状分析[J].合作经济与科技，2015（16）：111-112.

[39]孙琪．优化河北省人才环境的对策建议[J].产业与科技论坛，2014，13（14）：196-197.

[40]高田娟，马涛．河北省人才环境浅析[J].合作经济与科技，2014（80）：101-102.

[41]赵雷，金盛华，孙丽，韩春伟．青年创新人才创造力发展的影响因素——基于对25位"杰青"获得者访谈的质性分析[J].中国青年政治学院学报，2011，30（3）：68-73.

[42]赵普光．山东省人才发展环境现状及优化策略[J].中国人事科学，2021（3）：49-60.

[43]崔宏轶，潘梦启，张超．基于主成分分析法的深圳科技创新人才发展环境评析[J].科技进步与对策，2020，37（7）：35-42.

[44]谢牧人，于斌斌.长三角地区高端人才集聚的关键与机制[J].中国人力资源开发，2012(2)：81-84.

[45]严利，叶鹏飞.长三角城市群发展过程中创新创业人才发展[J].哈尔滨工业大学学报：社会科学版，2017，19(3)：75-80.

[46]黄爱民.珠三角人才开发一体化发展战略构想[J].中国人才，2004(5)：15-16.

[47]曾建平.珠三角一体化背景下的珠海市经济发展战略研究[D].长春：吉林大学，2012.

[48]芮雪琴，李亚男，牛冲槐.科创人才聚集的区域演化对区域创新效率的影响[J].中国科技论坛，2015(12)：126-131.

[49]阿尔弗雷德·马歇尔.经济学原理[M].张洞易，译.北京：商务印书馆，1987.

[50]王建军，周迪，程波华.新疆科创人才外流影响因素研究[J].新疆财经大学学报，2014(1)：43-49.

[51]张明妍，张丽.科技社团中女性发展现状与对策研究[J].科学学研究，2016，34(9)：1404-1407.

[52]高子平.海外科创人才回流意愿的影响因素分析[J].科研管理，2012，33(8)：98-105.

[53]王全纲，赵永乐.全球高端人才流动和集聚的影响因素研究[J].科学管理研究，2017，35(1)：91-94.

[54]刘瑞波.科技人才社会生态环境评价体系研究[J].中国人口资源与环境，2014，24(7)：133-139.

[55]朱朴义，胡蓓.科技人才工作不安全感对创新行为影响研究[J].科学学研究，2014，32(9)：1360-1368.

[56]刘晖，李欣先.专业技术人才空间集聚与京津冀协同发展[J].人口与发展，2018，24(6)：109-124.

[57]刘忠艳.长江经济带人才集聚水平测度及时空演变研究[J].科技进步与对策，2021，38(2)：56-64.

[58]Vertoves. Aggregation，Migration and Population Mechanics[J]. Nature，1997(2)：415-421.

[59]Yigitcanlar. Making Space and Place for the Knowledge Economy：Knowledge-

based Development of Australian Cities[J]. European Planning Studies, 2010
(18): 1769-1786.

[60] Pizada. Do Natural Resources and Human Capital Matter to Regional Income
Convergence? (A Case Study at Regencies/Municipalities of Kalimantan Area -
Indonesia) [J]. Procedia-Social and Behavioral Sciences, 2015 (211):
1112-1116.

[61] 章志敏, 薛琪薪. 人才"涓流"如何汇聚: 区域人才集聚研究综述[J]. 管
理现代化, 2020, 40(2): 93-96.

[62] 徐倪妮, 郭俊华. 科技人才流动的宏观影响因素研究[J]. 科学学研究,
2019, 37(3): 414-421.

[63] 梁向东, 魏逸批. 产业结构升级对中国人口流动的影响[J]. 财经理论与
实践, 2017, 38(5): 93-98.

[64] 封铁英. 科技人才评价现状与评价方法的选择和创新[J]. 科研管理,
2007(S1): 30-34.

[65] 许伟, 张小平. 科技人才管理影响因素与促进机制研究[J]. 科技进步与
对策, 2015, 32(2): 150-154.

[66] 沈春光, 陈万明. 区域科技人才创新能力评价指标体系与方法研究[J].
科学学与科学技术管理, 2010, 31(2): 196-199.

[67] 韩伟亚. 科技人才集聚环境竞争力实证研究[J]. 黄河科技大学学报,
2014, 16(4): 48-52.

[68] 尚云乔, 姜京彤, 康月. 大学生创业行为影响因素研究——以山东日照
大学城为例[J]. 中国市场, 2018(17): 177-181.

[69] 刘新民, 范柳. 创业认知、创业教育对创业行为倾向的影响——基于
CSM 的实证研究[J]. 软科学, 2020, 34(9): 128-133.

[70] 许礼刚, 徐美娟, 关景文. "众创空间"视域下区域创业环境对大学生创
业行为的影响[J]. 实验技术与管理, 2020(4): 32-38.

[71] 汤雪芝, 艾小娟. 创业环境对大学生创业行为的影响作用研究[J]. 未来
与发展, 2018, 42(12): 94-100.

[72] 李欣, 范明姐, 杨早立, 郭丽峰. 基于结构方程模型的科技人才发展环
境影响因素[J]. 中国科技论坛, 2018(8): 147-154.

[73] 王亮, 马金山. 基于熵值法的科技创新人才发展环境评价研究[J]. 科技

创新与生产力，2015(3)：1-3.

[74]周方涛. 区域科技创业人才生态系统构建及 SEM 分析[J]. 中国科技论坛，2012(12)：86-90.

[75]杨守德，赵德海. 高校人才发展环境评价与选择研究——基于端点三角白化权函数的灰色聚类评估模型[J]. 广西社会科学，2016(8)：202-207.

[76]梁文群，郝时尧，牛冲槐. 我国区域高层次科技人才发展环境评价与比较[J]. 科技进步与对策，2014，31(9)：147-151.

[77]陈治华，鲜静林，陈娟. 甘肃省人才发展环境优化研究[J]. 甘肃理论学刊，2021(3)：24-30.

[78]应验. 人才环境指标体系及优化路径研究——以海南为例[J]. 经济与社会发展，2017，15(6)：78-83.

[79]赫鸿雁. 以科学人才观为指导优化哈尔滨市人才环境[J]. 哈尔滨市委党校学报，2009(4)：88-90.

[80]薛琪薪，陈俊杰. 城市人才政策环境的四维评估及优化路径[J]. 科学发展，2020(6)：32-39.

[81]张树俊. 以统筹机制促进人才结构优化——基于泰州医药高新区人才管理的研究[J]. 上海商学院学报，2016，17(1)：70-73，97.

[82]赵普光. 青岛市科技人才环境现状及优化对策研究[J]. 青岛科技大学学报(社会科学版)，2013，29(2)：21-24.

[83]王珊，张海洋，郭子怡，马艺瑄. 京津冀协同发展下河北省区域创新能力影响因素研究[J]. 财富时代，2020(8)：3-5.

[84]董文静，王昌森. 河北省创新驱动能力影响因素实证研究[J]. 经济论坛，2018(1)：17-21.

[85]辛文玉，高洪显，杨欣玥. 河北省人才集聚模式创新研究[J]. 山西农经，2018(22)：113-114.

[86]霍一，张小云. 邯郸市科技人才集聚环境优化路径探索[J]. 产业与科技论坛，2014，13(21)：237-238.

[87]孙倩，刘志杰. 基于熵值法的石家庄市人才集聚环境的效应研究[J]. 现代营销(下旬刊)，2020(10)：208-209.

[88]王华彪，刘蓓蓓. 推进京津冀人才一体化发展[N]. 河北日报，2017-11-24.

[89]张艳丽，王建华，许龙．京津冀协同下河北省创新型科技人才引进环境与培育能力对策研究[J]．中小企业管理与科技（下旬刊），2021（9）：173-175.

[90]毕娟．京津冀科技协同创新影响因素研究[J]．科技进步与对策，2016，33（8）：49-54.

[91]许爱萍．区域科技创新人才聚集驱动要素分析——以京津冀为例[J]．科技与经济，2014，27（6）：81-85.

[92]张曈光，高建军．区域创业环境创业教育对大学生创业行为的影响与提升[J]．继续教育研究，2017（8）：17-19.

[93]许礼刚，徐美娟，关景文．"众创空间"视域下区域创业环境对大学生创业行为的影响[J]．实验技术与管理，2020，37（4）：32-38.

[94]汤雪芝，艾小娟．创业环境对大学生创业行为的影响作用研究[J]．未来与发展，2018，42（12）：94-100.

[95]李京文，李剑玲．京津冀协同创新发展比较研究[J]．经济与管理，2015，29（2）：13-17.

[96]张欣慧．长三角一体化背景下的区域高校科技创新协同发展研究[J]．教育探索，2021（7）：41-44.

[97]刘亮．区域协同背景下长三角科技创新协同发展战略思路研究[J]．上海经济，2017（4）：75-81.

[98]李树启．基于区域合作的长三角城市创新体系[J]．科学发展，2013（6）：90-95.

[99]郑明，谢文娴，刘洲颖．基于科技创新资源配置系统理论的区域科技创新资源评价——以长三角地区为实例[J]．情报工程，2021，7（2）：33-45.

[100]董成惠．珠三角"虹吸效应"对广东省发展不均衡的影响及应对措施[J]．广东经济，2021（8）：66-73.

[101]李晓峰，卢紫薇．珠三角地区创新要素配置效率评价——基于超越对数生产函数的分析[J]．改革，2021（6）：97-111.

[102]蔡晓琳，刘阳，黄灏然．珠三角城市科技创新能力评价[J]．科技管理研究，2021，41（4）：68-74.

[103]李燕鸿．珠三角城市创新绩效研究——基于粤港澳大湾区国家战略背景

[J].科技管理研究，2020，40（1）：6-12.

[104]魏燕聪.创业生态环境对大学生创业意向及创业行为的影响[J].就业与保障，2021（5）：89-90.

[105]孙峰华.农村剩余劳动力转移的理论研究与实践探索[J].地理科学进展，1999（2）：111-117.